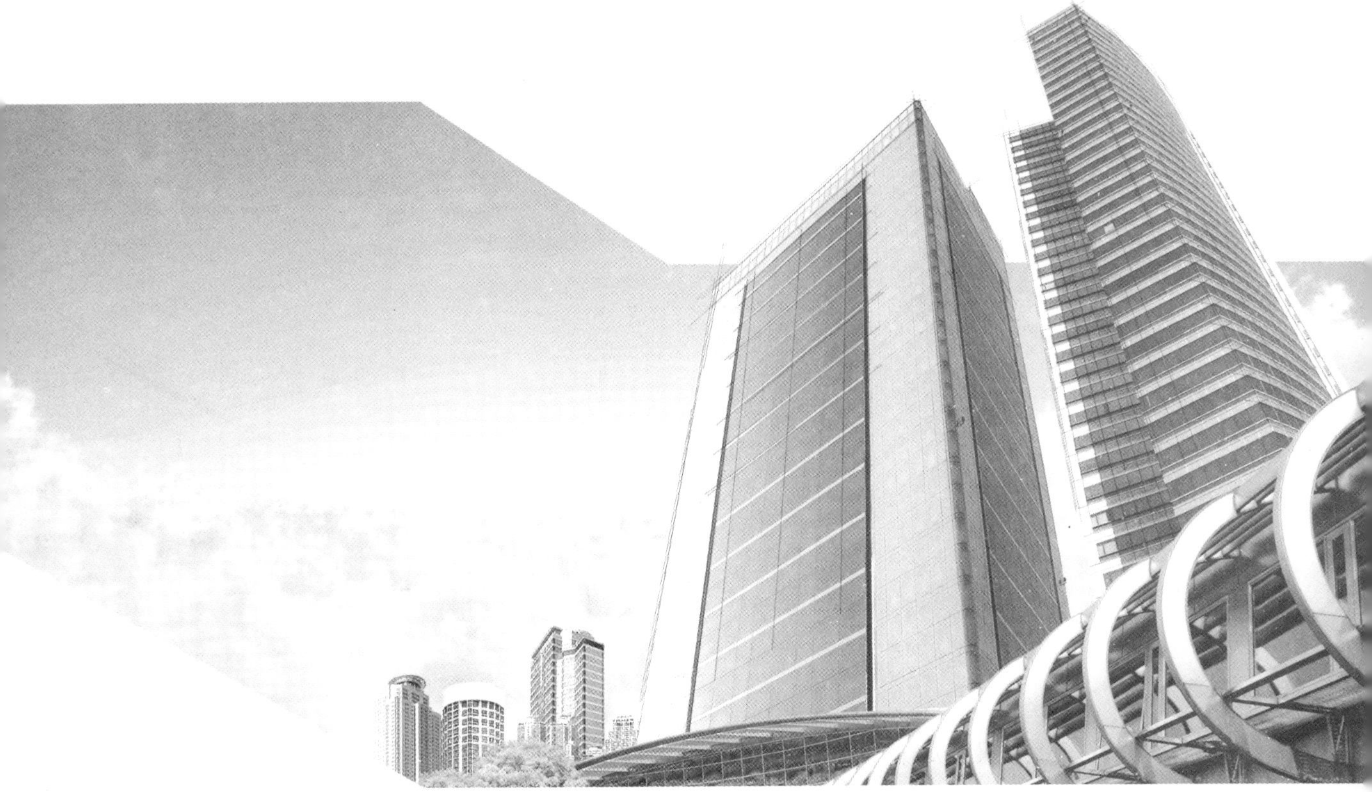

高职高专建筑及工程管理类专业系列规划教材

建设工程招投标与合同管理

主　编　杨　平

Construction Project

内容提要

本书依据相关的招投标的法律、法规和规范，全面系统地介绍了建设工程招投标与合同管理的基本理论和方法，突出实例与案例分析，强调与工程实践相结合，注重实用性和可操作性。

本书共分为六章，内容包括建设工程招投标概述、建设工程招标、建设工程投标、国际工程招投标、建设工程合同管理、工程索赔。

本书可作为高职高专房地产、建筑工程管理、建筑经济、工程造价等专业的教学用书，也可作为欲投身房地产开发企业、建筑施工企业、招标代理机构、工程造价和监理等咨询机构的学生和社会在职人员的学习和参考用书。

前言

根据我国建筑业面临的新形势和新要求以及高职高专“十二五”建筑及工程管理类专业系列规划教材的编写要求，本书立足于建筑及工程管理应用型专业人才的培养，内容力求紧跟建设工程发展形势，依据《中华人民共和国建筑法》、《中华人民共和国招标投标法》、《中华人民共和国合同法》、《中华人民共和国政府采购法》和国家有关部门最新颁布的招标投标、政府采购及合同管理方面的法律、法规的规定，全面反映了招标投标、政府采购及合同管理的理论、法律知识和操作方法。

全书通过招投标实例和案例分析的方式，对建设工程领域中招标投标与合同管理的相关知识、理论等作了诠释和分析，以求提高相关从业人员综合运用理论知识解决实际问题的能力。

招标投标与合同管理涉及的知识面很广，包括工程技术、经济、工程造价、法律和管理等领域，是一项综合性很强的经济活动。本书分为建设工程招投标概述、建设工程招标、建设工程投标、国际工程招投标、建设工程合同管理、工程索赔等六章。本书力求全面贯彻高职高专“十二五”建筑及工程管理类专业系列规划教材的编写原则和要求，以适应建筑及工程管理应用型专业教育的要求，使学生能掌握工程招标投标与合同管理的相关知识，具有从事工程项目招标投标和合同管理的能力。

本书主要作为高职高专房地产专业、建筑工程管理专业、建筑经济专业、工程造价专业的教学用书，也可作为欲投身房地产开发企业、建筑施工企业、招标代理机构、工程造价和监理等咨询机构的学生和社会在职人员的学习和参考用书。

本书由成都大学杨平副教授担任主编并负责大纲拟定和全书统稿；咸阳职业技术学院许方伟、延安职业技术学院孙静、河北工业职业技术学院张磊、绵阳师范学院何源等参加编写。具体编写分工如下：第一章由孙静执笔，第二章由张磊执笔，第三章由杨平执笔，第四章由许方伟执笔，第五章由杨平执笔，第六章由何源执笔。

本书在编写过程中进行了系统的资料收集，参考了国家有关部门最新颁布的相关法律、法规，同时参考和引用了书后所列参考文献中的部分内容，在此对各位作者表示深切谢意。

限于编者水平，书中有错误和不当之处，敬请专家和同行批评指正。

编　者

2011 年 5 月

目录

第一章 建设工程招投标概述

本章学习要点

1. 熟悉建设工程招标投标的种类
2. 了解建设工程招标投标活动的基本原则
3. 熟悉建设工程程序及承发包内容
4. 熟悉建设工程承发包的方式
5. 了解建筑市场的主体与客体
6. 了解建设工程交易中心的性质与作用
7. 熟悉建设工程招标代理机构的权利和义务
8. 了解建设工程招投标行政监管机关及行政机关对招投标的监管

第一节 建设工程招投标

一、建设工程招投标历史

工程招标投标是在承发包业的发展中产生的。随着工程承发包的产生，工程招标投标也产生并逐步完善起来。

（一）国外工程招标投标的产生和发展

19 世纪初期，资本主义国家为了巩固和发展经济实力，需要大规模地开展经济建设，而大力发展的建筑业就导致了大量承包商的产生。然而，经济的发展导致对工程的质量、建设速度、设计及施工技术水平等方面的要求也明显相应提高，投资者为了满足这种要求，就需要从众多的承包商中选择出自己满意的承包商，正是这种选择的需求导致了招标投标交易方式的出现。

当资本主义国家的经济建设发展到顶峰时，由于国内承包商业务不足，这就促使承包商转向国外建筑市场进行工程承包，这样就推动了国际招标投标的发展。在发展中及落后的国家，为了繁荣本国的经济，改变落后面貌，也进行力所能及的经济建设，在发展本国的工程承包业的同时，对一些规模大、技术复杂的建设项目则选择一些有能力的国外承包商来承包，这也有力地促进了国际招标、投标的发展。

（二）国内招标投标制的产生和发展

中华人民共和国成立后的一段时间内，我国一直都采用行政手段干预施工单位，用层层分配任务的办法指定承包单位。这种计划分配任务的办法，在当时为我国摆脱帝国主义的封锁，促进国民经济全面发展曾起过重要的作用，为我国的社会主义建设作出了重要的贡献。这一时期里，我国的工程招标投标工作还没开展。但是，随着社会的发展，此种方式已不能满足经济飞速发展的需求。改革开放后，招标投标逐步在我国立法建制，并形成基本框架体系。至此，我国的建设工程招标投标工作大致经历了三个阶段：

1. 第一阶段(1980—1983年)初具雏形

1980年，国务院在《关于开展和保护社会主义竞争的暂行规定》中首次指出："对一些适宜承包的生产建设项目和经营项目，可以试行招标、投标的办法。"1981年，以吉林省吉林市和经济特区深圳市为代表，率先试行招标投标，收效良好，在全国产生了示范性的影响。1983年6月，原城乡建设环境保护部颁布了《建筑安装工程招标投标试行办法》，它是我国的第一部关于工程招标投标的部门规章，对推动全国范围内实行此项工作起到了重大作用。

2. 第二阶段(1984—1991年)逐步推行

1984年5月全国人大六届二次会议《政府工作报告》中明确指出："要积极推行以招标承包为核心的多种形式的经济责任制。"同年9月，国务院根据人大六届二次会议关于改革建筑业和基本建设管理体制的精神制定并颁布了《关于改革建筑业和基本建设管理体制若干问题的暂行规定》，该规定提出，"要改革单纯用行政手段分段建设的老办法，实行招标投标，由发包单位择优选定勘察设计单位、建筑安装企业"，同时要求"大力推行工程招标承包制"，规定了招标投标的原则办法，这是我国第一部关于工程招标投标的国家法规。同年11月，原国家计委和原城乡建设环境保护部联合制定了《建设工程招标投标暂行规定》，共6章30条。此后，自1985年起，全国各省、市、自治区以及国务院有关部门先后以上述法规为依据，相继出台地方、部门性的工程招标投标管理办法。

3. 第三阶段(1992—1999年)立法建制

1999年8月30日全国人大九届十一次会议通过了《中华人民共和国招标投标法》，这部法律的颁布实施标志着我国建设工程招标投标步入了法制化的轨道。

二、我国现行建设工程招投标制度存在的问题

由于我国建设项目招投标制度起步较晚，法制尚不健全，因此在推行过程中还存在着一些不容忽视的问题，主要体现在以下几点：

第一，政出多头，管理混乱。目前，建设工程招标工作按照项目性质不同分别由不同的部门管理，中央项目由中央单位直接管理，城建和房建项目由建设部门管理，专业工程项目由行业部门管理，国家重点和大中型项目由计划部门管理，等等。由于管理各方所掌握的原则不同，依据的办法各异，使项目法人难以适从。甚至有的部门搞行业垄断，有的招标办法和招标文件明显违反国家的法律、法规和政策，但却得不到及时的解决。

第二，监管主体、监管体制不明确。招投标活动中常常出现未经招标就开工建设，有的项目存在着人情标、关系标、先定后招的现象，但针对这些情况法律缺乏相关依据及制裁措施，使之很难得到纠正处理。

第三，行政干预现象存在。政企不分、以招代管的现象在某些地区和行业中不同程度地存在，有些部门既代表政府监督管理招标，又行使中介机构的职权组织招标，收取招标管理费，甚至修改招标最高限价等，既侵害了投资方的利益，又影响了中介机构的正常发育和招投标制度的正常发展。

三、建设工程招标投标的概念

建设工程招标是指招标人在发包建设项目之前，公开招标或邀请投标人，根据招标人的意图和要求提出报价，择日当场开标，以便从中择优选定中标人的一种经济活动。

建设工程投标是工程招标的对称概念，指具有合法资格和一定能力的投标人根据招标条件，经过初步研究和估算，在指定期限内填写标书，提出报价，并等候开标，决定能否中标的经济活动。

建设工程招标是要约邀请，而投标是要约，中标通知书是承诺。《中华人民共和国合同法》明确规定，招标公告是要约邀请。也就是说，招标实际上是邀请投标人对其提出要约（即报价），属于要约邀请。投标则是一种要约，它符合要约的所有条件，如具有缔结合同的主观目的；一旦中标，投标人将受投标书约束；投标书的内容具有足以使合同成立的主要条件等。招标人向中标的投标人发出中标通知书，则是招标人同意接受中标的投标人的投标条件，即同意接受投标人的要约的意思表示，应属于承诺。

四、建设工程招标投标的法律依据

我国建设法规体系由五层组成，即：

（1）建设法律，指由全国人民代表大会及其常务委员会审议发布的属于建设行政主管部门业务范围的各项法律，它是建设法律体系的核心和基础。如《中华人民共和国建筑法》。

（2）建设行政法规，指国务院依法制定并颁布的属于建设部门主管业务范围内的各项法规。如根据《中华人民共和国建筑法》制定的《建筑工程质量管理条例》。

（3）建设部门规章，指建设部门根据国务院规定的职责范围，依法制定并颁布的各项规章，或由建设部门与国务院有关部门联合制定并发布的规章。这类部门规章主要是针对各部门行为，实施范围有一定的局限性。如原建设部发布的《建设工程勘察质量管理办法》、《房屋建筑工程质量保修办法》，交通部发布的《公路工程质量管理办法》等。

（4）地方性建设法规，指在不与宪法、法律、行政法规相抵触的前提下，由省、自治区、直辖市人大及其常务委员会制定并发布的建设方面的法规，包括省会城市和经国家批准的较大的城市人大及其常委会制定的，报经省、自治区人大或其常委会批准的各种法规。

（5）地方建设规章，指由省、自治区、直辖市以及省会城市和经国务院批准市人民政府，根据法律和国务院的行政法规制定并颁布的建设方面的规章。

下面对与项目建设有密切关系的建设法规作一个简要介绍：

（1）建筑法。为了加强对建筑业活动的监督管理，维护建筑市场秩序，保证建设工程的质量和安全，促进建筑业健康发展，保障建筑活动当事人的合法权益，经全国人大常务委员会通过，于 1997 年 11 月 1 日发布了《中华人民共和国建筑法》（以下简称《建筑法》）。《建筑法》共分八章，共 85 条。

第一章，总则，共 6 条，是整部法律的纲领性规定，明确了为什么立法、立法要管什么以及由谁来管理等重大问题。

第二章，建筑许可，分为两节，共 8 条，是对建筑工程施工许可制度和从事建筑活动的单位及个人从业资格制度的规定。

第三章，建筑工程发包与承包，分为三节，15 条，是有关建筑工程发包与承包活动的规定。

第四章，建筑工程监理，共 6 条，是对建筑工程监理的范围、程序、依据、内容及工程监理单位和工程监理人员的权利、义务与责任的规定。

第五章，建筑安全生产管理，共 16 条，是对建筑安全生产的方针、管理体制、安全责任制度、安全教育培训制度等的规定，目的在于保证建筑工程安全和建筑职工的人身安全。

第六章，建筑工程质量管理，共 12 条，确定了在建筑工程质量管理过程中的五项基本法律制度，即建筑工程政府质量监督制度、质量体系认证制度、质量责任制度、建筑工程竣工验收制度以及建筑工程质量保修制度。

第七章，法律责任，共 17 条，是对违反《建筑法》应承担的法律责任的规定。

第八章，附则，共 5 条，是对《建筑法》的重要补充。

(2)招标投标法。为了规范招标投标活动，保护国家利益、社会公共利益和招标投标活动当事人的合法权益，提高经济效益，保证项目质量，1999 年 8 月 30 日全国人大通过了《中华人民共和国招标投标法》(以下简称《招标投标法》)。《招标投标法》共分六章，68 条。

第一章，总则，共 7 条，对《招标投标法》的适用范围、适用对象、应当遵循的原则、招标投标活动的实施监督部门等进行了规定。

第二章，招标，共 17 条，对我国建设工程招标的主体资格进行规定。同时对建设单位、招标代理机构招标项目必须具备的条件、招标方式、信息发布、保证合理时间等进行了相应的规定。

第三章，投标，共 9 条，对我国建设工程投标的主体资格进行了规定。同时对投标人的条件、投标时应提交的资料、投标文件内容、投标时间、投标行为及投标人数量进行了相应的规定。

第四章，开标、评标与中标，共 15 条，主要内容有：开标时间与地点、开标的相关规定、评标的相关规定、评标结果、中标的相关规定、中标通知书、签订书面合同、提交招标投标报告。

第五章，法律责任，共 16 条，主要对违反《招标投标法》规定进行招标的项目，招标代理机构违反规定，招标人、投标人、评标委员会违反规定，中标人转让中标项目都作出了相应处罚规定。

第六章，附则，共 4 条，对招标投标活动的监督、不进行招标项目的范围及实施日期进行了规定。

(3)合同法。为了保护合同当事人的合法权益，维护社会经济秩序，促进社会主义现代化建设，经第九届全国人大常务委员会通过，于 1999 年 3 月 15 日公布了《中华人民共和国合同法》(以下简称《合同法》)，并于 1999 年 10 月 1 日起实施。《合同法》分总则、分则和附则三部分，共 23 章，共 428 条。总则包括：一般规定，合同的订立、效力、履行、变更和转让、权利义务终止，违约责任等。15 个分则对 15 类合同作出了特殊的规定，其中包括了建设工程合同。

(4)担保法。为促进资金融通和商品流通，保障债权的实现，发展社会主义市场经济，第八届全国人民代表大会常务委员会第十四次会议于 1995 年 6 月 30 日通过了《中华人民共和国担保法》(简称《担保法》)，并自 1995 年 10 月 1 日起施行。《担保法》共分七章，96 条。第一章，总则，共五条，规定了立法的目的、此法的适应范围及担保方式、担保活动基本原则、反担保等；第二章至第六章分别介绍了担保的五种形式：保证、抵押、质押、留置和定金，以及对这五种担保方式的特殊规定；第七章，附则，共五条，对动产与不动产、担保合同的表现形式、担保物折价或变卖的价格确定、生效日期进行了说明。

(5)建设工程质量管理条例。《建设工程质量管理条例》是经 2000 年 1 月国务院通过，为了加强对建设工程质量管理，保证建设工程质量，保护人民生命财产安全，根据《中华人民共和国建筑法》制定的，是建筑法的配套法规之一，共分九章，82 条。主要内容包括：条例适用范围，建设单位、勘察设计单位、施工单位、工程监理的质量责任和义务，以及建设工程质量保修、监督管理、违反条例规定的处罚等。

五、建设工程招标投标的种类

建设工程招标投标按照不同的标准可以进行不同的分类。

(1)按工程建设程序分类，建设工程招标投标可分为建设项目可行性研究招标投标、工程勘察设计招标投标、材料设备采购招标投标、施工招标投标。

(2)按工程建设行业和专业分类，建设工程招标投标可分为工程勘察设计招标投标、设备安装招标投标、土建施工招标投标、建筑装饰装潢施工招标投标、工程咨询和建设监理招标投标、货物采购招标投标。

(3)按工程建设项目的组成分类，建设工程招标投标可分为建设项目招标投标、单项工程招标投标、单位工程招标投标、分部分项工程招标投标。

(4)按工程发包承包的范围分类，建设工程招标投标可分为工程总承包招标投标、工程分承包招标投标、工程专项承包招标投标。

(5)按工程是否有涉外因素分类，建设工程招标投标可分为国内工程招标投标、国际工程招标投标。

注意：为了防止任意肢解工程发包，我国一般不允许分部工程招标投标、分项工程招标投标，但允许特殊专业及劳务工程招标投标。

六、建设工程招标投标活动的基本原则

1. 合法原则

合法原则是指建设工程招标投标主体的一切活动，必须符合法律、法规、规章和有关政策的规定。

(1)主体资格要合法。招标人必须具备一定的条件才能自行组织招标，否则只能委托具有相应资格的招标代理机构组织招标；投标人必须具有与其投标的工程相适应的资格等级，并经招标人资格审查，报建设工程招标投标管理机构进行资格复查。

(2)活动依据要合法。招标投标活动应按照相关的法律、法规、规章和政策性文件开展。

(3)活动程序要合法。建设工程招标投标活动的程序，必须严格按照有关法规、规定的要求进行。当事人不能随意增加或减少招标投标过程中某些法定步骤或环节，更不能颠倒次序、超过时限、任意变通。

(4)对招标投标活动的管理和监督要合法。建设工程招标投标管理机构必须依法监管、依法办事，不能越权干预招(投)标人的正常行为或对招(投)标人的行为进行包办代替，也不能懈怠职责、玩忽职守。

2. 统一、开放原则

统一原则是指在建设工程招标投标活动中市场、管理、规范等必须统一。

(1)市场必须统一。任何分割市场的做法都是不符合市场经济规律的，也是无法形成公平

竞争的市场机制的。

(2)管理必须统一。要建立和实行由建设行政主管部门(建设工程招标投标管理机构)统一归口管理的行政管理体制。在一个地区只能由一个主管部门履行政府统一管理的职责。

(3)规范必须统一。如市场准入规则的统一,招标文件文本的统一,合同条件的统一,工作程序、办事规则的统一等。只有这样,才能真正发挥市场机制的作用,全面实现建设工程招标投标制度的宗旨。

开放原则,要求根据统一的市场准入规则,打破地区、部门和所有制等方面的限制和束缚,向全社会开放建设工程招标投标市场,破除地区和部门保护主义,反对一切人为的对外封闭市场的行为。

3.公开、公平、公正原则

公开原则是指建设工程招标投标活动应具有较高的透明度。具体有以下几层意思:

(1)建设工程招标投标的信息公开。通过建立和完善建设工程项目报建登记制度,及时向社会发布建设工程招标投标信息,让有资格的投标者都能享受到同等的信息。

(2)建设工程招标投标的条件公开。什么情况下可以组织招标,什么机构有资格组织招标,什么样的单位有资格参加投标等,都必须向社会公开,便于社会监督。

(3)建设工程招标投标的程序公开。在建设工程招标投标的全过程中,招标单位的主要招标活动程序、投标单位的主要投标活动程序和招标投标管理机构的主要监管程序,必须公开。

(4)建设工程招标投标的结果公开。哪些单位参加了投标,最后哪个单位中了标,应当予以公开。

公平原则,是指所有投标人在建设工程招标投标活动中享有均等的机会,具有同等的权利,履行相应的义务,任何一方都不受歧视。

公正原则,是指在建设工程招标投标活动中,按照同一标准实事求是地对待所有的投标人,不偏袒任何一方。

4.诚实信用原则

诚实信用原则,是指在建设工程招标投标活动中,招(投)标人应当以诚相待,讲求信义,实事求是,做到言行一致,遵守诺言,履行成约,不得见利忘义,投机取巧,弄虚作假,隐瞒欺诈,损害国家、集体和其他人的合法权益。诚实信用原则是市场经济的基本前提,是建设工程招标投标活动中的重要道德规范。

5.求效、择优原则

求效、择优原则,是建设工程招标投标的终极原则。实行建设工程招标投标的目的,就是要追求最佳的投资效益,在众多的竞争者中选出最优秀、最理想的投标人作为中标人。追求效益和择优定标,是建设工程招标投标活动的主要目标。在建设工程招标投标活动中,除了要坚持合法、公开、公正等前提性、基础性原则外,还必须贯彻求效、择优的目的性原则。贯彻求效、择优原则,最重要的是要有一套科学合理的招标投标程序和评标定标办法。

6.招标投标权益不受侵犯原则

招标投标权益是当事人和中介机构进行招标投标活动的前提和基础,保护合法的招标投标权益是维护建设工程招标投标秩序,促进建筑市场健康发展的必要条件。建设工程招标投标活动当事人和中介机构依法享有的招标投标权益,受国家法律的保护和约束。任何单位和个人不得非法干预招标投标活动的正常进行,不得非法限制或剥夺当事人和中介机构享有的合法权益。

七、建设工程招标投标的意义

实行建设工程的招标投标是我国建筑市场趋向规范化、完善化的重要举措，对于择优选择承包单位、全面降低工程造价，进而使工程造价得到合理有效的控制，具有十分重要的意义，具体表现在：

1.形成了由市场定价的价格机制

实行建设工程的招标投标基本形成了由市场定价的价格机制，使工程价格更加趋于合理。其最明显的表现是若干投标人之间出现激烈竞争（相互竞标），这种市场竞争最直接、最集中的表现就是在价格上的竞争。通过竞争确定出工程价格，使价格趋于合理或下降，这将有利于节约投资、提高投资效益。

2.不断降低社会平均劳动消耗水平

实行建设工程的招标投标能够不断降低社会平均劳动消耗水平，使工程价格得到有效控制。在建筑市场中，不同投标者的个别劳动消耗水平是有差异的。通过推行招标投标，最终使那些个别劳动消耗水平最低或接近最低的投标者获胜，这样便实现了生产力资源较优配置，也对不同投标者实行了优胜劣汰。面对激烈竞争的压力，为了自身的生存与发展，每个投标者都必须切实在降低自己个别劳动消耗水平上下工夫，这样将逐步而全面地降低社会平均劳动消耗水平，使工程价格更为合理。

3.工程价格更加符合价值基础

实行建设工程的招标投标便于供求双方更好地相互选择，使工程价格更加符合价值基础，进而更好地控制工程造价。由于供求双方各自出发点不同，存在利益矛盾，因而单纯采用“一对一”的选择方式，成功的可能性较小。采用招投标方式就为供求双方在较大范围内进行相互选择创造了条件，为需求者（如建设单位、业主）与供给者（如勘察设计单位、施工企业）在最佳点上结合提供了可能。需求者对供给者选择（即建设单位、业主对勘察设计单位和施工单位的选择）的基本出发点是“择优选择”，即选择那些报价较低、工期较短，具有良好业绩和管理水平的供给者，这样也为合理控制工程造价奠定了基础。

4.贯彻公开、公平、公正的原则

实行建设工程的招标投标有利于规范价格行为，使公开、公平、公正的原则得以贯彻。我国招投标活动有特定的机构进行管理，有严格的程序必须遵循，有高素质的专家支持系统，有工程技术人员的群体评估与决策，能够避免盲目过度的竞争和营私舞弊现象的发生，对建筑领域中的腐败现象也是强有力的遏制，使价格形成过程变得透明而较为规范。

5.能够减少交易费用

实行建设工程的招标投标能够减少交易费用，节省人力、物力、财力，进而使工程造价有所降低。我国目前从招标、投标、开标、评标直至定标，均在统一的建筑市场中进行，并有较完善的法律、法规规定，且已进入制度化操作。招投标中，若干投标人在同一时间、地点报价竞争，在专家支持系统的评估下，以群体决策方式确定中标者，必然减少交易过程的费用，这本身就意味着招标人收益的增加，对工程造价必然产生积极的影响。

建设项目招标投标活动包含的内容十分广泛，具体说包括建设项目强制招标的范围、建设项目招标的种类与方式、建设项目招标的程序、建设项目招标投标文件的编制、招标最高限价的编制与审查、投标报价以及开标、评标、定标等。所有这些环节的工作均应按照国家有关法律、法规规定认真执行并落实。

第二节 建设工程承发包

一、建设工程程序和承发包的概念

(一)建设工程程序

依据我国现行建设法规的相关规定,我国建设项目程序如图 1-1 所示。

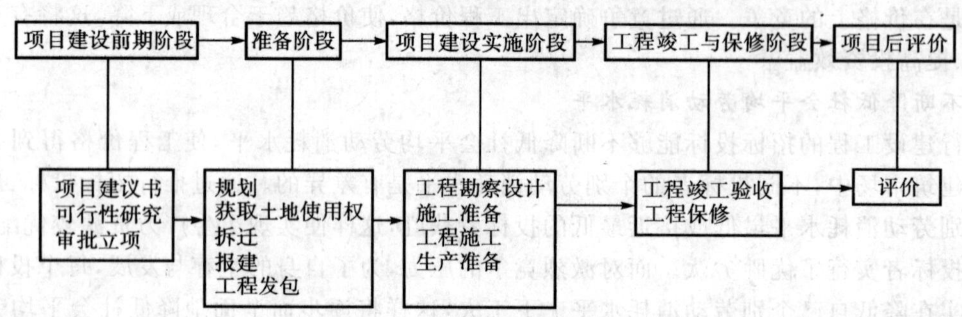

图 1-1 建设工程程序

从图 1-1 中可知,我国建设项目程序分五个阶段,每个阶段又包含若干环节。各阶段、各环节的工作应按规定顺序进行。当然,建设项目的性质不同,规模不一,同一阶段内各个环节的工作会有一些交叉,有些环节可以根据本行业、本项目的特点,在遵守建设项目程序的前提下,灵活开展各项工作。

1. 项目建设前期阶段

(1)项目建议书。项目建议书是建设单位向国家提出的要求建设某一建设项目的建议文件,是投资机会分析结果所形成的书面文件,是对建设项目的轮廓设想,以便决策者分析、决策。大中型和限额以上项目的投资项目建议书,由行业归口主管部门初审后,再由国家计委审批。小型项目的项目建议书,按隶属关系,由主管部门或地方计委审批。

(2)可行性研究。可行性研究是指项目建议书被批准后,对拟建项目在技术上是否可行,经济上是否合理等内容所进行的科学分析和论证。可行性研究报告必须经有资格的咨询机构评估确认后,才能作为投资决策的依据。

(3)审批立项。审批立项是有关部门对可行性研究报告的审查批准程序,审查通过后即予以立项,批准后的可行性研究报告是初步设计的依据,不得随意修改或变更。项目立项后正式进入建设项目的建设准备阶段。

2. 准备阶段

(1)规划。在规划区内建设的项目,必须符合城市规划或村庄、集镇规划的要求。其项目选址和布局,必须取得城市规划行政主管部门或村、镇规划主管部门的同意、批准,依法先后领取城市规划行政主管部门核发的《选址意见书》、《建设用地规划许可证》、《建设工程规划许可证》,方能获取土地使用权,进行设计、施工等相关建设活动。

(2)获取土地使用权。建设项目用地必须通过国家对土地使用权的出让或划拨而取得。取得土地使用权的,应向国家支付出让金,并与县、市人民政府土地管理部门签订书面出让合同,然后按合同规定的年限与要求进行项目建设。

(3)拆迁。任何单位和个人需要拆迁房屋的,都必须持国家规定的批准文件、拆迁计划和拆迁方案,向房屋拆迁主管部门提出申请,经批准并取得房屋拆迁许可证后,方可拆迁。

(4)报建。建设项目被批准立项后,建设单位或其代理机构必须持建设项目批准文件、银行出具的资信证明、建设用地的批准文件等资料,向当地建设行政主管部门或其授权机构进行报建。凡未报建的建设项目,不得办理招标手续和发放施工许可证,设计、施工单位不得承接该项目的设计、施工任务。

(5)工程发包。建设单位或其代理机构在上述准备工作完成后,须对拟建项目进行发包,以择优选定工程勘察设计单位、施工单位或总承包单位。工程发包有招标投标和直接发包两种方式。为鼓励公平竞争,建立公正的竞争秩序,国家提倡采用招标投标方式,并对符合条件的工程进行强制招标。

3.项目建设实施阶段

(1)工程勘察设计。设计是建设项目的重要环节,设计文件是制订建设计划、组织工程施工和控制建设投入的依据。设计与勘察是密不可分的,设计必须在进行工程勘察取得足够的地质、水文等基础资料后才能进行。勘察工作也是服务于项目建设的全过程,在项目选址、可行性研究、工程施工等各阶段,也必须进行必要的勘察。

(2)施工准备。施工准备包括施工单位在技术、物资方面的准备和建设单位取得开工许可证两方面内容。

工程施工涉及的因素很多,过程也十分复杂,施工单位在接到施工图后,必须做好细致的施工准备工作,以确保工程顺利建成。施工准备工作主要包括:熟悉审查图纸,编制施工组织设计,计划、技术、质量、安全、经济责任的交底,下达施工任务书,准备工程施工所需的设备、材料等活动。

建设项目必须取得施工许可证才能开工,取得施工许可证的条件有:已经办好该工程用地批准手续;在城市规划区的工程,已取得规划许可证;需要拆迁的,拆迁进度满足施工要求;施工企业已确定;有满足施工需要的施工图纸和技术资料;有保证工程质量和安全的具体措施;建设资金已落实并满足有关法律、法规规定的其他条件。施工许可证需向工程所在地县级以上人民政府建设行政主管部门申请领取。未取得施工许可证的建设单位不得擅自组织开工。

(3)工程施工。工程施工是投入劳动量最大,所费时间较长的工作。工程施工管理水平的高低、工作质量的好坏对建设项目的质量和所产生的效益起着十分重要的作用。工程施工管理具体包括施工调度、施工安全、文明施工、环境保护等几方面的内容。

(4)生产准备。生产准备是指工程施工临近结束时,为保证建设项目能及时投产使用所进行的准备活动,包括机构设置、人员培训、设备安装调试、原材料、燃料及其他配合条件等。建设单位要根据建设项目或主要单项工程的生产技术特点,有计划地做好这一工作。

4.工程竣工验收与保修阶段

(1)工程竣工验收。建设项目按设计文件规定的内容和标准全部建成,并按规定将工程内外全部清理完毕称为竣工。原国家计委 1990 年 9 月颁发的《建设项目(工程)竣工验收办法》对建设项目(工程)竣工验收范围、验收程序、验收的组织、决算的编制技术文件资料的整理等内容进行了规定，规范了建设项目的竣工验收，保证了建设项目按质、按时完成，发挥项目作用。

(2)工程保修。工程竣工验收交付使用后，根据《建筑法》及相关法规的规定，承包单位要对工程中出现的质量缺陷承担保修与赔偿责任。工程保修一般以保修金作为维修的保证。国务院2000年颁布的《建设工程质量管理条例》，对建设工程的质量责任、保修期限、保修办法作出了明确的规定。

5.项目后评价

项目后评价是指对已经完成的项目的目的、执行过程、效益、作用和影响进行系统、客观的分析，通过项目获得的检查总结，确定项目预期的目标是否达到、项目是否合理有效、项目的主要指标是否实现。通过分析评价找出成败的原因，总结经验教训，为未来新项目决策和提高完善投资决策管理水平提出建议，为日后评价项目实施运营中出现的问题提出改进建议，从而达到提高投资效益的目的。

(二)工程承发包的概念

承发包是一种商业交易行为，也是一种经营方式，是指交易的一方负责为交易的另一方完成某项工作或供应一批货物，并按一定的价格取得相应报酬的一种交易。委托任务并负责支付报酬的一方称为发包人；接受任务并负责按时完成而取得报酬的一方称为承包人。承发包双方通过签订合同或协议，予以明确发包人和承包人之间的经济上的权利与义务，具有法律效力。

工程承发包是指建筑企业(承包商)作为承包人(称乙方)，建设单位(业主)作为发包人(称甲方)，由甲方把建筑安装工程任务委托给乙方，且双方在平等互利的基础上签订工程合同，明确各自的经济责任、权利和义务，以保证工程任务在合同造价内按期、按质、按量、全面地完成。

二、建设工程承发包的内容

根据建设项目的程序和基本内容，建设工程承发包的内容可以分为以下几类：

1.项目建议书

项目建议书是由项目投资方向其主管部门上报的文件，主要从宏观上论述项目设立的必要性和可能性，把项目投资的设想变为概略的投资建议。项目建议书的呈报以供项目审批机关作出初步决策。它可以减少项目选择的盲目性，为下一步可行性研究打下基础。项目建议书可以由建设单位自行编制或委托工程咨询机构代理。

2.可行性研究

可行性研究是指从系统总体出发，对技术、经济、财务、商业以至环境保护、法律等多个方面进行分析和论证，以确定建设项目是否可行，为正确进行投资决策提供科学依据。项目的可行性研究是对多因素、多目标系统进行不断的分析研究、评价和决策的过程。可行性研究报告可以自行编制或委托工程咨询机构代理。

3.勘察、设计

勘察和设计是两个阶段的两项不同工作任务。建设工程勘察是指根据建设工程的要求，查明、分析、评价建设场地的地质、地理环境特征和岩土工程条件，编制建设工程勘察文件的活动。建设工程设计是指根据建设工程的要求，对建设工程所需的技术、经济、资源、环境等条件进行综合分析、论证，编制建设工程设计文件的活动。勘察和设计都可以通过方案竞选或招投标的方式来完成。

4. 材料、设备的采购供应

根据设计方案的需要，材料和设备的采购供应可以通过公开招标、询价报价、直接采购等方式获得其承包权。

5. 建筑安装工程

建筑安装工程施工是工程建设过程中的一个重要环节，是把设计图纸付诸实践的决定性阶段。其任务是把设计图纸变成物质产品，如工厂、矿井、电站、桥梁、住宅、学校等，使预期的生产能力或使用功能得以实现。建筑安装施工内容包括施工现场的准备工作、永久性工程的建设施工、设备安装及工业管道安装工程等。此阶段主要采用招标投标的方式进行工程的承发包。

6. 生产职工培训

为了使新建项目建成后交付使用，投入生产，在建设期间就要准备合格的生产技术工人和配套的管理人员。因此，需要组织生产职工培训。这项工作通常委托培训公司或培训部门来完成。

7. 建设工程监理

建设工程监理即工程监理，是指具有相应资质的工程监理企业，接受建设单位的委托，承担其项目管理工作，并代表建设单位对承建单位的建设行为进行监控的专业化服务活动。建设工程监理承发包一般通过招标投标的形式进行。

三、建设工程承发包方式

工程承发包方式是多种多样的，其分类如图 1-2 所示。

(一)按承发包范围划分承发包方式

1. 建设全过程承发包

建设全过程承发包又叫统包、交钥匙合同。它是指发包人一般只要提出使用要求、竣工期限或对其他重大决策性问题作出决定，承包人就可对项目建议书、可行性研究、勘察设计、材料设备采购、建筑安装工程施工、职工培训、竣工验收，直到投产使用和建设后评估等全过程实行全面总承包，并负责对各项分包任务和必要时被吸收参与工程建设有关工作的发包人的部分力量进行统一组织、协调和管理。

建设全过程承发包主要适用于大中型建设项目。大中型建设项目由于工程规模大、技术复杂，要求工程承包公司必须具备雄厚的技术、经济实力和丰富的组织管理经验，通常由实力雄厚的工程总承包公司(集团)承担。这种承包方式的优点是：由专职的工程承包公司承包，可以充分利用其丰富的经验，还可进一步积累建设经验，节约投资，缩短建设工期并保证建设项目的质量，提高投资效益。

2. 阶段承发包

阶段承发包是指发包人、承包人就建设过程中某一阶段或某些阶段的工作(如勘察、设计或施工、材料设备供应等)进行发包承包。例如由设计机构承担勘察设计，由施工企业承担工业与民用建筑施工，由设备安装公司承担设备安装任务。其中，施工阶段承发包还可依承发包的具体内容，再细分为以下三种方式：

包工包料，即工程施工所用的全部人工和材料由承包人负责。其优点是：便于调剂余缺，

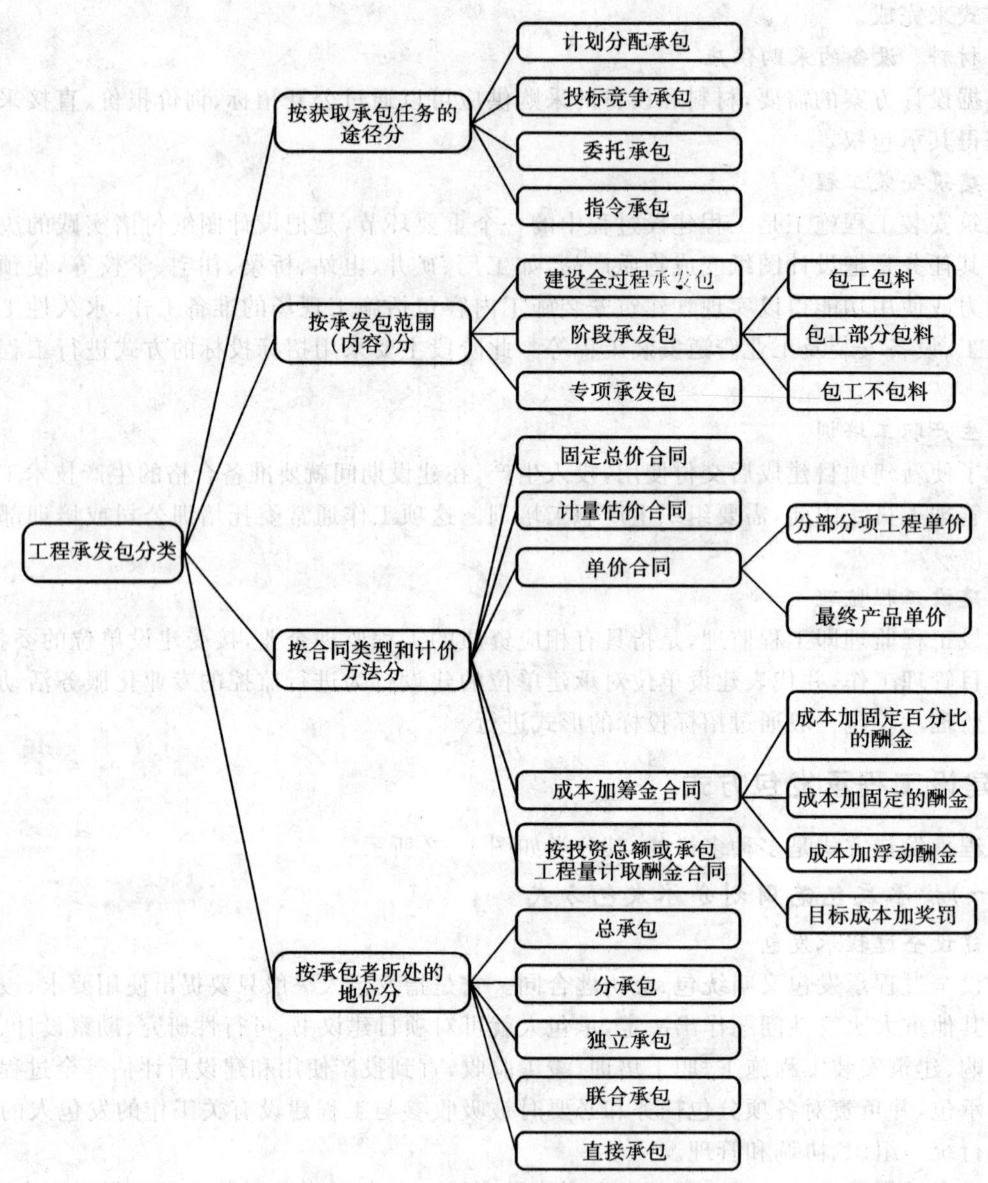

图 1-2　建设工程承发包方式

合理组织供应，加快建设速度，促进施工企业加强管理，精打细算，厉行节约，减少损失和浪费；有利于合理使用材料，降低工程造价，减轻建设单位的负担。

包工部分包料，即承包人只负责提供施工的全部人工和一部分材料，其余部分材料由发包人或承包人负责供应。

包工不包料，又称包清工，实质上是劳务承包，即承包人（大多是分包人）仅提供劳务而不承担任何材料供应的义务。

3. 专项承发包

专项承发包是指发包人、承包人就某建设阶段中的一个或几个专门项目进行发包承包。专项承发包主要适用于可行性研究阶段的辅助研究项目；勘察设计阶段的工程地质勘察、供水水源勘察，基础或结构工程设计、工艺设计，供电系统、空调系统及防灾系统的设计；施工阶段的深基础施工、金属结构制作和安装、通风设备和电梯安装等建设准备阶段的设备选购和生产技术人员培训等专门项目。由于专门项目专业性强，常常是由有关专业分包人承包，所以，专项发包承包也称作专业发包承包。

(二)按承包者所处的地位划分承发包方式

1.总承包

总承包简称总包，是指发包人将一个建设项目建设全过程或其中某个或某几个阶段的全部工作发包给一个承包人承包，该承包人可以将在自己承包范围内的若干专业性工作再分包给不同的专业承包人去完成，并对其统一协调和监督管理。各专业承包人只同总承包人发生直接关系，不与发包人发生直接关系。

总承包主要有两种情况：一是建设全过程总承包；二是建设阶段总承包。建设阶段总承包主要分为：①勘察、设计、施工、设备采购总承包；②勘察、设计、施工总承包；③勘察、设计总承包；④施工总承包；⑤施工、设备采购总承包；⑥投资、设计、施工总承包，即建设项目由承包商贷款垫资，并负责规划设计、施工，建成后再转让给发包人；⑦投资、设计、施工、经营一体化总承包，通称BOT方式，即发包人和承包人共同投资，承包人不仅负责项目的可行性研究、规划设计、施工，而且建成后还负责经营几年或几十年，然后再转让给发包人。

采用总承包方式时，可以根据工程具体情况，将工程总承包任务发包给有实力的具有相应资质的咨询公司、勘察设计单位、施工企业以及设计施工一体化的大建筑公司等承担。

2.分承包

分承包简称分包，是相对于总承包而言的，是从总承包人承包范围内分包某一分项工程(如土方、模板、钢筋等)或某种专业工程(如钢结构制作和安装、电梯安装、卫生设备安装等)。分承包人不与发包人发生直接关系，而只对总承包人负责，在现场由总承包人统筹安排其活动。

分承包人承包的工程不能是总承包范围内的主体结构工程或主要部分(关键性部分)，主体结构工程或主要部分必须由总承包人自行完成。分承包主要有两种形式：一是总承包合同约定的分包，总承包人可以直接选择分包人，经发包人同意后与分包人订立分包合同；二是总承包合同未约定的分包，须经发包人认可后总承包人方可选择分包人，并与之订立分包合同。可见，分包实际上都要经过发包人同意后才能进行。

3.独立承包

独立承包是指承包人依靠自身力量自行完成承包任务的承发包方式。此方式主要适用于技术要求比较简单、规模不大的工程项目。

4.联合承包

联合承包是相对于独立承包而言的，指发包人将一项工程任务发包给两个以上承包人，由这些承包人联合共同承包。联合承包主要适用于大型或结构复杂的工程，参加联合的各方，通常是采用成立工程项目合营公司、合资公司、联合集团等联营体形式，推选承包代表人，协调承包人之间的关系，统一与发包人签订合同，共同对发包人承担连带责任。参加联营的各方仍都是各自独立经营的企业，只是就共同承包的工程项目必须事先达成联合协议，以明确各个联合承包人的权利和义务，包括投入的资金数额、人工和管理人员的派遣、机械设备种类、临时设施的费用分摊、利润的分享以及风险的分担，等等。

在市场竞争日益激烈的形势下，采取联合承包的方式优越性十分明显，具体表现在：①可以有效地减弱多家承包商之间的竞争，化解和防范承包风险；②促进承包商在信息、资金、人员、技术和管理上互相取长补短，有助于充分发挥各自的优势；③增强共同承包大型或结构复杂的工程的能力，增加了中大标、中好标和共同获取更丰厚利润的机会。

5. 直接承包

直接承包是指不同的承包人在同一工程项目上分别与发包人签订承包合同，各自直接对发包人负责。各承包商之间不存在总承包、分承包的关系，现场上的协调工作由发包人自己去做，或由发包人委托一个承包商牵头去做，也可聘请专门的项目经理（建造师）去做。

（三）按合同类型和计价方法划分承发包方式

1. 固定总价合同

固定总价合同又称总价合同，是指发包人要求承包人按商定的总价承包工程。这种方式通常适用于规模较小、风险不大、技术简单、工期较短的工程。其主要做法是：以图纸和工程说明书为依据，明确承包内容和计算承包价，总价一次包死，一般不予变更。这种方式的优点是，因为有图纸和工程说明书为依据，发包人、承包人都能较准确地估算工程造价，发包人容易选择最优承包人。这种方式的缺点是，对承包商有一定的风险，因为如果设计图纸和说明书不太详细，未知数比较多，或者遇到材料突然涨价、地质条件变化和气候条件恶劣等意外情况，承包人承担的风险就会增大，风险费增大不利于降低工程造价，最终对发包人也不利。

2. 计量估价合同

计量估价合同是以工程量清单和单价表为计算承包价依据的承发包方式。通常的做法是：由发包人或委托具有相应资质的中介咨询机构提出工程量清单，列出分部、分项工程量，由承包商根据发包人给出的工程量，经过复核并填上适当的单价，再算出总造价，发包人只要审核单价是否合理即可。这种承发包方式，结算时单价一般不能变化，但工程量可以按实际工程量计算，承包人承担的风险较小，操作起来也比较方便。

3. 单价合同

单价合同是指以工程单价结算工程价款的承发包方式。其特点是，工程量实量实算，以实际完成的数量乘以单价结算。其具体包括以下两种类型：①按分部分项工程单价承包，即由发包人列出分部分项工程名称和计量单位，由承包人逐项填报单价，经双方磋商确定承包单价，然后签订合同，并根据实际完成的工程数量，按此单价结算工程价款。这种承包方式主要适用于没有施工图、工程量不明而且需要开工的工程。②按最终产品单价承包，即按每平方米住宅、每平方米道路等最终产品的单价承包。其报价方式与按分部分项工程单价承包相同。这种承包方式通常适用于采用标准设计的住宅、宿舍和通用厂房等房屋建筑工程。但对其中因条件不同而造价变化较大的基础工程，则大多数采用按计量估价承包或分部分项工程单价承包的方式。

4. 成本加酬金合同

成本加酬金合同又称成本补偿合同，是指按工程实际发生的成本结算外，发包人另加上商定好的一笔酬金（总管理费和利润）支付给承包人的一种承发包方式。工程实际发生的成本，主要包括人工费、材料费、施工机械使用费、其他直接费和现场经费以及各项独立费等。其主要的做法有：成本加固定酬金、成本加固定百分比酬金、成本加浮动酬金、目标成本加奖罚。

（1）成本加固定酬金。这种承包方式工程成本实报实销，但酬金是事先商量好的一个固定数目。其计算式为：

$$C = C_d + F$$

式中：C——工程总造价；

C_d——实际发生的工程成本；

F——固定酬金。

这种承包方式，酬金不会因成本的变化而改变，它不能鼓励承包商降低成本，但可鼓励承包商为尽快取得酬金而缩短工期。有时，为鼓励承包人更好地完成任务，也可在固定酬金之外，再根据工程质量、工期和降低成本情况另加奖金，且奖金所占比例的上限可以大于固定酬金。

(2)成本加固定百分比酬金。这种承包方式工程成本实报实销，但酬金是事先商量好的以工程成本为计算基础的一个百分比。其计算式为：

$$C = C_d(1 + P)$$

式中：C——工程总造价；

C_d——实际发生的工程成本；

P——固定的百分数。

这种承包方式，对发包人不利，因为工程总造价 C 随工程成本 C_d 增大而相应增大，不能有效地鼓励承包商降低成本、缩短工期。现在这种承包方式已很少采用。

(3)成本加浮动酬金。这种承包方式的做法，通常是由双方事先商定工程成本和酬金的预期水平，然后将实际发生的工程成本与预期水平相比较，如果实际成本高于预期成本，则减少酬金。其计算式分别为：

$$如\ C_d = C_0,\quad 则\ C = C_d + F$$

$$如\ C_d < C_0,\quad 则\ C = C_d + F + \Delta F$$

$$如\ C_d > C_0,\quad 则\ C = C_d + F - \Delta F$$

式中：C——工程总造价；

C_d——实际发生的工程成本；

C_0——预期工程成本；

F——固定的百分数；

ΔF——酬金增减部分(可以是一个约定百分比，也可以是固定数额)。

采用这种承包方式，优点是对发包人、承包人双方都没有太大风险，同时也能促使承包商降低成本和缩短工期；缺点是在实践中估算预期成本比较困难，要求承发包双方具有丰富的经验。

(4)目标成本加奖罚。这种承包方式是在初步设计结束后，工程迫切开工的情况下，根据粗略估算的工程量和适当的概算单价表编制概算，作为目标成本，随着设计逐步具体化，目标成本可以调整。另外以目标成本为基础规定一个百分比作为酬金，最后结算时，如果实际成本低于目标成本(也有一个幅度界限)，则增加酬金。其计算式为：

$$C = C_d + P_1 C_e + P_2(C_e - C_d)$$

式中：C——工程总造价；

C_d——实际发生的工程成本；

C_e——目标成本；

P_1——基本酬金百分比；

P_2——奖罚酬金百分比。

此外，还可另加工期奖罚。这种承发包方式的优点是可促使承包商关心降低成本和缩短工期；而且，由于目标成本是随设计的进展而加以调整才确定下来的，所以发包人、承包人双方都不会承担过大风险。缺点是目标成本的确定较困难，要求发包人、承包人都须具有比较丰富的经验。

5.按投资总额或承包工程量计取酬金的合同

这种方式主要适用于可行性研究、勘察设计和材料设备采购供应等承包业务。例如，承包可行性研究的计费方法通常是根据委托方的要求和所提供的资料情况，拟定工作内容，估计完成任务所需各种专业人员的数量和工作时间，据此计算工资、差旅费以及其他各项开支，再加企业总管理费，汇总即可得出承包费用总额。勘察费的计费方法，是按完成的工作量和相应的费用定额计取。

(四)按获取承包任务的途径划分承发包方式

(1)计划分配承包。在传统的计划经济体制下，由中央或地方政府的计划部门分配建设工程任务，由设计、施工单位与建设单位签订承包合同。

(2)委托承包。委托承包即由建设单位与承包单位协商，签订委托其承包某项工程任务的合同，主要适用于某些投资限额以下的小型工程。

(3)指令承包。指令承包是由政府主管部门依法指定工程承包单位，仅适用于某些特殊情况。如少数特殊工程或偏僻地区工程，施工企业不愿投标的，可由项目主管部门或当地政府指定承包单位。

(4)投标竞争承包。投标竞争承包是指投标人应招标人的邀请或投标人满足招标人最低资质要求而主动申请，按照招标的要求和条件，在规定的时间内向招标人投递标书，争取中标并获得承包任务的行为。该方式适用于所有类型的建设项目。

第三节　建筑市场

一、建筑市场的概念

建筑市场是指以建筑产品承发包交易活动为主要内容的市场，一般称作建筑市场或建筑工程市场。

建筑市场有广义和狭义之分。狭义的建筑市场一般指有形建筑市场，有固定交易场所。广义的建筑市场包括有形建筑市场和无形建筑市场，包括与工程建设有关的技术、租赁、劳务等各种要素市场，为工程建设提供专业服务的中介组织，靠广告、通讯、中介机构或经纪人等媒介沟通买卖双方或通过招标投标等多种方式成交的各种交易活动；还包括建筑商品生产过程及流通过程中的经济联系和经济关系。可以说，广义的建筑市场是工程建设生产和交易关系的总和。

由于建筑产品具有生产周期长，价值量大，生产过程的不同阶段对承包方的能力要求不同等特点，决定了建筑市场交易贯穿于建筑产品生产的整个过程，从工程建设的决策、设计、施工，一直到工程竣工、保修期结束，发包人与承包商、分包商进行的各种交易以及相关的商品混凝土供应、构配件生产、建筑机械租赁等活动，都是在建筑市场中进行的。生产活动和交易活动交织在一起，使得建筑市场在许多方面不同于其他产品市场。

二、建筑市场的主体和客体

建筑市场的主体是指参与建筑生产交易过程的各方，主要有业主（建设单位或发包人）、承包商、工程咨询服务机构等。建筑市场的客体则为建筑产品（建筑物、构筑物）和建筑生产（人力、物资、资金、技术和信息）。

（一）建筑市场的主体

1.业主

业主是指既有某项工程建设需求，又具有该项工程的建筑资金和各种准建手续，在建筑市场中发包工程项目建设的勘察、设计、施工任务，并最终得到建筑产品，达到其经营使用目的的政府部门、企事业单位和个人。

在我国，业主也称之为建设单位，只有在发包工程或组织工程建设时才成为市场主体，故又称为发包人或招标人。因此，业主方作为市场主体具有不确定性。我国的工程项目大多数是政府投资建设的，业主大多属于政府部门。为了规范业主行为，建立了投资责任约束机制，即项目法人责任制，又称业主责任制，由项目业主对项目建设全过程负责。

项目业主的产生，主要有三种方式：①业主是原企业或单位。企业或机关、事业单位投资的新建、扩建、改建工程，则该企业或单位即为项目业主。②业主是联合投资董事会。由不同投资方参股或共同投资的项目，则业主是共同投资方组成的董事会或管理委员会。③业主是各类开发公司。开发公司自行融资或由投资方协商组建或委托开发的工程管理公司也可成为业主。

业主在项目建设过程中的主要职能是：建设项目立项决策；建设项目的资金筹措与管理；办理建设项目的有关手续（如征地、建筑许可等）；建设项目的招标与合同管理；建设项目的施工与质量管理；建设项目的竣工验收和试运行；建设项目的统计及文档管理。

2.承包商

承包商是指拥有一定数量的建筑装备、流动资金、工程技术和经济管理人员以及一定数量的工人，取得建设行业相应资质证书和营业执照的，能够按照业主的要求提供不同形态的建筑产品并最终得到相应工程价款的建筑施工企业。

相对于业主，承包商作为建筑市场主体，是长期和持续存在的。因此，无论是国内还是国际惯例，对承包商一般都要实行从业资格管理。承包商从事建设生产，一般需具备四个方面的条件：①拥有符合国家规定的注册资本；②拥有与其资质等级相适应且具有注册执业资格的专业技术和管理人员；③有从事相应建筑活动所应有的技术装备；④经资格审查合格，已取得资质证书和营业执照。

承包商可按其所从事的专业分为土建、水电、道路、港口、铁路、市政工程等专业公司。在市场经济条件下，承包商需要通过市场竞争（投标）取得施工项目，需要依靠自身的实力去赢得市场，承包商的实力主要包括四个方面：

（1）技术方面的实力。有精通本行业的工程师、造价工程师、经济师、会计师、建造师（项目经理）、合同管理专业人员等；有施工专业装备；有承揽不同类型项目施工的经验。

（2）经济方面的实力。具有相当的周转资金用于工程准备；具有一定的融资和垫付资金的能力；具有相当的固定资产和为完成项目需购入大型设备所需的资金；具有支付各种担保和保险的能力；有承担相应风险的能力；承担国际工程尚需具备筹集外汇的能力。

(3)管理方面的实力。建筑承包市场属于买方市场，承包商为打开局面，往往需要低利润报价取得项目，必须在成本控制上下工夫，向管理要效益，并采用先进的施工方法提高工作效率和技术水平，因此必须具有一批高水平的项目经理和管理专家。

(4)信誉方面的实力。承包商一定要有良好的信誉，它将直接影响企业的生存与发展。要建立良好的信誉，就必须遵守法律法规，承包国外工程能按国际惯例办事，保证工程质量、安全、工期，文明施工，能认真履约。承包商招揽工程，必须根据本企业的施工力量、机械装备、技术力量、施工经验等方面的条件选择适合发挥自己优势的项目，避开企业不擅长或缺乏经验的项目，做到扬长避短，避免给企业带来不必要的风险和损失。

3. 工程咨询服务机构

工程咨询服务机构是指具有一定注册资金，具有一定数量的工程技术、经济管理人员，取得建设咨询证书和营业执照，能为工程建设提供估算测量、管理咨询、建设监理等智力型服务并获取相应费用的企业。

工程咨询服务机构包括勘察设计机构、工程造价(测量)咨询单位、招标代理机构、工程监理公司、工程管理公司等。这类企业主要是向业主提供工程咨询和管理服务，弥补业主对工程建设过程不熟悉的缺陷，在国际上一般称为咨询公司。在我国，目前数量最多并有明确资质标准的是勘察设计机构、工程监理公司和工程造价(测量)咨询单位、招标代理机构。工程管理和其他咨询类企业近年来也有发展。

工程咨询服务虽然不是工程承发包的当事人，但其受业主委托或聘用，与业主订有协议书或合同，因而对项目的实施负有相当重要的责任。

(二)建筑市场的客体

建筑市场的客体，一般称作建筑产品，是建筑市场的交易对象，既包括有形建筑产品，也包括无形产品——各类智力型服务。

建设产品不同于一般工业产品，因为建设产品本身及其生产过程具有不同于其他工业产品的特点。在不同的生产交易阶段，建筑产品表现为不同的形态。它可以是咨询公司提供的咨询报告、咨询意见或其他服务，也可以是勘察设计单位提供的设计方案、施工图纸、勘察报告，还可以是生产厂家提供的混凝土构件，当然也包括承包商生产的各类建筑物和构筑物。

1. 建筑产品的特点

(1)建筑产品的固定性和生产过程的流动性。建筑物与土地相连，不可移动，这就要求施工人员和施工机械只能随建筑物不断流动，从而带来施工管理的多变性和复杂性。

(2)建筑产品的单件性。由于业主对建筑产品的用途、性能要求不同以及建设地点的差异，决定了多数建筑产品都需要单独进行设计，不能批量生产。

(3)建筑产品的整体性和分部分项工程的相对独立性。这个特点决定了总包和分包相结合的特殊承包形式。随着经济的发展和建筑技术的进步，施工生产的专业性越来越强。在建筑生产中，由各种专业施工企业分别承担工程的土建、安装、装饰、劳务分包，有利于施工生产技术和效率的提高。

(4)建筑生产的不可逆性。建筑产品一旦进入生产阶段，其产品不可能退换，也难以重新建造，否则双方都将承受极大的损失。所以，建筑生产的最终产品质量是由各阶段成果的质量决定的。设计、施工必须按照规范和标准进行，才能保证生产出合格的建筑产品。

(5)建筑产品的社会性。绝大部分建筑产品都具有相当广泛的社会性，涉及公众的利益和生命财产的安全，即使是私人住宅，也会影响到进入或靠近它的人员的生活和安全。政府作为公众利益的代表，加强对建筑产品的规划、设计、交易、建造的管理是非常必要的，有关工程建设的市场行为都应受到管理部门的监督和审查。

2.建筑产品的商品属性

长期以来，受计划经济体制影响，工程建设由工程指挥部管理，工程任务由行政部门分配，建筑产品价格由国家规定，抹杀了建筑产品的商品属性。

改革开放以后，由于推行了一系列以市场为导向的改革措施，建筑企业成为独立的生产单位，建设投资由国家拨款改为多种渠道筹措，市场竞争代替行政分配，建筑产品价格也逐步走向市场，形成以市场为导向的价格机制。建筑产品的商品属性的观念已为大家所认识，这成为建筑市场发展的基础，并推动了建筑市场的价格机制、竞争机制和供求机制的形成，使实力强、素质高、经营好的企业在市场上更具竞争力，并能够更快地发展，实现资源的优化配置，提高了全社会的生产水平。

3.工程建设标准的法定性

建筑产品的质量不仅关系到承发包双方的利益，也关系到国家和社会的公共利益，正是由于建筑产品的这种特殊性，其质量标准是以国家标准、国家规范等形式颁布实施的。从事建筑产品生产必须遵守这些标准规范的规定，违反这些标准规范的规定将受到法律的制裁。

工程建设标准涉及面很宽，包括房屋建筑、交通运输、水利、电力、通讯、采矿冶炼、石油化工、市政公用设施等方面。

工程建设标准是指对工程勘察、设计、施工、验收、质量检验等各个环节的技术要求。它包括五个方面的内容：①工程建设勘察、设计、施工及验收等的质量要求和方法；②与工程建设有关的安全、卫生、环境保护的技术要求；③工程建设的术语、符号、代号、量与单位、建筑模数和制图方法；④工程建设的试验、检验和评定方法；⑤工程建设的信息技术要求。

在具体形式上，工程建设标准包括了标准、规范、规程等。工程建设标准的独特作用包括两方面：一方面通过有关的标准规范为相应的专业技术人员提供了需要遵循的技术要求和方法；另一方面，由于标准的法律属性和权威属性，保证了从事工程建设有关人员必须按照规定去执行，从而为保证工程质量打下了基础。

三、建筑市场的资质管理

建筑活动的专业性及技术性都很强，而且建设工程投资大、周期长，一旦发生问题，将给社会和人民的生命、财产安全造成极大损失。因此，为保证建设工程的质量和安全，对从事建设活动的单位和专业技术人员必须实行从业资格管理，即资质管理制度。

建筑市场中的资质管理包括两类：一类是对从业企业的资质管理；另一类是对专业人士的资质管理。

(一)从业企业资质管理

在建筑市场中，围绕工程建设活动的主体主要是业主方、承包方(包括供应商)、勘察设计单位和工程咨询机构。《建筑法》规定，对从事建筑活动的建筑施工企业、勘察单位、设计单位和工程监理单位实行资质管理。

1.工程勘察设计企业资质管理

我国建设工程勘察设计资质分为工程勘察资质、工程设计资质。工程勘察资质分为工程勘察综合资质、工程勘察专业资质和工程勘察劳务资质;工程设计资质分为工程设计综合资质、工程设计行业资质和工程设计专项资质。

建设工程勘察设计企业应当按照其拥有的注册资本、专业技术人员、技术装备和勘察设计业绩等条件申请资质,经审查合格,取得建设工程勘察设计资质证书后,方可在资质等级许可的范围内从事建设工程勘察设计活动。我国勘察设计企业的业务范围如表 1－1 所示。国务院建设行政主管部门及各地建设行政主管部门负责工程勘察设计企业资质的审批、晋升和处罚。

表 1－1　我国勘察设计企业的业务范围

企业类别	资质分类	等级	承担业务范围
勘察企业	综合资质	甲级	承担工程勘察业务范围和地区不受限制
	专业资质(分专业设立)	甲级	承担本专业工程勘察业务范围和地区不受限制
		乙级	可承担本专业工程勘察中、小型工程项目,承担工程勘察业务的地区不受限制
		丙级	可承担本专业工程勘察中、小型工程项目,承担工程勘察业务限定在省、自治区、直辖市行政区范围内
	劳务资质	不分级	承担岩石工程治理、工程钻探凿井等工程勘察劳务工程,承担工程勘察劳务工作的地区不受限制
设计企业	综合资质	不分级	承担工程设计业务范围和地区不受限制
	行业资质(分行业设立)	甲级	承担相应行业建设项目的工程设计业务范围和地区不受限制
		乙级	承担相应行业的中、小型建设项目的工程设计任务范围和地区不受限制
		丙级	承担相应行业的小型建设项目的工程设计业务范围和地区限制在省、自治区、直辖市行政区范围内
	专项资质(分专业设立)	甲级	承担大、中、小型专业工程设计项目,地区不受限制
		乙级	承担中、小型专业工程设计项目,地区不受限制

2.建筑业企业(承包商)资质管理

建筑业企业(承包商)是指从事土木工程、建筑工程、线路管道及设备安装和装修工程等的新建、扩建、改建活动的企业。我国的建筑业企业分为施工总承包企业、专业承包企业和劳务分包企业。施工总承包企业又按工程性质分为房屋、公路、铁路、港口、水利、电力、矿山、冶金、化工石油、市政公用、通讯、机电 12 个类别;专业承包企业又根据工程性质和技术特点划分为 60 个类别;劳务分包企业按技术特点划分为 13 个类别。

工程施工总承包企业资质等级分为特、一、二、三级;施工专业承包企业资质等级分为一、

二、三级；劳务分包企业资质等级分为一、二级。这三类企业的资质等级标准，由国家住房和城乡建设部统一组织制定和发布。工程施工总承包企业和施工专业承包企业的资质实行分级审批。特级、一级资质由国家住房和城乡建设部审批；二级以下包括二级资质，由企业注册所在地省、自治区、直辖市人民政府建设主管部门审批。劳务分包企业资质由企业所在地省、自治区、直辖市人民政府建设主管部门审批。经审查合格的，由有关的资质管理部门颁发相应等级的建筑业企业(施工企业)资质证书。建筑业企业资质证书由国务院建设行政主管部门统一印制，分为正本(一本)和副本(若干本)，正本和副本具有同等的法律效力。任何单位和个人不得涂改、伪造、出借、转让资质证书，复印的资质证书无效。我国建筑业企业承包工程范围如表1-2所示。

表1-2 建筑业企业承包工程范围

<table>
<tr><th>企业类别</th><th>等级</th><th>承包工程范围</th></tr>
<tr><td rowspan="4">工程施工总承包企业(12类)</td><td>特级</td><td>(以房屋建筑工程为例)可承担各类房屋建筑工程的施工</td></tr>
<tr><td>一级</td><td>(以房屋建筑工程为例)可承担单项建安合同额不超过企业注册资本金5倍的下列房屋建筑工程的施工：①40层及以下各类跨度的房屋建筑工程；②高度240米及以下的构筑物；③建筑面积20万平方米及以下的住宅小区或建筑群体</td></tr>
<tr><td>二级</td><td>(以房屋建筑工程为例)可承担单项建安合同额不超过企业注册资本金5倍的下列房屋建筑工程的施工：①28层及以下各类单跨跨度在36米以下的房屋建筑工程；②高度120米及以下的构筑物；③建筑面积12万平方米及以下的住宅小区或建筑群体</td></tr>
<tr><td>三级</td><td>(以房屋建筑工程为例)可承担单项建安合同额不超过企业注册资本金5倍的下列房屋建筑工程的施工：①14层及以下各类单跨跨度24米以下的房屋建筑工程；②高度70米及以下的构筑物；③建筑面积6万平方米及以下的住宅小区或建筑群体</td></tr>
<tr><td rowspan="3">施工专业承包企业(60类)</td><td>一级</td><td>(以土石方工程为例)可承担各类土石方工程的施工</td></tr>
<tr><td>二级</td><td>(以土石方工程为例)可承担单项合同额不超过企业注册资本金5倍且60万平方米及以下的石方工程的施工</td></tr>
<tr><td>三级</td><td>(以土石方工程为例)可承担单项合同额不超过企业注册资本金5倍且15万平方米及以下的石方工程的施工</td></tr>
<tr><td rowspan="2">劳务分包企业(13类)</td><td>一级</td><td>1. 企业注册资本金30万元以上
2. 企业具有相关专业技术员或本专业高级工以上的技术负责人
3. 企业具有初级以上木工不少于20人，其中，中、高级工不少于50%；企业作业人员持证上岗率100%
4. 企业近3年最高年完成劳务分包合同额100万元以上
5. 企业具有与作业分包范围相适应的机具</td></tr>
<tr><td>二级</td><td>1. 企业注册资本金10万元以上
2. 企业具有本专业高级工以上的技术负责人
3. 企业具有初级以上木工不少于10人，其中，中、高级工不少于50%；企业作业人员持证上岗率100%
4. 企业近3年承担过2项以上木工作业分包，工程质量合格
5. 企业具有与作业分包范围相适应的机具</td></tr>
</table>

3.工程咨询单位资质管理

我国对工程咨询单位也实行资质管理。目前,已有明确资质等级评定条件的有工程监理、工程招标代理、工程造价咨询机构等。

工程监理企业,其资质等级划分为甲级、乙级和丙级三个级别。丙级监理单位只能监理本地区、本部门的三等工程;乙级监理单位只能监理本地区、本部门的二、三等工程;甲级监理单位可以跨地区、跨部门监理一、二、三等工程。

工程招标代理机构,其资质等级划分为甲级和乙级。乙级招标代理机构只能承担工程投资额(不含征地费、大市政配套费与拆迁补偿费)3 000 万元以下的工程招标代理业务,地区不受限制;甲级招标代理机构承担工程的范围和地区不受限制。

工程造价咨询机构,其资质等级划分为甲级和乙级。乙级工程造价咨询机构在本省、自治区、直辖市所辖行政区范围内承接中、小型建设项目的工程造价咨询业务;甲级工程造价咨询机构承担工程的范围和地区不受限制。工程咨询单位的资质评定条件包括注册金、专业技术人员和业绩三方面的内容,不同资质等级的标准均有具体规定。

(二)专业人士资质管理

在建筑市场中,把具有从事工程咨询资格的专业工程师称为专业人士。建设行业尽管有完善的建筑法规,但没有专业人士的知识与技能的支持,政府难以对建筑市场进行有效的管理。由于他们的工作水平对工程项目建设成败具有重要的影响,所以对专业人士的资格条件有很高要求,许多国家或地区对专业人士均进行资格管理。我国香港特别行政区将经过注册的专业人士称作"注册授权人",英国、德国、日本、新加坡等国家的法规甚至规定,业主和承包商向政府申报建设许可、施工许可、使用许可等手续,必须由专业人士提出,申报手续除应符合有关法律规定外,还要有相应资格的专业人士签章。由此可见,专业人士在建筑市场运作中起着非常重要的作用。

由于各国情况不同,对专业人士的资质管理也不同,专业人士的资格有的国家由学会或协会负责(以欧洲一些国家为代表)授予和管理,有的国家由政府负责确认和管理。

英国、德国政府不负责专业人士的资质管理,咨询工程师的执业资格由专业学会考试颁发并由学会进行管理。

美国有专门的全国注册考试委员会,负责组织专业人士的考试。通过基础考试并经过数年专业实践后再通过专业考试,即可取得注册工程师资格。

法国和日本由政府管理专业人士的执业资格。法国在建设部内设有一个审查咨询工程师资格的技术监督委员会,该委员会首先审查申请人的资格和经验,申请人必须高等学院毕业,并有10年以上的工作经验。资格审查通过后可参加全国考试,考试合格者,予以确认公布。一次确认的资格,有效期为两年。在日本,对参加统一考试的专业人士的学历、工作经历也都有明确的规定,执业资格的取得与法国类似。

我国专业人士制度是近几年才从发达国家引入的。目前,已经确定专业人士的种类有建筑师、结构工程师、监理工程师、造价工程师等。资格和注册条件为:大专以上的专业学历,参加全国统一考试成绩合格,具有相关专业的实践经验。

目前,我国专业人士制度尚处在起步阶段,但随着建筑市场的进一步完善,对其管理会进一步规范化、制度化。

四、建设工程交易中心

建设工程从投资性质上可分为两大类:一类是国家投资项目;另一类是私人投资项目。在西方发达国家中,私人投资占了绝大多数,工程项目管理是业主自己的事情,政府只是监督他们是否依法建设。对国有投资项目,一般设置专门的管理部门,代为行使业主的职能。

我国是以社会主义公有制为主体的国家,政府部门、国有企业、事业单位投资在社会投资中占有主导地位。建设单位使用的大都是国有投资,由于国有资产管理体制的不完善和建设单位内部管理制度的薄弱,很容易造成工程发包中的不正之风和腐败现象。针对上述情况,近几年我国出现了建设工程交易中心。把所有代表国家或国有企事业单位投资的业主请进建设工程交易中心进行招标,设置专门的监督机构,这是我国解决国有建设项目交易透明度差的问题和加强建筑市场管理的一种独特方式。

(一)建设工程交易中心的性质与作用

1.建设工程交易中心的性质

建设工程交易中心是服务性机构,不是政府管理部门,也不是政府授权的监督机构,本身并不具备监督管理职能。但建设工程交易中心又不是一般意义上的服务机构,其设立必须得到政府或政府授权主管部门的批准,并非任何单位和个人可随意设立;它不以营利为目的,旨在为建立公开、公正、平等竞争的招投标制度服务,只可经批准收取一定的服务费,工程交易行为不能在场外发生。

2.建设工程交易中心的作用

按照我国有关规定,所有建设项目都要在建设工程交易中心内报建、发布招标信息、合同授予、申领施工许可证。招投标活动都须在场内进行,并接受政府有关管理部门的监督。应该说建设工程交易中心的设立,对建立国有投资的监督制约机制、规范建设工程承发包行为、将建设市场纳入法制化的管理轨道有着重要的作用,是符合我国国情特点的一种形式。

建设工程交易中心建立以来,由于实行集中办公、公开办事制度和程序以及一条龙的“窗口”服务,不仅有力地促进了工程招投标制度的推行,而且遏制了违法违规行为的发生,对于减少腐败现象、提高管理透明度起到了显著的作用。

(二)建设工程交易中心的基本功能

我国的建设工程交易中心是按照以下三大功能进行构建的。

1.信息服务功能

我国建设工程交易中心的信息服务主要包括收集、存储和发布各类工程信息、法律法规、造价信息、建材价格、承包商信息、咨询单位和专业人士信息等,在设施上配备有大型电子墙、计算机网络工作站,为承发包交易提供广泛的信息服务。

2.场所服务功能

对于政府部门、国有企业、事业单位的投资项目,我国法律明确规定,一般情况下都必须进行公开招标,只有特殊情况下才允许采用邀请招标。所有建设项目进行招标投标必须在有形建筑市场内进行,必须由有关管理部门进行监督。按照这个要求,工程建设交易中心必须为工程承发包交易双方包括建设工程的招标、评标、定标、合同谈判等提供设施和场所服务。住房和城乡建设部《建设工程交易中心管理办法》规定,建设工程交易中心应具备信息发布大厅、洽谈室、开标室、会议室及相关设施以满足业主和承包商、分包商、设备材料供应商之间的交易需要。同时，要为政府有关管理部门进驻集中办公、办理有关手续和依法监督招标投标活动提供场所服务。

3. 集中办公功能

由于众多建设项目要进入有形建筑市场进行报建、招标投标交易和办理有关批准手续，这样就要求政府有关建设管理部门进驻工程交易中心，集中办理有关审批手续和进行管理，建设行政主管部门的各职能机构也进驻建设工程交易中心。受理申报的内容一般包括工程报建、招标登记、承包商资质审查、合同登记、质量报检、施工许可证发放等。进驻建筑工程交易中心的相关管理部门集中办公，公布各自的办事制度和程序，既能按照各自的职责依法对建设工程交易活动实施有力监督，又方便当事人办事，有利于提高办公效率。

(三)建设工程交易中心的运行原则

为了保证建设工程交易中心能够有良好的运行秩序和市场功能的充分发挥，必须坚持市场运行的一些基本原则，主要包括：

1. 信息公开原则

建设工程交易中心必须充分掌握政策法规，工程发包商、承包商和咨询单位的资质、造价指数、招标规则、评标标准、专家评委库等各项信息，并保证市场各方主体都能及时获得所需要的信息资料。

2. 依法管理原则

建设工程交易中心应严格按照法律、法规开展工作，尊重建设单位依照法律规定选择投标单位和选定中标单位的权利，尊重符合资质条件的建筑业企业提出的招标要求和接受邀请参加投标的权利。任何单位和个人不得非法干预交易活动的正常进行。监察机关应当进驻建设工程交易中心实施监督。

3. 公平竞争原则

建设公平竞争的市场秩序是建设工程交易中心的一项重要原则。进驻的有关行政监督管理部门应严格监督招标、投标单位的行为，防止地方保护、行业垄断和部门垄断等各种不正当竞争，不得侵犯交易活动各方的合法权益。

4. 属地进入原则

按照我国有形建筑市场的管理规定，建设工程交易实行属地进入。每个城市原则上只能设立一个建设工程交易中心，特大城市可以根据需要，设立区域性分中心，在业务上受中心领导。对于跨省、自治区、直辖市的铁路、公路、水利等工程，可在政府有关部门的监督下，在项目所在地的交易中心发布招标公告、组织招投标。

5. 办事公正原则

建设工程交易中心是政府建设行政主管部门批准建设的服务性机构，须配合各行政管理部门做好相应的工程交易活动管理和服务工作。要建立监督制约机制，公开办事规则和程序，制定完善的规章制度和工作人员守则，一旦发现建设工程交易活动中的违法违章行为，应当向政府有关管理部门报告，并协助处理。

(四)建设工程交易中心运作的一般程序

按照有关规定，建设项目进入建设工程交易中心后，一般按图 1-3 所示程序运行。

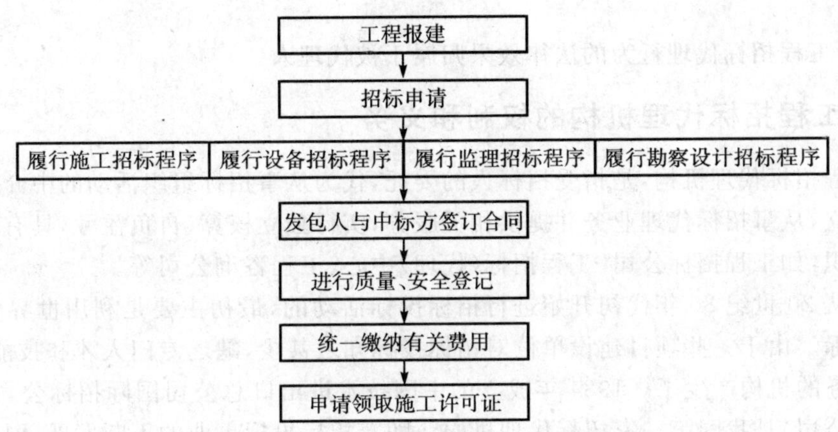

图 1-3 建设项目进入建设工程交易中心后程序运行图

第四节 建设工程招标代理

一、建设工程招标代理概述

1. 建设工程招标代理的概念

建设工程招标代理，是指建设工程招标人将建设工程招标事务委托给相应中介服务机构，由该中介服务机构在招标人委托授权的范围内以委托的招标人的名义同他人独立进行建设工程招标投标活动，由此产生的法律效果直接归属于委托的招标人的一种制度。这里，代替他人进行建设工程招标活动的中介服务机构，称为代理人；委托他人代替自己进行建设工程招标活动的招标人，称为被代理人（本人）；与代理人进行建设工程招标活动的人，称为第三人（相对人）。可见，建设工程招标代理关系包含着三方面的关系：一是被代理人与代理人之间基于委托授权而产生的一方在授权范围内以他方名义进行招标事务，他方承担其行为后果的关系；二是代理人与第三人（相对人）之间作出或接受有关招标事务的意思表示的关系；三是被代理人与第三人（相对人）之间承受招标代理行为法律效果的关系。其中，被代理人与第三人（相对人）之间因招标代理行为所产生的法律效果归属关系，是建设工程招标代理关系的目的和归宿。

2. 建设工程招标代理的特征

建设工程招标代理行为具有以下几个特征：

(1)建设工程招标代理人必须以被代理人的名义办理招标事务。

(2)建设工程招标代理人具有独立进行意思表示的职能，这样才能使建设工程招标活动得以顺利进行。

(3)建设工程招标代理行为应在委托授权的范围内实施。这是因为建设工程招标代理在性质上是一种委托代理，即基于被代理人的委托授权而发生的代理。建设工程中介服务机构未经建设工程招标人的委托授权，就不能进行招标代理，否则就是无权代理。建设工程中介服务机构已经接受工程招标人委托授权的，不能超出委托授权的范围进行招标代理，否则也是无权代理。

(4)建设工程招标代理行为的法律效果归属于被代理人。

二、建设工程招标代理机构的权利和义务

建设工程招标代理机构，是指受招标人的委托，代为从事招标组织活动的中介组织。它必须是依法成立，从事招标代理业务并提供相关服务，实行独立核算、自负盈亏，具有法人资格的社会中介组织，如工程招标公司、工程招标(代理)中心、工程咨询公司等。

我国是从20世纪80年代初开始进行招标投标活动的，最初主要是利用世界银行贷款进行的项目招标。由于一些项目建设单位对招标投标知之甚少，缺乏专门人才和技能，一批专门从事招标业务的机构产生了。1984年成立的中国技术进出口总公司国际招标公司(后改为中技国际招标公司)是我国第一家招标代理机构。随着招标投标事业的不断发展，国际金融组织和外国政府贷款项目招标、进口机电设备招标、国内成套设备招标等行业都成立了专职的招标机构，在招标投标活动中发挥了积极的作用。目前全国共有专门从事招标代理业务的机构有数百家。这些招标代理机构拥有专门的人才和丰富的经验，对于那些接受招标、招标项目不多或自身力量不足的单位来说，具有很大的吸引力。随着招标投标工作在我国的开展，招标代理机构发展很快，数量呈不断上升趋势，在建设工程招标投标中发挥着越来越重要的作用。

1.建设工程招标代理机构的权利

建设工程招标代理机构的权利主要有：

(1)组织和参与招标活动。招标人委托代理人的目的，就是让其代替自己办理有关招标事务。组织和参与招标活动，既是代理人的权利，也是代理人的义务。

(2)依据招标文件要求，审查投标人资质。代理人受委托后即有权按照招标文件的规定，审查投标人资质。

(3)按规定标准收取代理费用。建设工程招标代理人从事招标代理活动，是一种有偿的经济行为，代理人要收取代理费用。代理费用由被代理人与代理人按照有关规定在委托代理合同中协商确定。

(4)招标人授予的其他权利。

2.建设工程招标代理机构的义务

建设工程招标代理机构的义务主要有：

(1)遵守法律、法规、规章和方针、政策。建设工程招标代理机构的代理活动必须依法进行，违法或违规、违章的行为，不仅不受法律保护，而且还要承担相应的法律责任。

(2)维护委托的招标人的合法权益。代理人从事代理活动，必须以维护委托的招标人的合法权利和利益为根本出发点和基本的行为准则。因此，代理人在承接代理业务和进行代理活动时，必须充分考虑到保护委托的招标人的利益问题，始终把维护委托的招标人的合法权益放在自己从事代理工作的首位。

(3)组织编制、解释招标文件，对代理过程中提出的技术方案、计算数据、技术经济分析结论等的科学性和正确性负责。

(4)接受招标投标管理机构的监督管理和招标行业协会的指导。

(5)履行依法约定的其他义务。

第五节 建设工程招投标监管

建设工程招标投标涉及国家和社会的公众利益，因此必须对其实行强有力的政府监管。建设工程招标投标活动及其当事人应当接受依法实施的监督和管理。

一、建设工程招投标行政监管机关

建设工程招标投标涉及各行业的很多部门，如果都各自为政，必然会导致建设市场混乱无序，无从管理。为了维护建筑市场的统一性、竞争的有序性和开放性，国家明确指定了一个统一归口的建设行政主管部门，即住房和城乡建设部，它是全国最高招标投标管理机构。在住房和城乡建设部的统一监管下，实行省、市、县三级建设行政主管部门对所辖行政区的建设工程招标投标分级管理。也就是说，省、市、县三级建设行政主管部门依照各自的权限，对本行政区域内的建设工程招标投标分别实行分级属地管理。实行这种建设行政主管部门系统内的分级管理，是实行建设工程项目投资管理体制的要求，也是进一步提高招标工程效率和质量的重要措施，有利于更好地实现建设行政主管部门对本行政区域建设工程招标投标工作的统一管理。

二、政府监管机构对建设工程招标投标的监督

1. 依法核查必须采用招标方式选择承包单位的建设项目

《招标投标法》规定，任何单位和个人不得将依法必须进行招标的项目化整为零或者以其他任何方式规避招标。如果发生此类情况，责令限期改正，可以处项目合同金额千分之五以上千分之十以下的罚款；对全部或者部分使用国有资金的项目，可以暂停资金拨付；对单位直接负责的主管人员和其他直接责任人员依法给予处分。

2. 对招标项目的监督

当招标项目按照国家有关规定满足招标条件时，招标单位应向建设行政主管部门提出申请。为了保证工程项目的建设符合国家和地方总体发展规划，以及能使招标后工作顺利进行，因此不同标的的招标项目均需满足相应的条件。

利用招标方式选择承包单位属于招标单位自主的市场行为。自行办理招标事宜的招标单位应按《招标投标法》规定，向有关行政监督部门进行备案。如果招标单位不具备自行招标要求，可以委托具有相应资质的中介机构代理招标。

3. 对招标有关文件的核查备案

招标人有权依据工程项目特点编写与招标有关的各类文件，但内容不得违反法律规范的相关规定。建设行政主管部门核查的内容主要包括对投标人资格审查文件的核查和对招标文件的核查。

4. 对开标、评标和定标活动的监督

建设行政主管部门派人员参加开标、评标、定标的活动，监督招标人按法定程序选择中标人。所派人员不作为评标委员会的成员，也不得以任何形式影响或干涉招标人依法选择中标人的活动。

5. 查处招标投标活动中的违法行为

《招标投标法》明确规定，有关行政监督部门有权依法对招标投标活动中的违法行为进行

查处，视情节和对招标的影响程度，承担相应后果。

案例 1-1

某隧道工程项目法人招标实践

某隧道工程是某城市重大基础设施项目。从 2002 年开始，经过几轮项目建设方案的征集和充分论证，经过激烈而规范的招标竞争于 2004 年 10 月产生项目法人，2005 年 3 月 2 日国家发展和改革委员会正式核准项目申请报告。此项目法人招标为工程建设攻克一系列资金、技术和管理难题，为成功实施项目建设奠定了坚实的基础，引起了全国的关注。

一、某隧道工程项目法人招标的背景

在长江上建设隧道项目，面临着一系列世界级的难题和挑战，既有的水下工程建设标准和规范难以涵盖。同时由于涉及水文、泥沙、冲刷、河床、沉降、基岩等诸多要素条件，任何偏差和失误都将会给工程带来不可逆转的灭顶之灾！特别是该工程全长 5 853 米，总投资约 33 亿元，采用当今世界最大的盾构设备，直径达 14.93 米，规模居世界前列；江底掩埋深度 56 米，水压高 6.5 公斤/平方厘米，穿越段地质结构极其复杂，建设条件非常恶劣。

因此，其设计难度使众多国内外设计单位望而却步！除此之外，地方财力在项目投入上匮乏、施工单位在技术力量和技术装备等方面的欠缺都制约着该隧道工程的整体推进。怎样选择具备经济实力和富有经验的建设、运营、管理队伍参与这一世界级工程的投资和管理，怎样整合国内顶尖的设计、施工单位参与这一世界级工程的建设，成为无法回避的现实难题。

2004 年，某市市委、市政府要求某隧道工程从起步阶段就要市场化运作，通过项目法人招标方式，吸引社会各类投资主体平等竞争。市政府授权市发改委，本着“政府引导，市场化筹资为主，公开、公正、透明，加强管理，防范筹资风险”的原则，牵头组织了该长江隧道工程项目法人招标。

二、某隧道工程项目法人招标的主要做法

1. 扎实的前期工作是项目法人招标的基础

市政府成立了由市发改委牵头，全市 30 多个部门参与的某隧道工程前期办公室，各尽其能，协同作战，保障了前期工作的扎实推进。一年多的时间，市委牵头组织 30 多个职能部门和设计、咨询单位，召开了几十场专题论证会，从工程百年大计出发，在项目建设方案征集、项目预可行性研究、项目申请核准报告编制的各阶段，对项目进行深入研究。

2. 公开、公平、公正是项目法人招标的保障

某隧道项目发出公开招标的信息后，10 余家有实力的单位参与了竞争。最终，由 A 建筑总公司一举中标。而落标单位对招标的规范和结果的公正均表示心悦诚服。依照过江隧道项目招标文件规定，中标后，A 建筑总公司组建了某长江隧道有限责任公司，负责项目的投资、建设、运营和管理。隧道工程的勘探、设计、设备采购、施工、监理等将按照《招标投标法》的有关规定实施，使“公开、公平、公正”的原则始终贯穿工程全过程。

3. 特许经营方案是项目法人招标的重点

在项目建设、运营和维护等环节，某隧道公司在政府依法授予的 30 年特许经营期内，负责隧道的运营、维护，期满后无偿移交政府。为了克服项目法人招标结束后就特许经营条款再次谈判的制度缺陷，保证竞争的公平，市政府将特许经营条款实施方案全部纳入招标文件，明确有些条款不接受投标人修改，以及对修改可能引发的争议予以说明，这样既避免了中标人与政

府就若干条件再进行讨价还价，又有利于所有投标人在同等条款下公平竞争。

4. 完善的制度设计是项目法人招标的关键

为切实保障和维护公共利益，确保中标单位高质量、高标准、按工期完成项目建设，以及在项目建成后，公众能够安全顺利地使用隧道，某市市政府规定中标公司必须按照《招标投标法》规定，对隧道工程的勘察、设计、设备采购、监理等组织招标；要求中标公司在设计阶段采用“设计＋咨询＋施工图纸审查”的“双设计院制”模式来降低工程设计风险；要求采用“盾构机制造＋海外专业公司现场监造”模式来降低工程设计风险；要求中标单位按照《招标投标法》的有关规定，对工程的勘察、设计、设备采购、施工、监理必须进行再招标，以降低工程建设风险；要求中标单位的法人代表出任项目公司的法定代表人，以更好地整合中标单位内部资源；对项目公司采用“行业主管部门行政管理＋政府聘请专家团队技术指导”模式进行监管，以确保工程的建设质量和工期。

从实践效果上看，项目法人招标后组建的项目公司，董事长由A建筑总公司的法人代表出任。这个做法，其根本目的就是要建立工程质量的终身制，从项目一开始，就把责任让投标单位法人代表承担并传承下去，不允懈怠。

【案例点评】

某长江隧道工程采用了国际上常见的BOT承包方式，在公开招标后获得了一系列成功经验，具体表现为：

1. 扩大了基础设施建设资金来源

采用项目法人招标，广泛地吸收社会资金参与城市重大基础设施的建设，有效扩大了城市基础设施建设项目的资金来源。通过这次过江隧道工程的项目法人招标，引进市场竞争机制，形成了“政府主导、市场运作、社会参与”的新的经营性基础设施投资运作体制，吸引了有实力的多元化经济实体参与项目竞争和建设，发挥其投融资、建设、经营、管理的积极性和经验，促进经济发展。

2. 促进政府投资管理职能转变

该项目成功地进行法人招标，还促进了政府投资管理职能的转变，使政府从经营基础设施项目直接投资者转变为投资与建设的“裁判员”和“游戏规则”的制定者。

3. 打破行政性垄断，实现投资主体多元化

项目法人招标打破了长期以来经营性基础设施项目由政府部门（或政府所属的行政性公司）采取行政垄断方式直接投资、建设和经营的格局，促进基础设施投资主体多元化和资金来源多样化，弥补建设资金的缺口，从而有助于加快相关基础设施的发展。

4. 增强基础设施投资建设的透明度

项目法人招标增强了基础设施投资建设的透明度，为非政府投资主体提供更多的投资项目信息和投资机会。推进项目法人招标，将大大改善这种状况，使各类非政府投资主体能够公平获得相关基础设施领域的投资信息，公平参与投资并分享经营性基础设施的投资收益。

5. 引进竞争机制，提高基础设施的运营效益

推进项目法人招标，有利于打破目前基础设施建设领域广泛存在的行政性垄断，并形成一定程度的竞争态势，从而提高基础设施的运营效率。

案例 1-2

串通投标案

在某改造工程招投标中，被告人吴某挂靠A公司参加投标。他通过向某工程招投标公司职员被告人郭某索取的投标单位报名名单，向其他二十余家投标单位“买标”，遭到其中挂靠B公司包工头被告人李某的拒绝后，吴某向李某出价人民币60万元，愿意串通所有投标单位，帮助吴某拿下此工程，李某同意了，并拉合伙投标的被告人陈某共同出资。随即，吴某再次找郭某取得通过资格预审的投标单位名单，按名单上联系人及电话串通各投标单位配合“围标”。7月28日，吴某、陈某交给李某60万元，由李某分发给各配合围标的单位2万元至4万元不等的补偿金(共计50万元)，各单位按要求将投标报价控制在该工程控制价540万元以下降3万元以内。同时，确定吴某挂靠的A公司为中标第一候选人(投标报价为535.77万元)，B公司为第二候选人(投标报价为约定540万元以下降3.3万元以内)。

7月29日，吴某等发现“围标”中漏掉通过资格预审的C公司，就赶紧与该公司负责人联系让标，但没有结果。当晚，五名被告人到茶馆商量对策，五人想了两个方案：第一个方案，次日开标前付钱给C公司，向他们买标；第二个方案，让被告人无业的傅某雇人将该公司参加投标人员强行带离投标现场。

7月30日上午，吴某等人联系不到C公司的负责人，就去他家里纠缠、威胁，但最后也没有结果。当天下午临近3点开标前，吴某唆使傅某雇来的两人当打手，把C公司参加投标的一名主要人员绑架并带离投标现场，争执中打手还对该公司其他投标人员大打出手，导致C公司无法竞标，整个工程投标程序十分混乱。吴某从60万元围标款中非法获利10万元，用于还债等，其余50万元赃款已追回37.5万元。

公安机关接到报警后，于8月5日下午抓获被告人李某，其余犯罪嫌疑人也在几天内陆续被抓获。

【案例点评】

在本案例中吴某、陈某和李某通过贿赂手段与其他各投标单位串通投标，使吴某挂靠的A公司的投标报价最低；此外五名被告还使用暴力手段迫使C公司无法正常投标，导致整个工程投标秩序混乱。其行为违反了《中华人民共和国招标投标法》第三十二条的规定。

(第三十二条　投标人不得相互串通投标报价，不得排挤其他投标人的公平竞争，损害招标人或者其他投标人的合法权益。投标人不得与招标人串通投标，损害国家利益、社会公共利益或者他人的合法权益。禁止投标人以向招标人或者评标委员会成员行贿的手段谋取中标。)

本章小结

本章简要介绍了建设工程招标投标的发展历史，阐述了建筑市场的概念、作用、管理体制，建设工程交易中心的功能、运行程序；介绍了建设工程程序、承发包的内容和方式；着重讲述了建设工程招投标的概念、分类及各类建设工程招标投标的特点，以及参与各方在招投标活动中应遵循的基本原则；最后还介绍了建设工程招标代理的概念和招标机构的权利、义务。

思考题

1. 简述建设工程招标投标的分类。

2. 我国建设工程招标投标活动应当遵循的基本原则主要有哪些?

3. 简述承发包的方式。

4. 什么是广义的建筑市场?

5. 建筑市场的构成要素有哪些?

6. 承包商从事建设生产一般具备哪些方面的条件?

7. 承包商的实力包括哪些方面?

8. 简述建设工程交易中心的基本功能。

9. 建设工程招标投标代理的特点有哪些?

10. 简述建设工程招标投标代理机构的权利。

11. 简述建设工程招标投标分级管理体制。

第二章 建设工程招标

本章学习要点

1. 了解建设工程招标的基本原则、招标程序等相关内容
2. 熟悉招标文件的内容、标底文件的内容、编制原则与方法
3. 了解建设工程其他项目招标的范围及内容

第一节 建设工程招标概述

建设工程招标是招标人通过招标公告或投标邀请书等方式，招请具有法定条件和承建能力的投标人参与投标竞争，择优选定项目承包人。招标这种择优竞争的采购方式完全符合市场经济的要求，也是通过事先公布采购条件和要求，众多的投标人按照同等条件进行平等竞争，从中择优选定项目的中标人。

一、建设工程招标范围

《招标投标法》第三条规定，在中华人民共和国境内进行下列工程建设项目包括项目的勘察、设计、施工、监理以及与工程建设有关的重要设备、材料等的采购，必须进行招标。

1. 大型基础设施、公用事业等关系社会公共利益、公共安全的项目

根据国家发展计划委员会 2000 年 5 月 1 日发布的第 3 号令《工程建设项目招标范围和规模标准规定》，此类项目的范围如下：

关系社会利益、公众安全的基础设施项目的范围包括：煤炭、石油、天然气、电力、新能源等能源项目；铁路、公路、管道、水运、航空以及其他交通运输业等交通运输项目；邮政、电信枢纽、通信、信息网络等邮电通信项目；防洪、灌溉、排涝、引(供)水、滩涂治理、水土保持、水利枢纽等水利项目；道路、桥梁、地铁和轻轨交通、污水排放及处理、垃圾处理、地下管道、公共停车场等城市设施项目；生态环境保护项目；其他基础设施项目。

关系社会公共利益、公众安全的公用事业项目的范围包括：供水、供电、供气、供热等市政工程项目；科技、教育、文化等项目；体育、旅游等项目；卫生、社会福利等项目；商品住宅，包括经济适用房；其他公用事业项目。

2. 全部或者部分使用国有资金投资或者国家融资的项目

根据《工程建设项目招标范围和规模标准规定》，使用国有资金投资项目的范围包括：使用各级财政预算资金的项目；使用纳入财政管理的各种政府性专项建设基金的项目；使用国有企业事业单位自有资金，并且国有资产投资者实际拥有控制权的项目。

国家融资项目的范围包括：使用国家发行债券所筹资金的项目；使用国家对外借款或者担

保所筹资金的项目;使用国家政策性贷款的项目;国家授权投资主体融资的项目;国家特许的融资项目。

3.使用国际组织或者外国政府贷款、援助资金的项目

根据《工程建设项目招标范围和规模标准规定》,使用国际组织或者外国政府资金的项目的范围包括:使用世界银行、亚洲开发银行等国际组织贷款资金的项目;使用外国政府及其机构贷款资金的项目;使用国际组织或者外国政府援助资金的项目。

《工程建设项目招标范围和规模标准规定》规定的上述各类工程建设项目,包括项目勘察、设计、施工、监理以及与工程建设有关的重要设备、材料等的采购,达到下列标准之一的,必须进行招标。

(1)施工单项合同估算价在200万元人民币以上的;

(2)重要设备、材料等货物的采购,单项合同估算价在100万元人民币以上的;

(3)勘察、设计、监理等服务的采购,单项合同估算价在50万元人民币以上的;

(4)单项合同估算价低于第(1)项、第(2)项、第(3)项规定的标准,但项目总投资额在3 000万元人民币以上的。

二、建设工程招标条件、方式和程序

(一)招标单位的必备条件

(1)必须是法人或依法成立的其他组织;

(2)必须履行报批手续并取得批准;

(3)有与招标工程相应的经济技术管理人员;

(4)有组织编制招标文件的能力;

(5)有审查投标单位资质的能力;

(6)有组织开标、评标、定标的能力。

不具备上述(3)～(6)项条件的,须委托具有相应资质的招标代理机构代理招标。

(二)招标项目必须符合的要求

(1)项目概算已经批准;

(2)项目已正式列入国家、部门或地方的年度固定资产投资计划;

(3)建设用地的征地工作已经完成;

(4)有能够满足施工需要的施工图纸及技术资料;

(5)建设资金和主要建筑材料、设备的来源已经落实;

(6)已经建设项目所在地规划部门批准,施工现场的"三通一平"已经完成或一并列入施工招标范围。

当然,一些省、自治区、直辖市对招标条件还有更为具体的规定,例如规定招标工程必须是已向当地招标管理部门办理了项目登记手续,标底已经编制完毕,等等。

(三)建设工程招标方式

《招标投标法》第十条只规定了公开招标和邀请招标为法定招标方式。

1.公开招标

公开招标是指招标人以招标公告的方式邀请不特定的法人或其他组织投标的一种招标方式。公开招标,又称无限竞争性招标,是指由招标人通过报纸、刊物、广播、电视等大众媒体,向

社会公开发布招标公告，凡对此招标项目感兴趣并符合规定条件的不特定的承包商，都可自愿参加竞标的一种工程发包方式。

公开招标是最具竞争性的招标方式。在国际上，谈到招标通常都是指公开招标。公开招标也是所需费用最高、花费时间最长的招标方式。

公开招标有利于开展真正意义上的竞争，最充分地展示公开、公正、平等竞争的招标原则，防止和克服垄断现象的发生；能有效地促使承包商在增强竞争实力上修炼内功，努力提高工程质量，缩短工期，降低造价，求得节约和效率，创造最合理的利益回报；有利于防范招标投标活动操作人员和监督人员舞弊的现象，但是参加竞争的投标人越多，每个参加者中标的概率将越小，白白损失投标费用的风险也越大；招标人审查投标人资格、投标文件的工作量比较大，耗费的时间长，招标费用支出也比较多。

我国《工程建设项目施工招标投标办法》第十一条规定：国务院发展计划部门确定的国家重点建设项目和各省、自治区、直辖市人民政府确定的地方重点建设项目，以及全部使用国有资金投资或者国有资金投资占控股或者主导地位的工程建设项目，应当公开招标。

2. 邀请招标

邀请招标是指招标人以投标邀请书的方式邀请特定的法人或其他组织投标的一种招标方式。邀请招标又称有限竞争性招标或选择性招标，是指由招标人根据自己的经验和掌握的信息资料，向被认为有能力承担工程任务、预先选择的特定的承包商发出邀请书，要求他们参加工程的投标竞争。

邀请招标的招标人要以投标邀请书的方式向一定数量的潜在投标人发出投标邀请，只有接受投标邀请书的法人或者组织才可以参加投标竞争，其他法人和组织无权参加。由于这种招标方式的投标者范围只限于收到投标邀请书的人，竞争就会受到限制。由于被邀请参加的投标竞争者有限，不仅可以节约招标费用，而且提高了每个投标者的中标概率，又因为不用刊登招标公告，投标有效期大大缩短。

《工程建设项目施工招标投标办法》第十一条规定，有下列情形之一的，经批准可进行邀请招标。

(1)项目技术复杂或有特殊要求，只有少量几家潜在投标人可供选择的；

(2)受自然地域环境限制的；

(3)涉及国家安全、国家秘密或者抢险救灾，适宜招标但不宜公开招标的；

(4)拟公开招标的费用与项目的价值相比，不值得的；

(5)法律、法规规定不宜公开招标的。

3. 议标

议标是招标人采取直接与一家或几家投标人进行合同谈判确定承保条件和标价的方式，又称谈判招标或指定招标。

目前世界各国和有关国际组织有关招标的方式大体分为三种：公开招标、邀请招标和议标。这是因为议标是通过协商达成交易的一种方式，通常在非公开状态下采取一对一谈判的方式进行，这显然违反了招标应遵循的公开、公平、公正的原则。但是，在项目实施中，“议标”又是不可缺少的。如果能做到为了合同目标的实现，直接选择资格合格、有经验、有实力和能力，且报价合理的承包人，这也就达到了招标的目的。这样的情况下选择“议标”也就无可非议了。

在我国，对于某些工程，目前还可采用议标方式。对不宜公开招标或邀请招标的特殊工程，应报主管机构，经批准后才可以议标。参加议标的单位一般不少于两家。议标不发招标公告，也不发邀请书，而是由招标单位与施工企业直接商谈，达成一致意见后直接签约。议标也必须经过报价、比较、评定阶段，业主通常采取多家议标、货比三家的原则，择优录取。不过，目前在我国的工程建设承包实践中，采用单向议标的方法还是比较多见，议标的工程通常为小型新建工程或改造维修工程或装饰装修工程。

按照国际惯例和规则，议标方式一般适合下列情况：

(1)已招标项目的实施中，增购或增建类似性质的货物或工程建设；

(2)所需设备或工程建设具有专卖或特殊要求，并且只能从单一的企业获得；

(3)项目规模太小，有资格的施工企业不大可能以合理的价格直接采购时，可以邀请多家进行谈判，选择中标人；

(4)在自然灾害或外部障碍，以及急需采取紧急行动的特殊情况下的项目实施。

《工程建设项目施工招标投标办法》第十二条规定下列项目不可进行施工招标：

(1)涉及国家安全、国家秘密或者抢险救灾而不适宜招标的；

(2)属于利用扶贫资金实行以工代赈需要使用农民工的；

(3)施工主要技术采用特定的专利或者专有技术的；

(4)施工企业自建自用的工程，且该施工企业资质等级符合工程要求的；

(5)在建工程追加的附属小型工程或者主体加层工程，原中标人仍具备承包能力的；

(6)法律、行政法规规定的其他情形。

(四)建设工程招标的程序

建设工程招标的程序包括三个阶段，具体步骤如图 2－1 所示。

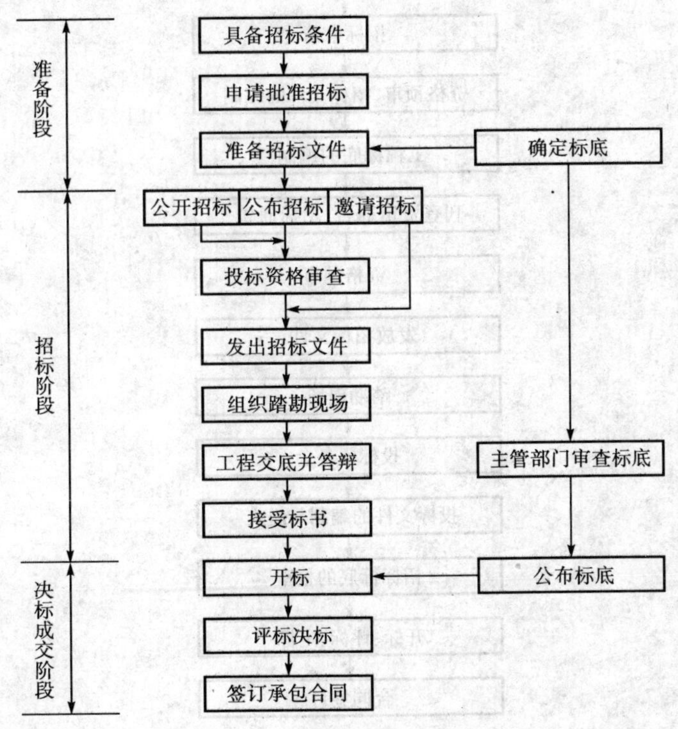

图 2－1 建设工程招标的程序

(1)招标准备阶段,从办理招标申请开始到发出招标广告或邀请批标函为止的时间段;

(2)招标阶段,也是投标人的投标阶段,从发布招标广告之日起到投标截止之日为止的时间段。

(3)决标成交阶段,从开标之日起到与中标人签订承包合同为止的时间段。

第二节　建设工程施工招标

一、建设工程施工招标的意义

施工招标是指招标单位将确定的施工任务发包,鼓励施工企业投标竞争,从中选出技术能力强、管理水平高、信誉可靠且报价合理的承建单位,并以签订合同的方式约束双方在施工过程中的经济活动。

推行施工招标,对于建设单位而言,可择优选择施工单位,确保工程质量和工期,降低工程造价;对于施工单位而言,可促使其努力提高技术与管理水平,注重降低消耗水平,控制工程成本。

二、建设工程施工招标程序

建设工程施工招标程序较多,具体如图 2-2 所示。

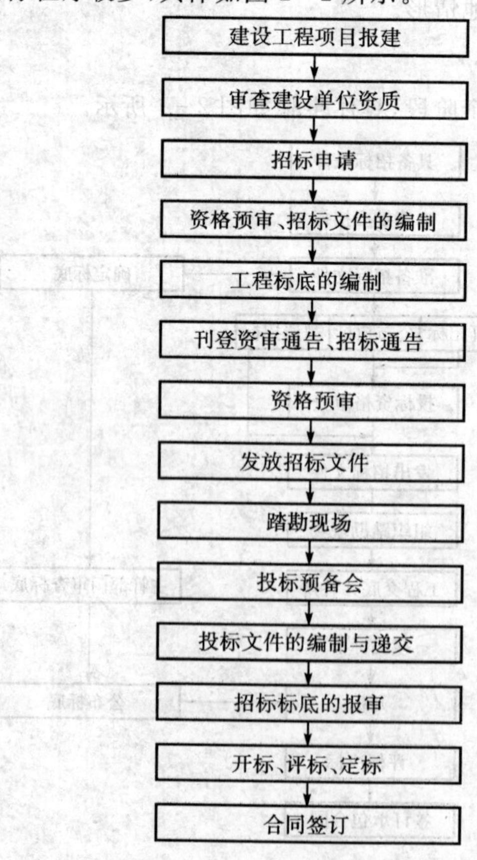

图 2-2　建设工程施工招标程序

三、建设工程施工招标的主要工作

(一)建设工程项目报建

(1)建设工程项目的立项批准文件或年报投资计划下达后,按照《工程建设项目报建管理办法》规定具备条件的,须向建设行政主管部门报建备案。

(2)建设工程项目报建项目报建范围:各类房屋建筑(包括新建、改建、扩建、翻建、大修等)、土木工程(包括道路、桥梁、房屋基础打桩)、设备安装、管道线路铺设和装饰装修等建设工程。

(3)建设工程项目报建内容主要包括:工程名称、建设地点、投资规模、资金来源、当年投资额、工程规模、结构类型、发包方式、计划开竣工日期、工程筹建情况等。

(4)办理工程报建时应交验的文件资料:①立项批准文件或年度投资计划;②固定资产投资许可证;③建设工程规划许可证;④资金证明。

(5)工程报建程序。建设单位填写统一格式的"工程建设项目报建登记表",需经有关上级主管部门的批准同意后,连同应交验的文件资料一并报建设行政主管部门。

建设工程项目报建备案后,具备了《工程建设项目施工招标投标办法》中规定招标条件的建设工程项目,可开始办理建设单位资质审查。

(二)确定招标方式、发布招标信息

工程施工招标可采用全部工程招标、单位工程招标、特殊专业工程招标等方法,但不得对单位工程的分部分项工程进行招标。工程施工招标可采用公开招标(即发布招标公告)和邀请招标(即投标邀请书)两种方式。

招标公告

项目编号:________

1.(招标人名称)的(项目名称),已由________批准建设。现决定对该项目的工程施工进行公开招标,选定承包人。

2.项目的概况:

(1)建设地点:________

(2)建设规模:________ 结构形式:________

(3)资金来源:________ 估算造价:________

(4)招标内容:________

(5)计划开工日期为____年____月____日,计划竣工日期为____年____月____日,工期____天。

(6)工程质量要求符合标准。

3.投标申请人须是具备建设行政主管部门核发的(行业类别)(资质类别)(资质等级)或以上资质的独立法人或其他组织。自愿组成联合体的各方均应具备承担招标工程项目的相应资质条件;相同专业的施工企业组成的联合体,按照资质等级低的施工企业的业务许可范围承揽工程。

4.凡具备承担招标工程项目的能力并具备规定的资格条件的施工企业,均可对上述(一个或几个)招标工程项目(标段)向招标人提出资格预审申请,只有资格预审合格的投标申请人才

能参加投标。

5.投标申请人可从__________处获取资格预审文件，时间为____年____月____日至____年____月____日，每天上午____时____分至____时____分，下午____时____分至____时____分（公休日、节假日除外）。

6.资格预审文件每套售价为人民币____元，售后不退。如需邮购，可以书面形式通知招标人，并另加邮费每套人民币____元。招标人在收到邮购款后____日内，以快递方式向投标申请人寄送资格预审文件。

7.资格预审申请书封面上应清楚地注明“（招标工程项目和标段名称）投标申请人资格预审申请书”字样。

8.资格预审申请书须密封后，于____年____月____日____时以前送至__________处，逾期送达或不符合规定的资格预审申请书将被拒绝。

9.资格预审结果将及时告知投标申请人，并预计于____年____月____日发出资格预审合格通知书。

10.凡资格预审合格的投标申请人，请按照资格预审合格通知书中确定的时间、地点和方式获取招标文件及有关资料。

招 标 人：　　　　　　　　办公地址：

邮政编码：　　　　　　　　联系电话：　　　　　　手机：

传真：　　　　　　　　　　联 系 人：

招标代理机构：

办公地址：

邮政编码：　　　　　　　　联系电话：　　　　　　手机：

传真：　　　　　　　　　　联 系 人：

日期：　　　年　　月　　日

（三）资格预审

资格预审的目的在于了解投标单位的技术和财务实力及管理经验，使招标获得比较理想的结果，限制不符合要求条件的单位盲目参加招标，并作为决标的参考。其方式如下：

（1）公开招标进行资格预审时，通过对申请单位填报的资格预审文件和资料进行评比和分析，确定出合格的申请单位名单，将名单报招标管理机构审查核准。

（2）待招标管理机构核准同意后，招标单位向所有合格的申请单位发出资格预审合格通知书。申请单位在收到资格预审合格通知书后，应以书面形式予以确认，在规定的时间领取招标文件、图纸及有关技术资料，并在投标截止日期前递交有效的投标文件。资格预审审查的主要内容有：

①申请资格预审申请人简介（表2-1）；

②拟派项目经理近三年完成工程的情况（表2-2）；

③拟投入的主要施工人员表（表三2-3）；

④拟用于本工程项目的主要施工机械设备（表2-4）；

⑤财务状况表；

⑥提供资格审查证明材料清单；

⑦其他资料（如各种奖励或处罚等）。

表 2－1 资格预审申请人简介

<table>
<tr><td>单位名称</td><td></td><td>地 址</td><td></td></tr>
<tr><td>法定代表人</td><td></td><td>单位性质</td><td></td></tr>
<tr><td>资质等级</td><td></td><td>资质证号</td><td></td></tr>
<tr><td>项目经理</td><td></td><td>项目经理资质证号</td><td></td></tr>
<tr><td rowspan="2">联 系 人</td><td rowspan="2"></td><td>联系电话</td><td></td></tr>
<tr><td>传真号码</td><td></td></tr>
<tr><td>资格预审申请人、组织机构和企业概况</td><td colspan="3"></td></tr>
</table>

表 2－2 拟派项目经理近三年完成工程一览表

项目名称	建设单位	合同价格（万元）	建筑面积（平方米）	开、竣工时间	质量评定结果	奖惩情况

表 2－3 拟投入的主要施工人员表

名称	姓名	职务	职称	主要资历、经验及承担过的工程
1. 施工员				
2. 质检员				
3. 安全员				
4. 材料员				
5. 预算员				
6. 其 他				

表 2-4　拟用于本工程项目的主要施工机械设备

序号	机械和设备名称	型号规格	数量	国别产地	制造年份	额定功率（kW）	生产能力	自有或租赁

（四）编制招标文件

招标单位应根据工程项目的具体情况，参照《招标文件范本》编写招标文件，并报招标管理机构审查同意后方可发放。招标文件应包括以下内容：投标须知前附表和投标须知；合同条件；合同协议条款；合同格式；技术规范；图纸；投标文件参考格式；投标书及投标附录；工程量清单与报价表；辅助资料表；资格审查表（资格预审的不采用）。

（1）招标文件的组成。招标文件除了在投标须知写明的招标文件的内容外，还应对招标文件进行解释，修改和补充内容也是招标文件的组成部分。投标单位应对组成文件的内容全面阅读。若投标文件实质上有不符合招标文件要求的投标，将有可能被拒绝。

（2）招标文件的解释。投标单位在得到招标文件后，若有问题需要澄清，应以书面形式向招标单位提出，招标单位应以通讯的形式或投标预备会的形式予以解答，但不说明其问题的来源，答复将以书面形式送交所有的投标者。

（3）招标文件的修改。在投标截止日期前，招标单位可以以补充通知形式修改招标文件。为使投标单位有时间考虑招标文件的修改，招标单位有延长递交投标文件的截止日期的权利。对投标文件的修改和延长投标截止日期应报招标管理部门批准。

（4）投标价格。一般结构不太复杂或工期在 12 个月以内的工程，可以采用固定的价格，考虑一定的风险系数。结构较复杂或大型工程，工期在 12 个月以上的，应采用调整价格。价格的调整方法及调整范围应在招标文件中明确。

（5）投标价格计算依据。在招标文件中应明确投标价格计算依据，主要有以下方面：①工程计价类别；②执行的定额标准及取费标准；③执行的人工、材料、机械设备政策性调整文件等；④材料、设备计价方法及采购、运输、保管的责任；⑤工程量清单。

（6）质量标准必须达到国家施工验收规范合格标准，对于要求质量达到优良标准时，应计取补偿费用，补偿费用的计算方法应按国家或地方有关文件规定执行，并在招标文件中明确。

（7）招标文件中的建设工期应参照国家或地方颁发的工期定额来确定，如果要求的工期比工期定额缩短 20%以上（含 20%）的，应计算赶工措施费。赶工措施费如何计取应在招标文件中明确规定。

（8）由于施工单位原因造成不能按合同工期竣工时，计取赶工措施费的须扣除，同时还应赔偿由于误工给建设单位带来的损失。其损失费用计算用的计算方法或规定应在招标文件中明确。

(9)如果建设单位要求按合同工期提前竣工交付使用,应考虑计取提前工期奖,提前工期奖的计算办法应在招标文件中明确。

(10)投标准备时间。招标文件中应明确投标准备时间,即从开始发放招标文件之日起,至投标截止时间的期限。招标单位根据工程项目的具体情况,确定投标准备时间为28天以内。

(11)投标保证金。在招标文件中应明确投标保证金数额,一般投标保证金额不超过投标总价的2%。投标保证金可采用现金、支票、银行汇票,也可是银行出具的银行保函。投标保证金的有效期应超过投标有效期的28天。

(12)履约担保。中标单位应按规定向招标单位提交履约担保,履约担保可采用银行保函或履约担保书。履约担保比率为:①银行出具的银行保函应为合同价格的5%;②履约担保书应为合同价格的10%。

(13)投标有效期。投标有效期的确定应视工程情况而定,结构不太复杂的中小型工程的投标有效期可定为28天以内;结构复杂的大型工程投标有效期可定为56天以内。

(14)工程量清单。招标单位按国家颁布的统一工程项目计划、统一计量单位、统一的工程量计算规则,根据施工图纸计算工程量,提供给投标单位作为投标报价的基础。结算拨付工程款时以实际工程量为依据。

(15)合同协议条款的编写。招标单位在编制招标文件时,应根据《中华人民共和国经济合同法》、《建设工程施工合同管理办法》及相关规定。

在编写招标文件中,应依据有关法律、法规及国家对建筑市场管理的有关规定,结合建设工程项目的具体情况,并依据"招标文件合同条件"中相应条款的规定,编写招标文件中"合同协议条款"的具体内容。

投标单位在编制"投标文件"时,应认真考虑"招标文件合同协议条款"中对工程具体要求的规定,并在投标文件中明确对"合同协议条款"内容的响应。

建设单位与中标单位双方应按招标文件中提供的"合同协议书格式"签订合同。

(五)招标文件的报价编制

1.标底的编制

(1)标底的编制原则。标底编制应以招标文件、设计图纸、国家规定的技术标准为依据。

标底价格应由成本、利润、税金等组成,一般应控制在批准的总概算(或修正概算)及投资包干的限额内,标底的计价内容、计价依据应与招标文件一致,标底价格作为招标单位的期望计划价,应力求与市场的实际变化吻合,要有利于竞争和保证工程质量;根据我国现行的工程造价计算方法,并考虑到向国际惯例靠拢,提倡优质优价。

标底应考虑人工、材料、机械台班等变动因素,还应包括施工不可预见费、包干费和措施费等,一个工程只能编制一个标底,并经招标投标管理机构审定,标底审定后必须及时妥善封存、严格保密、不得泄露。

(2)标底的编制依据。建设工程招标标底受多方面因素影响,如项目划分、设计标准、材料价差、施工方案定额、取费标准、工程量计算准确程度等。综合考虑可能影响标底的各种因素,编制标底时应依据以下内容:

①国家公布的统一工程项目划分、统一计量单位、统一计算规则;

②招标文件,包括招标交底纪要;

③招标单位提供的由有相应资质的单位设计的施工图及相关说明；

④有关技术资料；

⑤工程基础定额和国家、行业、地方规定的技术标准规范；

⑥要素市场价格和地区预算材料价格；

⑦经政府批准的取费标准和其他特殊要求。

应当指出的是，上述各种标底编制依据，在实践中要求遵循的程度并不都是一样的。有的不允许有出入，如对招标文件、设计图纸及有关资料等，各地一般都规定编制标底时必须作为依据。

(3)标底编制的方法。

①概算指标编制工程标底。概算指标是在概率定额的基础上进一步综合扩大，以 100 m^2 建筑面积为单位，构筑物以座为单位，规定所需人工、材料及机械台班消耗数量及资金的定额指标。概算指标具有较强的不确定性，因而估算的工程价格也较粗略。所以是在招标项目还处于初步设计阶段才使用概算指标来确定工程标底。

②概算定额和概算单价编制工程标底。概算定额是我国有关单位规定的完成一定计量单位的建筑安装工程的扩大分项工程或扩大结构构件所需的人工、材料、施工机械台班的消耗量标准。概算单价是有关部门依据概算定额编制的反映概算定额实物消耗量的货币指标，即完成扩大分项工程或扩大结构构件所需的人工费、材料费、施工机械使用费。在招标项目处于基本设计阶段，项目的技术经济条件还不明确，呈中间状态时，一般宜用概算定额和概算单价确定招标工程的标底。

③预算定额和预算单价编制工程标底。预算定额规定的实物消耗指标的货币表现形式，即分项工程定额直接费，称为预算单价。预算定额与预算单价规定实物指标，直接费用指标的对象规模又较概算定额及概算单价的对象规模要小得多，因此，用预算定额和预算单价确定工程标底的准确性也就相应高得多。若招标项目处于详细设计阶段(施工图设计阶段)，设计内容完整，项目的技术经济条件明确详尽时，多采用此方法确定工程标底。使用预算定额和预算单价确定工程标底，除了必须依据预算定额划分招标工程中各单位工程的分项工程，计算其工程量和必须套用预算单价计算工程直接费以外，其余步骤及方法与用概算定额确定工程标底的做法基本相同。

2. 招标控制价(预算价)的编制

招标控制价是招标人根据国家或省级、行业建设主管部门颁发的有关计价依据和办法，按设计施工图纸计算的，对招标工程限定的最高工程造价。国有资金投资的工程建设项目应实行工程量清单招标，并应编制招标控制价。

招标控制价是《建设工程工程量清单计价规范》(GB50500—2008)修订中新增的专业术语，它是对建设市场发展过程中传统标底的重新界定。自 2003 年实行工程量清单招标后，由于招标方式的改变，标底保密这一法律规定已不能起到有效遏制哄抬标价的作用，我国部分地区和部门已经发生了招标项目上所有投标人的招标价格均高于标底的现象，致使中标人的中标价高于招标人的预算，给招标工程的项目业主带来了损失。为了避免投标人串标、哄抬标价，我国多个省、市相继出台了最高限价的规定，但名称上有所不同，有拦标价、最高限价等。在《建设工程工程量清单计价规范》(GB50500—2008)中，为了避免与《招标投标法》关于标底必须保密的规定相违背，因此采用了“招标控制价”这一概念。

(1)招标控制价的编制依据。

①《建设工程工程量清单计价规范》;

②国家或省级、行业建设主管部门颁发的计价定额和计价办法;

③建设工程设计文件及相关资料;

④招标文件中工程量清单及有关要求;

⑤与建设项目相关的标准、规范、技术资料;

⑥工程管理机构发布的工程造价信息或市场参考价;

⑦市场询价信息。

(2)招标控制价主要内容的编制要点。招标控制价编制的主要内容有:分部分项工程费、措施项目费、其他项目费、税金和规费。内容的不同使之有不同的编制要点。

①分部分项工程费应根据招标文件中的分部分项工程量清单及有关要求,按《建设工程工程量清单计价规范》及有关规定确定综合单价计价。综合单价中必须包括招标文件中要求投标人承担的所有风险内容及范围产生的风险费用。如果招标文件中有提供了暂估价的材料,一定按照暂估的单价计算综合单价。

②措施项目应按招标文件中提供的措施项目清单确定,措施项目采用分部分项工程综合单价形式进行计价的工程量,应按措施项目清单中的工程量,并按《建设工程工程量清单计价规范》的规定确定综合单价;以"项"为单位的方式计价的,依《建设工程工程量清单计价规范》的规定确定综合单价,包括除规费、税金以外的全部费用。措施项目费用中的安全文明施工费用应当按国家或省级、建设主管部门规定标准计价。

③其他项目费的编制要点。

a.暂列金额。暂列金额可根据工程的复杂程度、设计深度、工程环境条件(包括地质、水文、气候条件等)等工程特点进行估算,一般可按分部分项工程费的10%~15%为参考计算。

b.暂估价。暂估价中的材料单价应按工程造价管理机构发布的工程造价信息中材料单价计算,工程造价信息未发布的材料单价,其单价参照市场价格估算;暂估价中专业工程暂估价应分不同专业,按有关计价规定估算。

c.计日工。在编制招标控制价时,对计日工中的人工单价和施工机械台班单价应按省级、行业建设行政主管部门或其授权的工程造价管理机构公布的单价计算。材料按工程造价管理机构发布的工程造价信息中的材料单价计算,工程造价信息未发布材料单价的材料,其价格应按市场调查确定的单价计算。

d.总承包服务费。招标人应根据招标文件中列出的内容和向总承包人提出的要求,参照下列标准计算:招标人仅要求对分包的专业工程进行总承包管理和协调时,按分包的专业工程估算造价的1.5%计算;招标人要求对分包的专业工程进行总承包管理和协调,并同时要求提供配合服务时,根据招标文件中列出的配合服务内容和提出的要求,按分包的专业工程估算造价的3%~5%计算;招标人自行供应材料的,按招标人供应材料价值的1%计算。

④招标控制价的规费和税金必须按国家或省级、行业建设主管部门的规定计算。

(3)编制招标控制价注意事项。

①招标控制价的作用决定了招标控制价不同于标底,无需保密。为体现招标的公平、公正,防止招标人有意抬高或压低工程造价,招标人应在招标文件中如实公布招标控制价,不得对所编制的招标控制价进行上浮或下调。招标人在招标文件中公布招标控制价时,应公布招

标控制价各组成部分的详细内容，不得只公布招标控制价总价。同时，招标人应将招标控制价报工程所在地的工程造价管理机构备查。

②投标人经复核认为招标人公布的招标控制价未按照《建设工程工程量清单计价规范》的规定进行编制的，应在开标前5天向招投标监督机构或工程造价管理机构投诉。招投标监督机构应会同工程造价管理机构对投诉进行处理，发现确有错误的，应责成招标人修改。

(六)踏勘现场和答疑

踏勘现场是指招标人组织投标申请人对工程现场场地和周围环境等客观条件进行的现场勘察，招标人根据招标项目的具体情况，可以组织投标申请人踏勘项目现场，但招标人不得单独或者分别组织任何一个投标人进行现场踏勘。投标人到现场调查，可进一步了解招标人的意图和现场周围的环境情况，以获取有用的信息并据此决定是否投标或投标策略以及投标报价。招标人应主动向投标申请人介绍所有施工现场的有关情况。

投标申请人对影响工程施工的现场条件进行全面考察，包括经济、地理、地质、气候、法律环境等情况，对工程项目一般应至少了解下列内容：

(1)施工现场是否达到招标文件规定的条件；

(2)施工的地理位置和地形、地貌管线设置情况；

(3)施工现场的地质、土质、地下水位、水文等情况；

(4)施工现场的气候条件，如气温、湿度、风力等；

(5)现场的环境，如交通、供水、供电、污水排放等；

(6)临时用地、临时设施搭建等，即工程施工过程中临时使用的工棚，堆放材料的库房以及这些设施所占的地方等。

潜在投标人依据招标人介绍情况作出的判断和决策，由投标人自行负责。投标人在踏勘现场中如有疑问，应在招标人答疑前以书面形式向招标人提出，以便于得到招标人的解答。投标人踏勘现场发现的问题，招标人可以书面形式答复，也可以在投标预备会上解答。

投标预备会或答疑会由招标人组织并主持召开，目的在于招标人解答投标人对招标文件和在踏勘现场中提出的问题，包括书面的和在答疑会上口头提出的问题。答疑会结束后，由招标人整理会议记录和解答内容(包括会上口头提出的询问和解答)，以书面形式将所有问题及解答内容向所有获得招标文件的投标人发放。问题及解答纪要需同时向建设行政监督部门备案，该解答的内容为招标文件的组成部分。为便于投标人在编制投标文件时，将招标人对问题的解答内容和招标文件的澄清或修改的内容编写进去，招标人可根据情况酌情延长投标截止时间。根据需要，答疑也可以采取书面形式进行。

(七)开标、评标和定标

1.开标

(1)在投标截止后，按规定时间、地点，在投标单位法定代表人或授权代理人在场的情况下举行开标会议，开标会议由招标单位组织并主持。

(2)开标会议在招标管理机构监督下进行，开标会议可以邀请公证部门对开标全过程进行公证。

(3)开标会议宣布开始后，应首先请各投标单位代表确认其投标文件的密封完整性，并签字予以确认。当众宣读评标原则、评标办法。由招标单位依据招标文件的要求，核查投标单位提交的证件和资料，并审查投标文件的完整性、文件的签署、投标担保等，但提交合格“撤回通知”和逾期送达的投标文件不予启封。

(4)唱标顺序应按各投标单位报送投标文件时间先后的逆顺序进行。当众宣读有效标函的投标单位名称、投标报价、工期、质量、主要材料用量、修改或撤回通知、投标保证金、优惠条件，以及招标单位认为有必要的内容。

(5)唱标内容应作好记录，并请投标单位法定代表人或授权代理人签字确认。

(6)开标会议程序如下：

①主持人宣布开标会议开始；

②宣读招标单位法定代表人资格证明书及授权委托书；

③介绍参加开标会议的单位和人员名单；

④宣布公证、唱标、记录人员名单；

⑤宣布评标原则、评标办法；

⑥由招标单位检验投标单位提交的投标文件和资料，并宣读核查结果；

⑦宣读投标单位的投标报价、工期、质量、主要材料用量、投标保证金、优惠条件等；

⑧宣读评标期间的有关事项；

⑨宣布休会，进入评标阶段。

2. 评标

(1)评标由评标委员会进行，招标管理机构监督。评标委员会由招标单位，建设上级主管部门，招标单位邀请的有关经济、技术专家组成(以经济技术专家为主)。

(2)资格审查对未进行资格预审的招标项目，在开标后须对各投标单位的资质情况进行审查。投标单位应按招标文件中规定的投标格式和要求，如实填报财务、人员、施工设备和以往履行合同情况，并提供有关证件和资料。

(3)投标文件的符合性鉴定。

①投标文件应实质上响应招标文件的要求，就是投标文件应该与招标文件的所有条款、条件和规定相符，无显著差异或保留。

②如果投标文件实质上不响应招标文件的要求，招标单位将予以拒绝，并不允许投标单位通过修正或撤销其不符合要求的差异或保留，使之成为具有响应性的投标。

(4)对投标文件的技术方面评估。对投标单位所报的施工方案或施工组织设计、施工进度计划、施工人员和施工机械设备的配备、施工技术能力、以往履行合同情况、临时设施的布置和临时用地情况等进行评估。

(5)对投标报价评估。评标委员会将对确定为实质上响应招标文件要求的投标进行投标报价评估，在评估投标报价时应对报价进行校核，核对其是否有计算上或累计上的算术错误，修改错误原则如下：

①如果用数字表示的数额与用文字表示的数额不一致时，以文字数额为准。

②当单价与工程量的乘积与合价之间不一致时，通常以标出的单价为准。除非评标机构认为有明显的小数点错位，此时应以标出的合价为准，并修改单价。

按上述修改错误的原则，调整投标书中的投标报价。经投标单位确认同意后，调整后的报价对投标单位起约束作用；如果投标单位不接受修正后的投标报价则其投标将被拒绝，其投标保证金将被没收。

(6)综合评价与比较。评标应依据评标原则、评标办法,对投标单位的报价、工期、质量、主要材料用量、施工方案或组织设计、以往业绩、社会信誉、优惠条件等方面综合评定,公正合理择优选定中标单位。

(7)投标文件澄清。在必要时,为有助于投标文件的审查、评价和比较,评标委员有权个别要求投标单位澄清其投标文件。投标文件的澄清一般采用召开澄清会的方式,在澄清会上分别对投标单位进行质询,先以口头询问并解答,随后在规定的时间内投标单位以书面形式予以确认作出正式答复。澄清和确认的问题须经法定代表人或授权代理人签字,澄清问题的答复作为投标文件的组成部分。但澄清的问题不允许更改投标价格或投标文件的实质性内容。

(8)对于当日定标的工程项目,可在会上宣布中标单位名称、中标标价、工期、质量、主要材料用量、优惠条件(如有时)等。

(9)对于当日不能定标的工程项目,自开标之日起至定标期限,结构不复杂的中小型工程不超过 7 天,结构复杂的大型工程不超过 14 天。特殊情况下经招标管理机构同意可适当延长。

(10)评标报告。招标单位根据评标委员会评审情况编写评标报告,评标报告编写完成后报招标管理机构审查。评标报告应包括以下内容:

①招标情况。

A. 工程说明,应包括工程概况及招标范围等。

B. 招标过程,招标过程应包括:资金来源及性质、招标方式;招标文件报招标管理机构时间及招标管理机构的批准时间;刊登招标通告的时间;发放招标文件情况(有几家投标单位)现场勘察和投标预备会情况(投标单位参加情况);到投标截止时间递交投标文件情况(有几家投标单位)。

②开标情况。

其主要包括:开标时间及地点;参加开标会议的单位及人员情况;唱标情况。

③评标情况。

其主要包括:评标委员会的组成及评标委员会人员名单;评标工作的依据。

评标内容包括:投标文件的符合性鉴定;投标单位的资格审查(未资格预审的采用);审核报价;投标文件问题的澄清;投标文件分析论证内容及评审意见。

④推荐意见。

⑤附件。其主要包括:评标委员会人员名单;投标单位资格审查情况表;投标文件符合性鉴定表;投标报价评比表;投标文件质询澄清的问题。

当下述情况之一发生时经招标管理机构同意可以拒绝所有投标,宣布招标失败:最低投标报价高于或低于一定幅度时;所有投标单位的投标文件均实质上不符合招标文件要求。

若发生招标失败的情况,招标单位应认真审查招标文件及工程标底,作出合理修改后经招标管理机构同意后方可重新办理招标或转为议标。

3. 定标

(1)确定中标单位后,招标单位应于 5 日内持评标报告到招标管理机构核准,招标管理机构在 2 日内提出核准意见,经核准同意后招标单位向中标单位发放中标通知书。

(2)中标单位收到中标通知书后,按规定提交履约担保,并在规定日期、时间和地点与建设单位签订合同。

（八）签订合同

建设单位与中标的投标单位应当在规定的期限内签订合同。在约定的日期、时间和地点，根据《中华人民共和国经济合同法》、《建设工程施工合同管理办法》的规定，依据招标文件、投标文件双方签订施工合同。

中标单位拒绝在规定的时间内提交履约担保和签订合同，招标单位报请招标管理机构批准同意后取消其中标资格，并按规定没收其投标保证金，并考虑与另一参加投标的投标单位签订合同。

建设单位如拒绝与中标单位签订合同，除双倍返还投标保证金外还需赔偿有关损失。

建设单位与中标单位签订合同后，招标单位及时通知其他投标单位其投标未被接受，按要求退回招标文件、图纸和有关技术资料，同时退回投标保证金（无息）。因违反规定被没收的投标保证金不予退回。

建设单位与中标单位签订施工合同前，应去建设行政主管部门或其授权单位进行合同审查。

招标工作结束后，招标单位将开标、评标过程有关纪要、资料、评标报告、中标单位的投标文件一份副本报招标管理机构备案。

第三节　建设工程其他项目招标

一、建设工程勘察设计招标

建设工程勘察招标即招标人就拟建工程的勘察任务发布通告，以法定方式吸引勘察单位参加竞争，经招标人审查获得投标资格的勘察单位按照招标文件的要求，在规定的时间内向招标人填报标书，招标人从中选择条件优越者完成勘察任务。

建设工程设计招标即招标人就拟建工程的设计任务发布通告，以吸引设计单位参加竞争，经招标人审查获得投标资格的设计单位按照招标文件的要求，在规定的时间内向招标人填报标书，招标人从中择优确定中标单位来完成工程设计任务。

（一）建设工程勘察设计招标范围

工程项目的设计一般分为初步设计和施工图设计两个阶段，对于技术条件复杂而又缺少设计经验的项目，可根据实际情况在初步设计阶段后再增加技术设计阶段。招标人应根据工程项目的具体特点决定发包的范围，实行勘察、设计招标的工程项目，可以采取设计全过程总发包的一次性招标，也可以采取分单项、分专业的分包招标。中标单位承担的初步设计和施工图设计，经发包方书面同意，也可以将非建设工程主体部分设计工作分包给具有相应资质条件的其他设计单位，其他设计单位就其完成的工作成果与总承包方一起向发包方承担连带责任。

勘察任务可以单独发包给具有相应资质条件的勘察单位实施，也可以将其工作内容包括在设计招标任务中。由于通过勘察工作取得的工程项目建设所需的技术基础资料是设计的依据，直接为设计服务，同时必须满足设计需要，因此，将勘察任务包括在设计招标的发包范围内，由具有相应能力的设计单位来完成或由该设计单位再去选择承担勘察任务的分包单位，对招标人比较有利。

勘察设计总承包与分为勘察、设计两个合同的分承包比较，勘察设计总承包不仅在履行合同的过程中，业主与监理单位可以摆脱两个合同实施过程中可能遇到的协调义务，而且可以使勘察工作直接根据设计需要进行，更好地满足设计对勘察资料精度、内容和进度的要求，必要时进行补充勘察也比较方便。

（二）建设工程勘察设计招标方式

工程建设项目勘察设计招标分为公开招标和邀请招标。招标人可以根据工程建设项目的不同特点，实行勘察设计一次性总体招标；也可以在保证项目的完整性、连续性的前提下，按照技术要求实行分段或分项招标。招标人不得将依法必须进行招标的项目化整为零，或者以其他任何方式规避招标。

（1）可以进行邀请招标的勘察任务。依法必须进行勘察设计招标的工程建设项目，在下列情况下可以进行邀请招标：

①项目的技术性、专业性较强，或者环境资源条件特殊，符合条件的潜在投标人数量有限的；

②如采用公开招标，所需费用占工程建设项目总投资的比例过大的；

③建设条件受自然因素限制，如采用公开招标，将影响项目实施时机的。

（2）可以不进行招标的勘察任务。按照国家规定需要政府审批的项目，有下列情形之一的，经批准，项目的勘察可以不进行招标：

①涉及国家安全、国家秘密的；

②抢险救灾的；

③主要工艺、技术采用特定专利或者专有技术的；

④建筑艺术造型有特殊要求的；

⑤技术复杂或专业性强，能够满足条件的勘察设计单位少于三家，不能形成有效竞争的；

⑥已建成项目需要改、扩建或者技术改造，由其他单位进行设计影响项目功能配套性的；

⑦国务院规定的其他建设工程的勘察、设计。

（三）建设工程勘察设计招标特点

建筑工程勘察设计招标的任务是选择承包者将建设单位对建设项目的设想转变为可实施的蓝图。因此，设计招标文件对投标者提出的要求就不是很具体，而是简单介绍工程项目的实施条件和应达到的技术经济指标、总投资额、进度要求等；投标者根据相应的规定和要求分别报出工程项目的设计构思方案、实施计划、工程概算；招标人通过开标、评标等环节对所有方案进行比较选择后确定中标单位，然后由中标单位根据预定方案去实现。

（四）建设工程勘察设计招标程序

我国有关的建设法规规定了如下的标准化公开招标程序：

①招标单位编制招标文件；

②招标单位发出招标公告或投标邀请书；

③投标单位按招标文件规定的时间报送投标申请书；

④招标单位对投标单位进行资格审查；

⑤招标单位向合格的投标单位发售招标文件；

⑥招标单位组织投标预备会和踏勘现场

⑦投标单位编制投标文件并按规定时间、地点密封报送；

⑧招标单位当众开标，组织评标，确定中标单位，发出中标通知书；

⑨招标单位和中标单位签订设计合同。

当然，根据委托设计的工程项目规模与招标方式的不同，各建设项目设计招标的程序也不尽相同，采用邀请招标方式时，可以根据具体情况进行适当变更或酌减。

（五）建设工程勘察设计招标准备工作

1. 招标范围的确定

工程建设项目符合相关法规所规定的范围和标准的，必须依法进行勘查设计的招标。

(1)招标人可以依据工程建设项目的不同特点，实行勘察设计一次性总体招标。

(2)招标人也可以在保证项目完整性、连续性的前提下，按照技术要求对勘查设计实行分段或分项招标。

2. 招标条件的确定

依法必须进行勘察设计招标的工程建设项目，招标人需做好各项准备工作，在招标时工程建设项目应当具备法律、法规所规定的各项条件。

3. 招标方式的确定

工程建设项目勘察设计招标可采用公开招标和邀请招标两种方式。其中，全部使用国有资金投资或者国有资金投资占控股或者主导地位的工程建设项目，以及国务院发展和改革部门确定的国家重点项目和地方政府确定的地方重点项目，除符合规定条件并依法获得批准外，应当公开招标。

4. 招标公告或邀请书

招标人在进行招标前应根据工程建设项目具体情况确定招标方式，发出招标通告或者招标邀请书。

5. 招标资格的预审

招标人可向潜在投标人发出资格预审文件，对投标人资格在招标前进行预审，对资格预审不合格的潜在投标人须告知资格预审结果。

（六）编制勘察设计招标文件

勘察设计招标文件应当包括下列内容：

(1)投标须知；

(2)投标文件格式及主要合同条款；

(3)项目说明书，包括资金来源情况；

(4)勘察设计范围，包括对勘察设计进度、阶段和深度的要求；

(5)勘察设计基础资料；

(6)勘察设计费用支付方式，对未中标人是否给予补偿及补偿标准；

(7)投标报价要求；

(8)对投标人资格审查的标准；

(9)评标标准和方法；

(10)投标有效期，从提交投标文件截止日起计算。

（七）资格预审

资格预审是指对于大型或复杂的土建工程或成套设备，在正式组织招标之前，对供应商的资格和能力进行的预先审查。资格预审是招投标程序的一个重要环节，是招标工作的起始，它既是贯彻建设工程必须由相应资质队伍承包的政策的体现，也是保护业主和广大消费者利益的举措，是避免未到达相应技术与施工能力的队伍乱接工程和防止出现豆腐渣工程质量事故的有效途径。

资格预审包括资质审查和能力审查两方面：

1. 资质审查

(1)营业执照和资质等级证书齐全。投标人除应持有营业执照外，勘察和设计的投标人还应分别持有《工程勘察资质证书》和《工程设计资质证书》，勘察和设计合并投标的投标人，应当两证齐全。

(2)禁止越级承包勘察设计任务。勘察设计单位资质分为甲、乙、丙、丁四级，各等级的勘察设计单位只能在法规规章规定的范围内承揽业务，越级投标无效。

(3)审查各证件的业务范围，与招标项目专业性质的一致性。

2. 能力审查

(1)人员的技术力量的审查。对人员的技术力量的审查是审查投标人的技术负责人的资格能力、人员的专业覆盖面、人员数量、各级技术职务人员的比例等方面，是否能满足项目的要求。

(2)设备能力的审查。对设备能力的审查主要审查勘察设计所需的设备、仪器等在种类和数量上能否满足要求。

(3)经验审查。通过考察投标人近几年完成的项目，评价其勘察设计能力和水平，审查是否与招标项目相适应。

(八)评标、定标

所谓评标，是指按照规定的评标标准和方法，对各投标人的投标文件进行评价比较和分析，从中选出最佳投标人的过程。评标是招标投标活动中十分重要的一个阶段，评标是否真正做到公平、公正，决定着整个招标投标活动是否公平和公正。评标的质量高低决定着能否从众多投标竞争者中选出最能满足招标项目各项要求的中标者。

1. 设计投标书的评审

(1)设计方案。设计方案主要从指导思想正确性，设计方案先进性，总体布置和场地利用的合理性，工艺流程的先进性，主要建筑物结构的合理性，造型美观性及与周围环境的协调性，“三废”治理方案等方面进行评审。

(2)经济效益。设计方案所能创造的经济效益，主要通过投入与产出的比较进行评审。评审时应考虑建筑标准的合理性，设计概算是否超过投资限额，投资回报等问题。

(3)设计进度。设计进度方面主要考虑以下问题：设计进度应当能够满足项目建设总进度要求；施工图设计招标的项目，设计进度应当能够满足施工进度的要求。

(4)设计资历和社会信誉。

(5)报价的合理性。在设计方案水平相当的投标人之间比较报价，包括总价和各分项取费的合理性。

2. 勘察投标书的评审

对于勘察投标书，主要评审：方案合理性，技术水平先进性，保证勘察数据准确的措施可靠性和报价合理性等。

定标即评标委员会在评标报告中提出推荐候选中标方案，评标委员会应当根据招标文件规定的定标原则和对各投标文件的评价，确定推荐中标候选人名单。

招标人定标并与候选中标人进行谈判，谈判内容主要是探讨改进或补充投标方案的某些内容，例如吸收其他投标人的设计长处等。但必须保护未中标人的合法权益，使用其技术成果时，应征得他们的同意。

（九）设计方案竞选

1. 实行设计方案竞选的项目

凡是符合下列条件之一的工程建设项目，必须实行有偿方案设计竞赛：

(1)建设部规定的特级、一级建设项目；

(2)重要地区或重要风景区的建筑项目；

(3)4 万平方米以上(含 4 万平方米)的住宅小区；

(4)当地建设主管部门规定进行设计方案竞选的建设项目；

(5)建设单位要求进行设计方案竞选的建设项目。

2. 设计方案竞选者的资质要求

凡有设计单位(持有建筑工程设计许可证、收费资格证、营业执照)盖章的，并经一级注册建筑师签字的方案才可竞选。

持有建筑设计许可证、收费资格证和营业执照，但没有一级注册建筑师的单位，可以与有一级注册建筑师的设计单位联合参加竞选。

境外设计事务所参加境内工程项目方案设计竞选，在国际注册建筑师资格尚未相互确认前，其方案必须经国内一级注册建筑师认可并签字，方为有效。

3. 方案设计竞选文件的发放

竞选文件一经发出，组织竞选活动的单位不得擅自变更内容和附加条件，如需变更和补充内容的，应在截止日期 15 天前通知所有参加竞选的单位。发出竞选文件至竞选截止时间，小型项目不少于 15 天，大、中型项目不少于 30 天。

4. 设计文件的内容

按照国家有关规定，建筑设计方案设计文件的内容包括设计说明书、设计图纸、投资估算、透视图四部分。除透视图单列外，其他文件的编排顺序为：①封面(要求写明方案名称、编制单位、编制时间)；②扉页(方案编制单位行政及技术负责人、具体编制总负责人签认名单)；③方案设计文件目录；④设计说明书；⑤设计图纸；⑥投资估算。对一些大型或重要的民用建筑工程，可根据需要加做建筑模型，其费用另收。

5. 竞选方案设计的评定

组织竞选的单位应按照有关规定邀请有关单位专家组成评定小组，参加评定会议，当众宣布评定办法，启封各参加竞选单位的文件和补充函件，公布其主要内容。

评定小组由组织竞选单位的代表和有关专家组成，一般为 7～11 人，其中技术专家人数应占 2/3 以上。参加竞选的单位和方案设计的有关人员，均不能参加评定小组。

评定办法必须按技术先进，功能全面，结构可靠，安全适用，建设节能，环境优美，经济、实用、美观的原则，综合设计优劣、设计进度快慢，以及设计单位和注册建筑师的资历、信誉等因素考虑，择优确定。

有下列情况之一者,参加竞选的设计文件宣布作废。

(1)未经密封;

(2)无一级注册建筑师签字,无单位法定代表人或法定代表人代理人的印鉴;

(3)未按规定的格式填写,内容不全或字迹模糊,辨认不清;

(4)逾期送达;

(5)参加竞选的单位未参加评定会议。

二、建设工程监理招标

(一)建设工程监理招标的概念

建设工程监理招标是指招标人为了完成委托监理任务,以法定方式吸引监理单位参加竞争招标,从中选择条件优越者的法律行为。

建设监理的工作内容非常广泛,覆盖项目建设的全过程,因此选择监理单位前,应首先确定委托监理的工作内容和范围。既可以将整个建设过程委托一个单位来完成,也可以按不同阶段的工作内容或不同合同的内容分别交予几家监理单位完成。建设工程监理招标的方式分为公开招标、邀请招标和议标三种。

(二)建设工程监理招标的特点

1.监理招标的宗旨是对监理人的能力的选择

对监理人的具体要求包括:

(1)能运用规范化的管理程序和方法执行监理业务;

(2)监理人员素质。如业务专长、经验、判断力、创新想象力和风险意识等。

2.鼓励能力竞争

对报价的选择,居于次要地位,不单单依据报价高低确定中标人。高质量的监理服务往往能使业主节约工程投资,获得提前完工的效益;只在能力相当的投标人之间比价格。

3.通常采用邀请招标的方式

选择监理单位一般采用邀请招标,且邀请数量以3~5家为宜。

(三)建设工程监理招标的范围

实行建设工程监理制度,目的在于提高工程建设的投资效益和社会效益。建设工程监理制度是我国基本建设领域的一项重要制度,根据建设部颁发的《建设工程监理范围和规模标准规定》,下列工程必须实施建设监理。

(1)国家重点建设工程;

(2)大中型公用事业工程;

(3)成片开发建设的住宅小区工程;

(4)利用外国政府或者国际组织贷款、援助资金的工程;

(5)国家规定必须实行监理的其他工程。

《工程建设项目招标范围和规模标准规定》要求,监理单位监理的单项合同估算价在50万元人民币以上的,或单项合同估算价低于规定的标准,但项目总投资额在3 000万元人民币以上的项目必须进行监理招标。

(四)建设工程监理招标的主要工作

1.选择招标委托监理的内容

建设监理委托的范围可以是整个工程项目的全过程,也可以分段。考虑因素主要有以下几方面:

(1)工程规模。对于中小型工程项目,可将全部监理工作委托给一个单位;若是大型或技术复杂的项目,则可按设计、施工等分段,分别委托监理。

(2)工程项目的专业特点。例如将土建工程与安装工程的监理工作分别进行招标。

(3)监理工作的难易程度。易于监理的项目可并入相关工作的监理内容中,例如将通用建材的采购监理并入土建监理工作;难度大的项目应单独委托监理,如设备制造等。

2.监理资格预审

监理资格预审的目的是对邀请的监理单位的资质、能力是否与拟实施项目的特点相适应的总体考察,而不是评定该项目监理工作的建议是否适用、可行。因此,资格审查的重点应侧重于投标人的资质条件、监理经验、可用资源、社会信誉、监理能力等方面。

(1)资质条件,如资质等级,营业执照、注册范围,隶属关系,公司的组成形式,以及总公司和分公司的所在地,法人条件和公司章程。

(2)监理经验,如已监理过的工程项目一览表,已监理过类似的工程项目。

(3)现有资源条件,如公司人员,开展正常监理工作可采用的检测方法或手段,计算机管理能力。

(4)公司信誉,如监理单位在专业方面的名望、地位,在以往服务过的工程项目中的信誉,是否能全心全意地与业主和承包商合作。

(5)承接新项目的监理能力,如正在实施监理的工程项目数量、规模,正在实施监理的各项目的开工和预计竣工时间,正在实施监理工程的地点。

3.监理招标文件的内容

监理招标文件应当能够指导投标人提出实施监理工作的方案建议。具体内容与施工招标文件大体相同。主要内容有:

(1)投标须知。投标须知包括以下八个内容:工程项目综合说明、监理范围与业务、投标文件的编制与提交、无效投标文件的规定、投标起止时间、开标时间和地点、招投标文件的澄清和修改、评标办法等。

(2)合同条件。业主可以在招标文件的合同条件中,向投标人提出为取得中标必须满足的条件。在买方市场条件下,业主往往利用这一机会,向投标人提出苛刻的条件,投标人应认真分析其中可能存在的风险,防范意外损失。

(3)业主提供的现场办公条件。招标文件应当明确规定为监理人员提供的交通、通讯、住宿、办公用房等方面的现场办公条件。

(4)对监理人的要求。招标文件应当明确规定对现场监理人员、检测手段、解决工程技术难点等方面的要求。

(5)其他事项。除上述内容的其他规定,例如有关的技术规范,必要的设计文件、图纸和有关资料等。

（五）开标、评标和定标

1. 开标

开标一般在统一的建设工程交易中心进行，由工程招标人或其代理人主持，并邀请招标管理机构有关人员参加。

在开标中，属于下列情况之一的，按无效标书处理：

(1)投标人未按时参加开标会，或虽参加会议但无有效证件；

(2)投标书未按规定的方式密封；

(3)唱标时弄虚作假，更改投标书内容；

(4)监理费报价低于国家规定的下限。

在建设工程监理招标中，由于业主主要看中的是监理单位的技术水平而非监理报价，并且经常采用邀请招标的方式。因此，有些招标不进行公开开标，也不宣布各投标人的报价。

2. 评标

评标一般由评标委员会进行，组成评标委员会的专家要符合下列条件：

(1)从事监理工作满 8 年并具有高级职称或者同等专业水平；

(2)熟悉有关招标投标的法律法规，并具有与监理招标项目相关的实践经验；

(3)能够认真、公正、诚实、廉洁地履行职责。

有下列情形之一的，不得担任评标委员会成员：

(1)投标人或者投标主要负责人的近亲属；

(2)项目主管部门或者行政监督部门的人员；

(3)与投标人有经济利益关系，可能影响对投标公正评审的；

(4)曾因在招标、评标及其他与招标投标有关活动中从事违法行为而受到过行政处罚或刑事处罚的。

评标委员会负责人由评标委员会成员推举产生或者由招标人确定，评标委员会成员的名单在中标结果确定前应当保密。

3. 定标

中标人确定后，招标人应当向中标人发出中标通知书，同时通知未中标人。中标通知书对招标人和中标人具有法律约束力。中标通知书发出后，招标人改变中标结果或中标人放弃中标的，应当承担法律责任。

招标人与中标人签订合同后 5 个工作日内，应当向中标人和未中标的投标人退还投标保证金。

招标人和中标人应当自中标通知书发出之日起的 30 个工作日内，按照招标文件和中标人的投标文件订立书面委托监理合同。招标人与中标人不得再行订立背离合同实质性内容的其他协议。在书面委托监理合同订立之前，双方还要进行合同谈判，谈判内容主要是针对委托监理工程项目的特点，就《工程建设监理合同》示范文本中专用条件部分的条款具体协商议定。这些条款一般包括工作计划、人员配备、业主的投入、监理费的结算和调整等问题，双方谈判达成一致，即可签订监理合同。

三、建设工程物资采购招标

建设工程物资包括材料和设备两大类，招投标采购方式主要适用于大宗材料、定型批量生产的中小型设备、非批量生产的大型设备和特殊用途的大型非标准部件等的采购，各类物资的招标采购都具有各自的特点。

(一)建设工程物资采购招标的概念和特点

建设工程物资采购招标，是指招标人就拟购买的物资发布公告或者邀请，以法定方式吸引建设工程物资供应商参加竞争，招标人从中选择条件优越者购买其物资的法律行为。

建设工程物资采购招标的特点如下：

(1)大宗材料或定型批量生产的中小型设备的规格、性能、主要技术参数等都是通用指标，都应采用国家标准。

(2)非批量生产的大型设备和特殊用途的大型非标准部件，既无通用的规格、型号等指标，也没有国家标准，招标择优的对象，应当是能够最大限度地满足招标文件规定的各项综合评价标准的投标人。

(3)贯彻最合理采购价格原则。材料采购招标在标价评审时，综合考虑材料价格和运杂费两个因素。设备采购的最合理采购价格原则是指按寿命周期费用最低原则采购物资，在标价评审中要全面考虑下列价格的构成因素：物资的单价和合价、采购物资的运杂费、寿命期内需要投入的运营费用。

(二)建设工程物资采购范围

当工程建设项目符合《工程建设项目招标范围和规模标准规定》规定的范围和标准的，必须通过招标选择货物供应单位。

工程建设项目招标人对项目未实行总承包招标时，招标人应当将未列入招标范围的分部工程依法在市建设工程交易中心另行组织招标。工程建设项目招标人对项目实行总承包招标时，以暂估价形式包括在总承包范围内的工程或货物达到国家规定规模标准的，应当由总承包中标人和工程建设项目招标人共同依法组织招标。双方当事人的风险和承担的责任由合同约定。

依法必须招标的工程建设项目，应当具备下列条件才能进行货物招标：

(1)招标机构已经依法成立；

(2)按照国家有关规定应当履行项目审批、核准或者备案手续的，已经审批、核准或者备案；

(3)有相应资金或者资金来源已经落实；

(4)能够提出货物的使用与技术要求。

依法必须进行招标的工程建设项目，按照国家有关投资项目审批管理规定，凡应报送项目审批部门审批的，招标人应当在报送的可行性研究报告中将货物招标范围、招标方式(公开招标或邀请招标)、招标组织形式(自行招标或委托招标)等有关招标内容报项目审批部门核准。项目审批部门应当将核准招标内容的意见抄送有关行政监督部门。企业投标项目申请政府安排财政性资金的，招标内容由资金申请报告审批部门依法在审批中确定。

(三)建设工程物资采购方式和采购招标方式

1.公开招标

设备、材料采购的公开招标按范围可分为国际竞争性招标和国内竞争性招标。

国际竞争性招标就是在国际市场上公开征集投标者参加投标活动，从而使项目法人能以较低的价格和较高的质量获得设备和材料。根据我国政府与世界银行的协定,凡获世界银行贷款的工业项目的设备、材料采购金额在100万美元以上的,均需采用国际竞争性招标。

国内竞争性招标就是在国内市场公开征集投标者参加投标竞争的活动。国内竞争性招标的适用范围是:合同金额小,国内获得货物的价格低于国际市场价格,行政与财务上不适合采用国际竞争性招标等情况。

2. 邀请招标

邀请招标是指由招标单位向具有设备、材料制造或供应能力的单位直接发出投标邀请书邀请他们参加投标竞争的活动。这种方式也称有限竞争性招标。邀请招标的适用范围:合同金额不大,或所需货物的供应商数目有限,或需要尽早交货等情况。

3. 其他方式

询价方式即设备、材料的采购者通过对国内外几家供货商的报价进行比较后,选择其中一家签订供货合同的采购方式。询价方式的适用对象:现货采购或价值较小的标准规格产品。

直接订购方式又称非竞争性采购方式,即设备、材料的采购者直接与供货商联系,签订采购合同的方式。直接订购方式的适用对象:增购与现有采购合同类似货物而且价格也较低廉;保证设备或零配件标准化,以便适应现有设备的需要;要求从指定的供货商采购关键性货物以保证质量等。

(四)建设工程物资采购招标的主要工作

1. 采购标段的划分

工程建设所需物资种类繁多,可按建设进度对物资的需求分阶段进行招标。确定分阶段招标范围的相关因素主要有:①建设进度与供货时间的合理衔接;②鼓励有实力的供货厂商参与竞争;③建设物资的市场行情;④建设资金计划。

2. 资格预审

设备采购招标,特别是大型设备的采购,必须进行资格预审。审查的内容有:

(1)合同主体资格。参与投标的设备供应厂商必须具备合同主体资格,拥有独立订立合同的权利,能够独立承担民事责任。

(2)履行合同的资格和能力。

①具备国家核定的生产或供应招标采购设备的法定条件:设备生产许可证、设备经销许可证或制造厂商的代理授权文件,产品鉴定书。

②具有与招标标的物及其数量相适应的生产能力,这种能力主要包括以下两方面的能力:设计和制造的能力,包括专业技术水平、技术装备和技术人员的情况等;质量控制的能力,包括具有完善的质量保证体系,业绩良好。

(3)社会信誉。在社会信誉方面,主要审查投标人的资金信用、商业信誉和交易习惯。

3. 编制建设工程物资采购招标文件

招标文件是投标和评标的主要依据。招标文件由招标单位编制。招标文件编制的质量直接关系到下一步招标工作的成败。招标文件的内容应做到完整、准确,招标条件应公平、合理,符合国家有关法律、法规的要求。

4. 评标、定标

建设工程材料、设备采购的评标与施工的评标有很大差异,它不仅要看采购时所报的现价是多少,还要考虑设备在使用寿命期内可能投入的运营和管理费高低。尽管投标人所报的货物价格较低，但运营费很高时，仍不符合业主以最合理的价格采购的原则，因此，在评标过程中所考虑的因素和评审方法与施工评标不同。评标主要考虑的因素有以下几点：

(1)投标价。对投标人的报价，既包括标的物生产制造的出厂价格，也包括其所报的安装、调试、协作等售后服务的价格。

(2)运输费。运输费包括运费、保险费和其他费用，如对超大件运输时道路、桥梁加固所需的费用等。

(3)交付期。以招标文件中规定的交货期为标准，如投标书中所提出的交货期早于规定时间，一般不给予评标优惠，因为当施工还不需要货物时货物就交给业主会增加业主的仓储管理费和货物的保养费。如果迟于规定的交货日期，但推迟日期尚属于可以接受的范围之内，则在评标时应考虑这一因素。

(4)设备的性能和质量。考虑此因素主要比较设备的生产效率，还应考虑设备的运营费用，即设备的燃料、原材料消耗、维修费用和所需运行人员费等。如果设备性能超过招标文件要求，使业主得到收益时，评标时也应将这一因素予以考虑。

(5)备件价格。对于各类备件，特别是易损备件，考虑在两年内取得的途径和价格。

(6)支付要求。合同内规定了购买货物的付款条件，如果标书中投标人提出了付款的优惠条件或其他的支付要求，尽管与招标文件规定的偏离是业主可以接受的，也应在评标时加以计算和比较。

(7)售后服务。售后服务包括可否提供备件、进行维修服务，以及安装监督、调试、人员培训等可能性和价格。

(8)其他与招标文件偏离或不符合的因素等。

5.签订合同

中标单位从接到中标通知书之日起，在30日内，与需方签订设备供货合同。如果中标通知书发出后，中标单位拒签合同，要受到处罚，应当向招标单位和设备需方赔偿经济损失，赔偿金额不超过2%，招标单位可将投标单位的投标保证金作为违约赔偿金；如果设备需方拒绝签订合同，同样要受到处罚，应当向招标单位和中标单位赔偿经济损失，赔偿金额为中标金额的2%，由招标单位负责处理。

四、政府采购招标

(一)政府采购的概念和特点

政府采购，是指各级国家机关、事业单位和团体组织，使用财政性资金采购依法制定的集中采购目录以内的或者采购限额标准以上的货物、工程和服务的行为。政府采购不仅是指具体的采购过程，而且是采购政策、采购程序、采购过程及采购管理的总称，是一种公共采购管理的制度，是一种政府行为。

相对于私人采购而言，政府采购具有如下特点：资金来源的公共性；非营利性；采购对象的广泛性和复杂性；规范性；政策性；公开性；极大的影响力。

(二)政府采购对象

政府采购是政府机构所需要的各种物资的采购。政府采购的对象有货物、工程、服务三大类。货物，是指各种形态和种类的物品原材料、设备、能源、工具等。工程，是指建设工程，包括建筑物和构筑物的新建、改建、装修、拆除、修缮等。服务，是指除货物和工程以外的其他政府采购对象。

政府采购也和企业采购一样，属于集团采购，但是它的持续性、均衡性、规律性、严格性、科学性都没有企业采购那么强。政府采购最基本的特点，是一种公款购买活动，都是由政府拨款进行购买。政府采购的本质是政府在购买商品和劳务的过程中，引入竞争性的招投标机制。

完善、合理的政府采购对社会资源的有效利用，提高财政资金的利用效果起到很大的作用，因而是财政支出管理的一个重要环节。

(三)政府采购模式

政府采购一般有三种模式：①集中采购模式，即由一个专门的政府采购机构负责本级政府的全部采购任务；②分散采购模式，即由各支出采购单位自行采购；③半集中半分散采购模式，即由专门的政府采购机构负责部分项目的采购，而其他的则由各单位自行采购。我国的政府采购中集中采购占了很大的比重，列入集中采购目录和达到一定采购金额以上的项目必须进行集中采购。

(四)政府采购方式

1.公开招标

公开招标是政府采购的主要方式，公开招标与其他采购方式不是并行的关系。

公开招标的具体数额标准，属于中央预算的政府采购项目，由国务院规定；属于地方预算的政府采购项目，由省、自治区、直辖市人民政府规定；因特殊情况需要采用公开招标以外的采购方式的，应当在采购活动开始前获得设区的市、自治州以上人民政府采购监督管理部门的批准。

采购人不得将应当以公开招标方式采购的货物工程或者服务化整为零或者以其他任何方式规避公开招标采购。

2.邀请招标

邀请招标也称选择性招标，由采购人根据供应商或承包商的资信和业绩，选择一定数目的法人或其他组织(不能少于三家)，向其发出招标邀请书，邀请他们参加投标竞争，从中选定中标的供应商。

凡有下列情形之一的，应采用邀请招标的方式：

(1)采购对象具有特殊性，只能从有限范围的供应商处采购的；

(2)采用公开招标方式的费用占政府采购项目总价值的比例过大的。

3.竞争性谈判招标

竞争性谈判招标指采购人或代理机构通过与多家供应商(不少于三家)进行谈判，最后从中确定中标供应商。

凡有下列情形之一的，应采用竞争性谈判招标的方式：

(1)招标后没有供应商投标或者没有合格应标者或者重新招标未能成立的；

(2)技术复杂或者性质特殊，不能确定详细规格或者具体要求的；

(3)采用招标所需时间不能满足用户紧急需要的；

(4)不能事先计算出价格总额的。

4. **单一来源采购**

单一来源采购也称直接采购，是指达到了限额标准和公开招标数额标准，但所购商品的来源渠道单一，或属专利、首次制造、合同追加、原有采购项目的后续扩充和发生了不可预见紧急情况不能从其他供应商处采购等情况只能采用直接采购方式。该采购方式的最主要特点是没有竞争性。

凡有下列情况之一的，应采用单一来源采购的方式：

(1)只能从唯一供应商处采购的；

(2)发生了不可预见的紧急情况不能从其他供应商处采购的；

(3)必须保证原有采购项目一致性或者服务配套的要求，需要继续从原供应商处添购，且添购资金总额不超过原合同采购金额10%的。

5. **询价**

询价是指采购人向有关供应商发出询价单让其报价，在报价基础上进行比较并确定最优供应商的一种采购方式。

当采购的货物规格、标准统一，现货货源充足且价格变化幅度小的政府采购项目，可以采用询价方式采购。

(五)政府采购程序

政府采购的程序一般为：

(1)采购申请的提交；

(2)确定采购方式；

(3)采购中心或主管部门组织集中采购；

(4)签订采购合同；

(5)履行采购合同；

(6)拨付采购资金；

(7)办理采购款需提供的资料。

第四节 建设工程施工招标文件的编制实例

××学院新校区××中心工程

施工招标文件

项目编号：

项目名称： ××学院新校区××中心工程

招 标 人： ××学院 (盖章)

招标代理机构： ××招标有限公司 (盖章)

____年____月

总目录

第二章　合同主要条款
第三章　合同文件格式
第四章　技术规范
第五章　图纸
第六章　工程量清单
第七章　投标文件格式
第八章　评标方法和标准

第一章　投标须知及投标须知前附表

目　录

一、投标须知前附表

项号	条款号	内　容	说明与要求
1	1.1	工程名称	××学院新校区××中心工程
2	1.1	建设地点	××市××大街××号
3	1.1	建筑面积	约××m^2
4	1.1	承包方式	包工包料
5	1.1	质量标准	合格
6	2.1	发包范围	中心约××m^2,水池约____ m^2 按施工图完成全部土建、水、电工程施工安装
7	2.2	工期要求	____年____月____日计划开工，____年____月____日计划竣工， 施工总工期：____日历天
8	3.1	资金来源	自筹资金
9	4.1	投标人资质等级要求	房屋建筑工程总承包一级及以上资质的独立法人
10	12.1	工程计价方式	工程量清单综合单价报价
11	14.1	投标有效期	____日历天(从投标截止之日算起)
12	15.1	投标担保金额	××万元人民币
13	5.1	踏勘现场	自行勘察现场

续表

项号	条款号	内 容	说明与要求
14	16.1	投标文件份数	一份正本，两份副本
15	19.1	投标文件提交地点及截止时间	收件人：××招标有限公司 地点：______ 时间：___年___月___日___时以前
16	23.1	开标	开标时间：___年___月___日___时 地点：______
17	29.4	评标方法及标准	详见招标文件第八章“评标方法和标准”
18	招标文件及图纸		本招标文件每套售价___元(售出不退)；图纸押金每套___元，当投标人退回图纸时，图纸押金将同时退还给投标人(不计利息)。
19	招标公司联系方法		招标代理单位：××招标有限公司 单位地址： 联系电话： 传真： 联系人：

二、投标须知

(一)总则

1.工程说明

1.1 本招标工程项目说明详见本须知前附表第1项～第5项；

1.2 本招标工程项目按照《中华人民共和国招标投标法》等有关法律、法规和规章，通过招标方式选定承包人。

2.招标范围及工期

2.1 本招标工程项目的发包范围详见本须知前附表第6项。

2.2 本招标工程项目的工期要求详见本须知前附表第7项。

3.资金来源

本招标工程项目资金来源详见投标须知前附表第8项，该资金用于本工程项目施工合同的支付。

4.合格的投标人

4.1 投标人资质等级要求详见本须知前附表第9项。

4.2 由两个以上的施工企业组成一个联合体以一个投标人身份共同投标时，除符合第4.1款的要求外，还应符合下列要求：

4.2.1 投标人的投标文件及中标后签署的合同协议书对联合体各方均具法律约束力。

4.2.2 联合体各方应签订共同投标协议，明确约定各方拟承担的工作和责任，并将该共同投标协议随投标文件一并提交招标人。

4.2.3 联合体各方不得再以自己的名义单独投标，也不得同时参加两个或两个以上的联合体投标，出现上述情况者，其投标和与此有关的联合体的投标将被拒绝。

4.2.4 联合体中标后，联合体各方应当共同与招标人签订合同，为履行合同向招标人承担连带责任。

4.2.5 联合体的各方应共同推荐一名联合体主办人，由联合体各方提交一份授权书，证明其主办人资格，该授权书作为投标文件的组成部分一并提交招标人。

4.2.6 联合体的主办人应被授权作为联合体各方的代表，承担责任和接受指令，并负责整个合同的全面履行和接受本工程款的支付。

4.2.7 除非另有规定或说明，本须知中"投标人"一词也包括联合体各方成员。

5. 踏勘现场

5.1 招标人将按本须知前附表第13项要求，由投标人自行对工程现场及周围环境进行踏勘，以便投标人获取有关编制投标文件和签署合同所涉及现场的资料。投标人承担踏勘现场所发生的自身费用。

5.2 招标人向投标人提供的有关现场的数据和资料，是招标人现有的能被投标人利用的资料，招标人对投标人作出的任何推论、理解和结论均不负责任。

5.3 经招标人允许，投标人可为踏勘目的进入招标人的项目现场，但投标人不得因此使招标人承担有关的责任和蒙受损失。投标人应承担踏勘现场的责任和风险。

6. 投标费用

投标人应承担其参加本招标活动自身所发生的费用。

（二）招标文件

7. 招标文件的组成

7.1 招标文件包括下列内容：

第一章　投标须知及投标须知前附表
第二章　合同主要条款
第三章　合同文件格式
第四章　技术规范
第五章　图纸
第六章　工程量清单
第七章　投标文件格式
第八章　评标方法和标准

7.2 除7.1内容外，招标人在提交投标文件截止时间15天前，以书面形式发出的对招标文件的澄清或修改内容，均为招标文件的组成部分，对招标人和投标人起约束作用。

7.3 投标人获取招标文件后，应仔细检查招标文件的所有内容，如有残缺遗漏等问题应在获得招标文件3日内向招标人提出，否则，由此引起的损失由投标人自己承担。投标人同时应认真审阅招标文件中所有的事项、格式、条款和规范要求等，若投标人的投标文件没有按招标文件要求提交全部资料，或投标文件没有对招标文件作出实质性响应，其风险由投标人自行承担，并根据有关条款规定，该投标有可能被拒绝。

8. 招标文件的澄清或者修改

8.1 投标人对招标文件有疑问的，应当在招标文件发出之日起3日内以书面形式向招标人提出澄清要求，并送至××招标有限公司。

8.2 招标文件发出后，在提交投标文件截止时间15日前，招标人可对招标文件进行必要的澄清或修改。

8.3 无论是招标人根据需要主动对招标文件进行必要的澄清或者修改，或是根据投标人的要求对招标文件作出澄清，招标人都将于投标截止时间15日前以书面形式通知所有招标文件收受人。投标人在收到该澄清文件后应于5日内，以书面形式给予确认。该澄清或者修改的内容为招标文件的组成部分，具有约束作用。

8.4 招标文件的澄清、修改、补充等内容均以书面形式明确的内容为准。当招标文件、招标文件的澄清、修改、补充等在同一内容的表述上不一致时，以最后发出的书面文件为准。

8.5 为使投标人在编制投标文件时有充分的时间对招标文件的澄清、修改、补充等内容进行研究，招标人将酌情延长提交投标文件的截止时间，具体时间将在招标文件的修改、补充通知中予以明确。

（三）投标文件的编制

9. 投标文件的语言及度量衡单位

9.1 投标文件和与投标有关的所有文件均应使用中文。

9.2 除工程规范另有规定外，投标文件使用的度量衡单位，均采用中华人民共和国法定计量单位。

10. 投标文件的组成

10.1 投标文件由投标函部分、商务部分和技术部分三部分组成。

10.2 投标函部分主要包括下列内容：

10.2.1 法定代表人身份证明书。

10.2.2 投标文件授权委托书。

10.2.3 投标函。

10.2.4 投标保函复印件。

10.2.5 招标文件要求投标人提交的其他投标资料。

10.3 商务部分主要包括下列内容：

(1)投标报价说明；

(2)投标总价；

(3)工程项目总价表；

(4)单项工程费汇总表；

(5)单位工程费汇总表；

(6)分部分项工程量清单计价表；

(7)措施项目报价表；

(8)其他项目清单计价表；

(9)零星工作项目计价表。

工程量清单填报必须按照招标人提供的工程量清单顺序和格式填写盖章，否则该投标文件将按无效处理；投标人除编写工程量清单报价外，还应提供与工程量清单填报内容、顺序、格式完全一样的光盘一套，否则按无效处理。

10.4 技术部分主要包括下列内容：

10.4.1 施工组织设计。

(1)施工总平面布置图；

(2)主要施工方法；

(3)工程投入的主要物资和施工机械设备情况、主要施工机械计划；

(4)劳动力安排计划及劳务分包情况表；

(5)确保工程质量的技术组织措施；

(6)确保安全生产的技术组织措施；

(7)确保工期的技术组织措施；

(8)确保文明施工的技术组织措施；

(9)施工总进度表或施工网络图；

(10)扬尘治理措施。

10.4.2 项目管理机构配备情况。

(1)项目管理机构配备情况表；

(2)项目经理简历表；

(3)项目技术负责人简历表；

(4)项目管理机构配备情况辅助说明资料。

10.4.3 拟分包项目情况表。

11. 投标文件格式

投标文件包括本须知第10条中规定的内容，投标人提交的投标文件应当使用招标文件所提供的投标文件全部格式(表格可以按同样格式扩展)。

12. 投标报价

12.1 本工程的投标报价采用本须知前附表第10项所规定的方式。

12.2 投标总价为投标人在投标文件中提出的各项支付金额的总和(其中投标担保费用计入投标总价)。

12.3 本工程量清单计价，应依据《建设工程工程量清单计价规范》计价。

12.4 本工程量清单采用综合单价计价。

12.5 投标报价应根据招标文件中的工程量清单和有关要求、施工现场实际情况及投标人拟定的施工组织设计，依据企业定额和市场价格信息并综合考虑各种风险自主编制报价。

12.6 除非招标人对招标文件予以修改，投标人应按招标人提供的工程量清单中列出的工程项目和工程量填报单价和合价。每一项目只允许有一个报价。任何有选择的报价将不予接受。投标人未填单价或合价的工程项目，在实施后，招标人将不予以支付，并视为该项费用已包括在其他有价款的单价或合价内。

12.7 工程量计价应包括按招标文件规定完成工程量清单所列项目的全部费用，包括分部分项工程费、措施项目费、其他项目费和规费、税金。

12.8 投标人可先到工地踏勘以充分了解工地位置、情况、道路、储存空间、装卸限制及任何其他足以影响承包价的情况，任何因忽视或误解工地情况而导致的索赔或工期延长申请将不被批准。

12.9 工程量清单漏项或设计变更引起新的工程量清单项目，其相应综合单价按《建设工程工程量清单计价规范》规定核算，由承包人提出，经发包人确认后作为结算的依据。

12.10 投标总价应按工程项目总价表合计金额填报；工程项目总价表金额应按单项工程费汇总表的合计金额填报；单项工程费汇总表的金额应按单位工程费汇总表的合计金额填报；单位工程费汇总表中的金额应分别按照分部分项工程量清单计价表、措施项目清单计价表和其他项目清单计价表的合计金额和按有关规定计算的规费、税金填报。以上填报的金额必须做到各报价之和等于总价，除非有计算错误按本招标文件第28条原则和评标委员会核对各报价与总价进行修正，否则各报价之和不等于总价或拒不接收修正的投标报价将按废标处理。

13.投标货币

本工程投标报价采用的币种为人民币。

14.投标有效期

14.1 投标有效期见本须知前附表第11项所规定的期限，在此期限内，凡符合本招标文件要求的投标文件均保持有效。

14.2 在特殊情况下，招标人在原定投标有效期内，可以根据需要以书面形式向投标人提出延长投标有效期的要求，对此要求投标人须以书面形式予以答复。投标人可以拒绝招标人这种要求，而不被没收投标担保金。同意延长投标有效期的投标人既不能要求也不允许修改其投标文件，但需要相应地延长投标担保金的有效期，在延长的投标有效期内本须知第15条关于投标担保金的退还与没收的规定仍然适用。

15.投标担保金

15.1 投标人应在提交投标文件的同时，按有关规定提交本须知前附表第12项所规定数额的投标担保金，并作为其投标文件的一部分。

15.2 投标人应按要求提交投标担保金，并采用下列任何一种形式。

15.2.1 投标担保金采用投标保函的，应为在中国境内注册并在发标前经招标人认可的银行出具的银行保函。银行保函的格式，应按照担保银行提供的格式提供。银行保函的有效期应为在投标有效期满后28天内继续有效。

15.2.2 投标担保金可以采用以下三种方式：

(1)银行汇票；

(2)支票；

(3)现金。

15.3 对于未能按要求提交投标担保金的投标，招标人将视为不响应招标文件而予以拒绝。

15.4 未中标的投标人的投标担保金，在招标人与中标人按本须知第32条规定签订合同后5个工作日内予以退还(不计利息)，但因合同签订问题导致投标担保金退还推迟时，最迟将在本须知第14条招标人规定的投标有效期或经投标人同意的延长的投标有效期期满后7日内予以退还(不计利息)。

15.5 中标人的投标担保金，在中标人按本须知第32条规定与投标人签订合同后5个工作日内予以退还(不计利息)。

15.6 如投标人发生下列情况之一时，投标担保金将被没收：

15.6.1 投标人在投标有效期内撤回其投标文件的；

15.6.2 投标人的投标文件有施工组织设计雷同或有串通投标、陪标行为的；

15.6.3 投标人拒绝按本须知第28条规定修正标价的；

15.6.4 中标人拒绝在规定期限内签订合同协议或招标人要求提交履约保证金而拒绝提交的。

16. 投标文件的份数和签署

16.1 投标人应按本须知前附表第 14 项规定的份数提交投标文件。

16.2 投标文件的正本和副本均需打印或使用不褪色的蓝、黑墨水笔书写，字迹应清晰易于辨认，并应在投标文件封面的右上角清楚地注明“正本”或“副本”。正本和副本如有不一致之处，以正本为准。

16.3 投标文件封面或扉页、投标总价、投标函及法人授权委托书均应加盖投标人法人单位公章和法定代表人印鉴。法人授权委托书及被授权委托人身份证原件在开标时提交招标人验证。法人授权委托书格式、盖章及内容均应符合要求，否则法人授权委托书无效，该投标人投标文件按无效处理。

16.4 除投标人对错误处须修改外，全套投标文件应无涂改或行间插字和增删。如有修改，修改处应由投标人加盖投标人法人单位公章。

（四）投标文件的提交

17. 投标文件的密封和标记

17.1 投标人应将所有投标文件清楚地标明“正本”或“副本”。

17.2 在投标文件密封袋上应注明以下事项：

17.2.1 写明招标人名称和地址。

17.2.2 注明下列识别标志：

(1)招标工程项目编号；

(2)工程名称；

(3)年月日时分开标，此时间以前不得开封。

17.3 除了按本须知第 17.1 款和第 17.2 款所要求的识别字样外，在投标文件密封袋上还应写明投标人的名称与地址、邮政编码，以便本须知第 20 条规定情况发生时，招标人可按密封袋上标明的投标人地址将投标文件原封退回。

17.4 如果投标文件没有按本投标须知第 17.1 款、第 17.2 款和第 17.3 款的规定加写标记及密封，招标人将不承担投标文件提前开封的责任。对由此造成提前开封的投标文件将予以拒绝，并退还给投标人。

17.5 投标文件的密封袋应加盖投标人法人单位公章作密封章。

18. 投标文件的提交

投标人应按本须知前附表第 15 项所规定的地点，于截止时间前提交投标文件。

19. 投标文件提交的截止时间

19.1 投标文件的截止时间见本须知前附表第 15 项规定。

19.2 招标人可按本须知第 8 条规定以修改补充通知的方式，酌情延长提交投标文件的截止时间。在此情况下，投标人的所有权利和义务以及投标人受制约的截止时间，均以延长后新的投标截止时间为准。

19.3 到投标截止时间止，招标人收到的投标文件少于 3 个的，招标人将依法重新组织招标。

20. 迟交的投标文件

投标人在本须知第 19 条规定的投标截止时间以后送到的投标文件将被拒绝。

21. 投标文件的补充、修改与撤回

21.1 投标人在提交投标文件以后，在规定的投标截止时间之前，可以书面形式补充修改或撤回已提交的投标文件，并以书面形式通知招标人。补充、修改的内容为投标文件的组成部分。

21.2 投标人对投标文件的补充、修改，应按本须知第 17 条有关规定密封、标记和提交，并在投标文件密封袋上清楚标明“补充、修改”或“撤回”字样。

21.3 在投标截止时间之后，投标人不得补充、修改投标文件。

21.4 在投标截止时间至投标有效期满之前，投标人不得撤回其投标文件，否则其投标担保金将被没收。

(五)开标、评标和定标

22. 投标文件的有效性

22.1 开标时投标文件有下列情形之一的，该投标文件按无效处理：

22.1.1 投标文件逾期送达的或者未送达指定地点的。

22.1.2 未按照招标文件的要求加盖密封章的。

22.1.3 投标文件封面或扉页、投标总价、投标函未加盖投标人法人单位公章和法定代表人印鉴。

22.1.4 投标人未按照招标文件的要求提供投标担保金或者投标保函的。

22.2 投标文件有下列情形之一的，由评标委员会初审后按废标处理：

22.2.1 投标函及工程量清单报价表未按规定格式填写或关键内容不全、字迹模糊、无法辨认的。

22.2.2 施工组织设计无扬尘治理措施的。

22.2.3 组成联合体投标的，投标文件未附联合体各方共同投标协议的。

22.2.4 投标人名称或项目经理、技术负责人与资格预审时不一致的。

22.2.5 投标人以他人名义投标、串通投标、投标文件雷同或者以弄虚作假等方式投标的。

22.2.6 拒绝接受按第 28 条原则修正投标报价的。

22.2.7 投标文件未实质上响应招标文件的。

23. 开标

23.1 招标人按本须知前附表第 16 项所规定的时间和地点公开开标，并邀请所有投标人参加。

23.2 按规定提交合格的撤回通知的投标文件不予开封，并退回给投标人；按本须知第 22 条规定确定为无效的投标文件，不予送交评审。

23.3 开标程序：

23.3.1 开标由招标人主持。

23.3.2 由投标人或其推选的代表检查投标文件的密封情况，也可以由招标人委托的公证机构检查并公证。

23.3.3 经确认无误后，由有关工作人员当众拆封，宣读投标人名称、投标价格和投标文件的其他主要内容。

23.4 招标人在招标文件要求提交投标文件的截止时间前收到的投标文件，开标时都将当众予以拆封、宣读。

23.5 招标人对开标过程进行记录，并存档备查。

24.评标委员会与评标

24.1 评标委员会由招标人依法组建，负责评标活动。

24.2 开标结束后，开始评标，评标采用保密方式进行。

25.评标过程的保密

25.1 开标后，直至与中标人签订合同为止，凡属于对投标文件的审查、澄清、评价和比较的有关资料以及中标候选人的推荐情况，与评标有关的其他任何情况均严格保密。

25.2 在投标文件的评审和比较、中标候选人推荐以及授予合同的过程中，投标人向招标人和评标委员会施加影响的任何行为，都将会导致其投标被拒绝。

25.3 中标人确定后，招标人不对未中标人就评标过程以及未能中标原因作出任何解释。未中标人不得向评标委员会组成人员或其他有关人员索问评标过程的情况和材料。

26.投标文件的澄清

为有助于投标文件的审查、评价和比较，评标委员会可以书面形式要求投标人对投标文件含义不明确的内容作必要的澄清或说明，投标人应采用书面形式进行澄清或说明，但不得超出投标文件的范围或改变投标文件的实质性内容。根据本须知第 28 条规定，凡属于评标委员会在评标中发现的计算错误进行核实的修改不在此列。

27.投标文件的初步评审

27.1 开标后，经招标人审查只有有效的投标文件，才能提交评标委员会进行评审。

27.2 评标时，评标委员会将首先评定每份投标文件是否在实质上响应了招标文件的要求。所谓实质上响应，是指投标文件应与招标文件的所有实质性条款、条件和要求相符，无显著差异或保留，或者对合同中约定的招标人的权利和投标人的义务方面造成重大的限制，纠正这些差异或保留将不会对其他实质上响应招标文件要求的投标文件的投标人的竞争地位产生不公正的影响。

27.3 如果投标文件实质上不响应招标文件的各项要求，评标委员会将予以拒绝，并且不允许投标人通过修改或撤销其不符合要求的差异或保留，使之成为具有响应性的投标。

28.投标文件计算错误的修正

28.1 评标委员会将对确定为实质上响应招标文件要求的投标文件进行校核，看其是否有计算或表达上的错误，修正错误的原则如下：

28.1.1 如果数字表示的金额和用文字表示的金额不一致时，应以文字表示的金额为准。

28.1.2 当单价与数量的乘积与合价不一致时，以单价为准，除非评标委员会认为单价有明显的小数点错误，此时应以标出的合价为准，并修改单价。

28.1.3 清单应按中华人民共和国国家标准《建设工程工程量清单计价规范》中第 5.2.3 项填写，否则按计价规范修正。

28.2 按上述修正错误的原则及方法由评标委员会调整或修正投标文件的投标报价，投标人同意后，调整后的投标报价为参与评标的最终报价，并对投标人起约束作用。如果投标人不接受修正后的报价，则其投标将被拒绝，按无效投标文件处理，并且其投标担保金也将被没收，并不影响评标工作。

29.投标文件的评审、比较和否决

29.1 评标委员会将按照本须知第27条规定，仅对在实质上响应招标文件要求的投标文件进行评估和比较。

29.2 在评审过程中，评标委员会可以书面形式要求投标人就投标文件中含义不明确的内容进行书面说明并提供相关材料。

29.3 评标委员会依据本须知前附表第17项规定的评标标准和方法，对投标文件进行评审和比较，向招标人提出书面评标报告，并推荐合格的中标候选人。

29.4 评标方法、标准和定标(见第八章)。

综合评估法：即最大限度地满足招标文件中规定的各项综合评价标准，将报价、施工组织设计，用综合评标的方法，评出中标人。

29.5 评标委员会经评审，认为所有投标都不符合招标文件要求的，可以否决所有投标。所有投标被否决后，招标人应当依法重新招标。

(六)合同的授予

30.合同授予标准

本招标工程的施工合同将授予按本须知第29.3款所确定的中标人。

31.中标通知书

31.1 中标人确定后，招标人将于15日内向×××市建筑工程招标办公室提交施工招标情况的书面报告。

31.2 中标结果公示3天后，招标人向中标人发放中标通知书。招标人将在发出中标通知书的同时，将中标结果以书面形式通知所有未中标的投标人。

32.合同协议书的签订

32.1 招标人向中标人发出中标通知书之日起30日内，按照招标文件和中标人的投标文件订立书面工程施工合同，招标人和中标人不再订立背离合同实质性内容的其他协议。

32.2 招标人如不按本投标须知第32.1款的规定与中标人订立合同，除双倍返还投标担保金外，还将处以中标价的千分之五的赔偿金。

32.3 中标人如不按本投标须知第32.1款的规定与招标人订立合同，则招标人将废除授标，投标担保金不予退还，给招标人造成的损失超过投标担保金数额的，还应当对超过部分予以赔偿，同时依法承担相应法律责任。

32.4 中标人应当按照合同约定履行义务，完成中标项目施工，不得将中标项目施工转让(转包)给他人。

33.其他

第二章　合同主要条款

一、合同协议书

发包人：

承包人：

依照《中华人民共和国合同法》、《中华人民共和国建筑法》及其他有关法律、行政法规，遵循平等、自愿、公平和诚实信用的原则，双方就本建设工程施工事项协商一致，订立本合同。

1. 工程概况

工程名称：

建设地点：

工程内容：

工程立项批准文号：

资金来源：

2. 工程承包范围

承包范围：

3. 合同工期

开工日期：

竣工日期：

合同工期总日历天数____天。

4. 质量标准

工程质量标准：

5. 合同价款

金额(大写)：________元(人民币)

¥：________元

6. 组成合同的文件

6.1 组成本合同的文件包括：

(1)本合同协议书；

(2)中标通知书；

(3)投标书及其附件；

(4)本合同专用条款；

(5)本合同通用条款；

(6)标准、规范及有关技术文件；

(7)图纸；

(8)工程量清单；

(9)工程报价清单。

6.2 双方有关工程的洽商、变更等书面协议或文件视为本合同的组成部分。

7. 本协议书中有关词语含义与本合同《通用条款》中的定义相同

8. 承包人向发包人承诺按照合同约定施工、竣工并在质量保修期内承担工程质量保修责任

9. 发包人向承包人承诺按照合同约定的期限和方式支付合同价款及其他应当支付的款项

10. 合同生效

10.1 合同订立时间：____年____月____日

10.2 合同订立地点：

10.3 本合同双方约定后生效。

发　包　人：(公章)　　　　承　包　人：(公章)

法定代表人：(签字)　　　　法定代表人：(签字)

委托代理人:(签字) 委托代理人:(签字)
地　　址: 地　　址:
电　　话: 电　　话:
传　　真: 传　　真:
开户银行: 开户银行:
账　　号: 账　　号:
邮政编码: 邮政编码:

二、分包

中标人可根据工程实际情况会同招标人约定对塑钢门窗、消防设备及安装、通风工程进行分包,未经招标人同意中标人不得进行分包。

三、材料供应

(1)所有用于本工程的材料都必须符合设计要求和国家规定的质量标准,并附有出厂合格证与质量检测报告;

(2)所有的材料在使用前必须征得监理单位和招标人的共同认可。未经认可不得使用。

四、承包方式

本工程承包方式:

五、工程款拨付与结算方式

施工方进场后,5 日内由招标人拨付合同价款的 10%作为工程预付款,以后每月 25 日前向招标人和监理单位申报当月完成工程量,招标人依据形象进度分期付款。工程款付至合同价款的 80%时停止拨付,全部工程竣工验收后,按规定扣除合同价款的 5%作为质量保证金后,余款结清。

质量保证金在工程竣工验收后满一年无质量问题 30 日内结清。质量保证金不计利息。

六、工程质量

(1)中标人应认真遵守施工规程、规范和国家有关验收标准,接受建设工程质量监督检测部门的检查与监督。

(2)工程竣工验收后一个月内,中标人负责将竣工资料(含分包工程资料)整理成册,一式两份送交招标人。

(3)工程保修办法执行国务院[2000]279 号令《建设工程质量管理条例》。

(4)其他按现行有关规定执行。

七、其他条款

本合同条款未尽事宜,执行《建设工程施工合同》范本(GF—1999—0201)。

第三章 合同文件格式

一、房屋建筑工程质量保修书

发包人(全称):

承包人(全称):

发包人、承包人根据《中华人民共和国建筑法》、《建设工程质量管理条例》和《房屋建筑工程质量保修办法》,经协商一致,对××学院新校区××中心工程(工程名称)签订工程质量保修书。

1.工程质量保修范围和内容

承包人在质量保修期内,按照有关法律、法规、规章规定和双方约定,承担本工程质量保修责任。

质量保修范围包括地基基础工程(扩改建部分)主体结构工程(扩改建部分),屋面防水工程、有防水要求的卫生间、房间和外墙面的防渗漏,供热与供冷系统,电气管线、给排水管道、设备安装和装修工程,以及双方约定的其他项目。具体保修的内容,双方约定如下。

2.质量保修期

2.1 双方根据《建设工程质量管理条例》及有关规定,约定本工程的质量保修期如下:

(1)地基基础工程和主体结构工程为设计文件规定的该工程合理使用年限;

(2)屋面防水工程、有防水要求的卫生间、房间和外墙面的防渗漏为5年;

(3)装修工程为2年;

(4)电气管线、给排水管道、设备安装工程为2年;

(5)供热与供冷系统为2个采暖期、供冷期;

(6)室外广场、道路等配套工程为2年。

2.2 质量保修期自工程竣工验收合格之日起计算。

3.质量保修责任

3.1 属于保修范围、内容的项目,承包人应当在接到保修通知之日起7天内派人保修。承包人不在约定期限内派人保修的,发包人可以委托他人修理。

3.2 发生紧急抢修事故的,承包人在接到事故通知后,应当立即到达事故现场抢修。

3.3 对于涉及结构安全的质量问题,应当按照《房屋建筑工程质量保修办法》的规定,立即向当地建设行政主管部门报告,采取安全防范措施;由原设计单位或者具有相应资质等级的设计单位提出保修方案,承包人实施保修。

3.4 质量保修完成后,由发包人组织验收。

4.保修费用

保修费用由造成质量缺陷的责任方承担。

5.其他

5.1 双方约定的其他工程质量保修事项:

____。

5.2 本工程质量保修书,由施工合同发包人、承包人双方在竣工验收前共同签署,作为施工合同附件,其有效期限至保修期满。

发 包 人(公章): 承 包 人(公章):

法定代表人(签字): 法定代表人(签字):

____年____月____日 ____年____月____日

第四章 技术规范

一、本工程采用的技术规范(根据工程实际,选择以下规范)

《建筑工程施工质量验收统一标准》(GB50300—2001)

1.地基基础

(1)《建筑地基基础工程施工质量验收规范》(GB50202—2002)

(2)《建筑地基处理技术规范》(JGJ79—91)

2.混凝土结构工程

(1)《混凝土结构工程施工质量验收规范》(GB50204—2002)

(2)《混凝土质量控制标准》(GB50164—92)

(3)《钢筋机械连接通用技术规程》(JGJ107—96)

3.钢结构工程

《钢结构工程施工质量验收规范》(GB50205—2001)

4.砌体结构工程

《砌体工程施工质量验收规范》(GB50203—2002)

5.屋面及设备安装工程

(1)《屋面工程质量验收规范》(GB50207—2002)

(2)《建筑电气工程施工质量验收规范》(GB50303—2002)

(3)《通风与空调工程施工质量验收规范》(GB50243—2002)

(4)《建筑给水、排水及采暖工程施工质量验收规范》(GB50242—2002)

6.其他

《建筑装修工程质量验收规范》(GB50210—2001)

二、对材料的质量和试验要求

《普通混凝土用砂质量标准及检验方法》(JGJ52—92)

三、对施工工艺的特殊要求

第五章 图纸

(略)

第六章 工程量清单(另附)

目 录

一、工程量清单说明

二、总说明

三、分部分项工程量清单表

四、措施项目清单

五、其他项目清单

六、零星工作项目表

第七章　投标文件格式

1.投标文件投标函部分(略)

2.投标文件商务部分(略)

3.投标文件技术部分(略)

第八章　评标方法和标准

一、评标定标原则

根据《中华人民共和国招标投标法》及《××省建设工程施工招标、评标、定标办法》的有关规定,坚持公开、公平、公正规范科学的原则,依法组织评标工作。维护招标工作的公正性、公平性和严肃性,特制定本评标办法。

二、评标组织

评标由招标人依法组建的评标委员会负责,评标委员会由5人组成,其中招标人或代理机构不超过三分之一,由建设单位评委担任评标委员会主任。

三、评标内容

评标内容包括:(1)商务标(即投标总报价);

(2)技术标(即施工组织设计)。

四、评标程序

(1)评委首先按招标文件要求对各投标单位的投标书进行符合性评审,确认其投标文件是否实质上响应了招标文件的要求,对实质上响应招标文件要求的投标文件可进入下一步评审,对实质上不响应招标文件的视为废标。

(2)评委对投标单位的施工组织设计或施工方案进行打分,所有评委打分的平均值为投标企业的施工组织设计或施工方案得分。

(3)本工程采用合成标底招标,由计算人根据评标办法对各投标单位的报价计算得分。

(4)正常情况下,本工程评委不再进行质询,投标单位不进行答疑,一切以投标文件为准。但如果某投标报价有异常情况时,需由评委对投标单位进行质询,投标单位答疑,由评委会提出处理意见,招标单位决定如何处理。

(5)本次招标由招标单位根据评标结果确定中标单位,得分最高者为中标单位,最高得分相同时,报价低者为中标单位。如得分第一名因故弃标,则选择第二名为中标人,依次类推。

五、评标细则

(1)各项评分标准见附表。

(2)记分中出现中间值按插入法计算得分。

(3)计算得分保留两位小数。

六、附表(各项评分标准)

1.投标总报价(标准分80分)

综合评议评标记分标准

序号	项目	标准分	评分标准
1	投标总报价	80分	在有效报价范围内，报价与终定标底一致得标准分，每高一个百分点减2分，每低一个百分点减1分，减完为止，不足一个百分点按插值法计算。

说明：(1)终定标底＝投标人有效报价的平均值；

(2)本工程上栏标价为________万元；

(3)投标报价有效范围为：上栏标价的93%～100%，超出此范围的报价为无效报价；

(4)本招标工程不保证最低报价中标。

2.施工组织设计（标准分20分）

序号	项目	评议标准		得分
1	施工部署及平面布置（2分）	科学合理	1.5—2.0分	
		可　　行	1.0—1.49分	
		欠 合 理	0.5—0.99分	
2	施工方案及主要技术措施（3分）	科学合理	2.5—3.0分	
		可　　行	1.5—2.49分	
		欠 合 理	1.0—1.49分	
3	施工工期、施工进度计划及工期保证措施（3分）	措施合理	2.5—3.0分	
		措施一般	1.5—2.49分	
		措施欠合理	1.0—1.49分	
4	质量目标及保证措施（3分）	项目班子强	2.5—3.0分	
		项目班子一般	1.5—2.49分	
		项目班子弱	1.0—1.49分	
5	投入本工程主要机械设备（3分）	合理可靠	2.5—3.0分	
		一　　般	1.5—2.49分	
		措施欠得力	1.0—1.49分	
6	项目班子组成情况（2分）	项目班子强	1.5—2.0分	
		项目班子一般	1.0—1.49分	
		项目班子弱	0.5—0.99分	
7	安全生产文明施工措施（2分）	措施合理	1.5—2.0分	
		措施一般	1.0—1.49分	
		措施欠得力	0.5—0.99分	
8	扬尘治理措施（2分）	措施得力可靠	1.5—2.0分	
		措施一般	1.0—1.49分	
		措施欠得力	0.5—0.99分	
合计				

评委签字：

说明：(1)评分应客观公正。

(2)以上各项凡缺项者该项评分为零分。

案例 2-1

背景：某大型水利工程项目中的引水系统由某电网公司委托某技术进出口公司组织施工公开招标，确定的招标程序如下：①成立招标工作小组；②编制招标文件；③发布招标邀请书；④对报名参加投标者进行资格预审，并将审查结果通知各申请投标者；⑤向合格的投标者分发招标文件及设计图纸、技术资料等；⑥建立评标组织，制定评标定标办法；⑦召开开标会议，审查投标书；⑧组织评标，决定中标单位；⑨发出中标通知书；⑩签订承发包合同。

问题：(1)上述招标程序有何不妥之处，请加以指正。

(2)在哪两步之间应增加"组织投标单位踏勘现场，并就招标文件进行答疑"。

答案：(1)第 3 步"发布招标邀请书"应为"发布招标公告(通告)"，因为是公开招标方式，不是邀请招标。

(2)应增加"组织投标单位踏勘现场，并就招标文件进行答疑"。在第 5 步与第 6 步之间。

案例 2-2

某建设项目概算已批准，项目已列入地方年度固定资产投资计划，并得到规划部门批准，根据有关规定采用公开招标确定招标程序如下，如有不妥，请改正。

①向建设部门提出招标申请；②得到批准后，编制招标文件，招标文件中规定外地区单位参加投标需垫付工程款，垫付比例可作为评标条件，本地区单位不需要垫付工程款；③对申请投标单位发出招标邀请函(4 家)；④投标文件递交；⑤由地方建设管理部门指定有经验的专家与本单位人员共同组成评标委员会，为得到有关领导支持，各级领导占评标委员会的 1/2；⑥召开投标预备会由地方政府领导主持会议；⑦投标单位报送投标文件时，A 单位在投标截止时间之前 3 小时，在原报方案的基础上，又补充了降价方案，被招标方拒绝；⑧由政府建设主管部门主持，公证处人员派人监督，召开开标会，会议上只宣读三家投标单位的报价(另一家投标单位退标)；⑨由于未进行资格预审，故在评标过程中进行资格审查；⑩评标后评标委员会将中标结果直接通知了中标单位；⑪中标单位提出因主管领导生病等原因 2 个月后再签订承包合同。

答案：(1)第 2 条不公正；

(2)第 5 条评标专家从专家库中抽取，技术与经济专家占总人数的 2/3；

(3)第 6 条召开投标预备会应由招标单位代表主持；

(4)第 7 条不应拒绝；

(5)第 8 条应宣读退标单位名称；

(6)第 10 条评标委员会将中标结果报请建设主管部门批准后，才能将中标结果通知中标单位；

(7)第 11 条中标单位接到中标通知后应在 30 天内与招标单位签订承包合同，不能以不正当理由推迟签约时间。

本章小结

本章主要从建设工程招标的角度，详细讲述了建设工程施工招标、勘察设计招标、监理招标、物资采购招标、政府采购招标过程中可以选择的招标方式，招标的具体运作程序及内容；全面阐述了建设工程编制招标文件时应包含的内容，建设工程标底的编制步骤及要求，建设工程招标评标的方法等内容。本章提供了建设工程施工招标文件的编制实例以供参考。

思考题

1. 简述建设工程招标的含义及招标范围。

2. 简述建设工程招标过程中的主要阶段。

3. 请比较设计招标与施工招标的异同。

4. 何谓建设工程监理？简述其范围。

5. 简述建设工程材料、设备招标范围、方式和程序。

6. 请以5人为一个小组，收集某建筑工程项目的有关资料，参照本章第四节或其他有关工程招标案例，编写一份完整的招标文件。

7. 背景：某国家重点建设项目，已通过招标审批手续，拟采用邀请招标方式进行招标。以下为在施工招标文件中规定的部分内容：

(1)投标准备时间为15天；

(2)投标单位在收到招标文件后，若有问题需澄清，应在投标预备会以后以书面形式向招标单位提出，招标单位以书面形式单独进行解答；

(3)明确了投标保证金的数额和支付方式。

为便于投标人提出问题并得到解决，招标单位将勘察现场和投标预备会安排到同一天进行。投标预备会由评标委员会组织并主持召开。

各投标单位经过调研、收集资料，编制了投标文件，在规定的时间内递交评标委员会，准备评标。

请学生思考并回答下列问题：

①该项目采用邀请招标是否正确？说明理由。

②施工招标文件规定的部分内容有何不妥之处？并逐一改正。

③勘察现场和投标预备会的安排是否合理？如不合理应怎样安排？

④投标预备会由评标委员会组织是否妥当？如不妥当，应由谁组织？

⑤投标文件的递交程序是否正确？如不正确，请改正？

答案：

①该项目采用邀请招标方式不正确。理由：该项目为国家重点项目，应采取公开招标。

②施工招标文件中的不妥之处和改正之处：

a. 不妥之处：投标准备时间为15天。

改正：投标准备时间不得少于20天。

b. 不妥之处：如有问题需澄清应在投标预备会之后提出。

改正：应在投标预备会之前提出。

③勘察现场和投标预备会安排在同一天不合理。

正确安排：勘察现场一般安排在投标预备会的前1～2天。

④投标预备会由评标委员会组织不合理，应该由招标单位组织并主持召开。

⑤投标文件的递交程序不正确。

改正：投标单位应将投标文件递交招标人或招标代理机构。

第三章 建设工程投标

本章学习要点

1. 了解建设工程投标的基本概念
2. 掌握建设工程施工投标文件编制的方法、投标工作的内容、投标报价分析
3. 熟悉投标程序,初步掌握投标报价技巧
4. 了解建设工程勘察设计、监理、材料和设备投标文件及程序

第一节 建设工程投标概述

建设工程投标是指投标人(卖方或工程承包商)按照招标人规定的条件、在规定的时间和地点向招标人作出承诺以争取中标的行为。

建设工程的投标包括建设工程勘察、设计、施工、监理以及与工程建设有关的设备、材料的采购等,投标的实质是卖方的竞争。本书主要介绍建设工程施工投标。

建设施工投标的投标人是响应施工招标,参与投标竞争的施工企业,同时投标人应具备相应的施工资质,并在工程业绩、技术管理能力、项目经理资格条件、公司财务状况等方面满足招标文件的要求。

一、投标人应具备的条件

建设工程施工投标人应具备以下条件:

(1)投标人应该是可以经营建筑安装施工的法人单位或其他组织,而且还必须持有国家有关主管部门批准并登记注册的建设工程施工资质。

(2)投标人应具备承担招标项目的能力。因为招标工程项目的规模、结构、标准、施工技术条件的要求不同,所以对投标人的资质等级、技术管理能力、施工业绩和财务状况会有相应的要求,才能保证工程项目的顺利进展。

(3)国家、行业相关规定或者招标文件对投标人资格条件有规定的,投标人还应具备其他相关的资格条件。对于一些大型工程建设项目、国家重点工程或有特殊技术要求的项目,如大型水电站、高速公路、核电站等工程项目,除要求施工承包商具备一定的资质条件外,还会要求投标人具备同项目本身特点相关的资格条件,如承建过类似大型工程、具有特殊的施工资质、拥有特殊的施工机械设备、获得过鲁班奖、财务状况良好。当参加这类投标时必须具有相应的资质证书和相应的工作经验和业绩证明才能成为投标人。

(4)两个以上法人或者其他组织可以组成一个联合体,以一个投标人的身份共同投标。

联合体作为投标人应具备以下条件：

①联合体各方均应具备完成招标项目的相应能力。

②国家有关规定或者招标文件对投标人资格条件有规定的，联合体各方均应具备规定的相应资格条件。

③由同一专业的单位组成的联合体，按照资质等级较低的单位确定资质等级。

④联合体各方应当签订共同投标协议，明确约定各方拟承担的工作和相应的责任，并将共同投标协议连同投标文件一并提交招标人。若中标，联合体各方应当共同与招标人签订合同，就中标项目向招标人承担责任，但是共同投标协议另有约定的除外。

⑤联合体应该指定一家联合体成员作为主办人，由联合体各成员法定代表人签署提交一份授权书，证明其主办人资格。

⑥参加联合体的各成员不得再以自己的名义单独投标，也不得同时参加两个和两个以上的联合体投标。

二、投标人应遵守的基本规则

建设工程施工投标人在投标时，必须遵守以下基本规则：

(1)投标人应当按照招标文件的要求编制投标文件，投标文件应当对招标文件提出的要求和条件作出实质性响应。招标文件的实质性要求包括招标项目的技术、对投标人资格审查的标准、投标报价要求、评标标准和合同条件等。

(2)投标人编制的投标文件的内容应当包括投标报价，施工组织设计，拟派出的项目经理和主要技术管理人员的简历、业绩和拟用于完成招标项目的主要机械设备等。

(3)投标人根据招标文件载明的项目实际情况，拟在项目中标后将中标项目的部分非主体、非关键性工作交由他人完成的，应当在投标文件中载明。

(4)投标人应当在招标文件所要求提交投标文件的截止时间前，将投标文件送达投标地点。招标人收到投标文件后，应当签收保存，不得开启。招标人对招标文件要求提交投标文件的截止时间后收到的投标文件，应当原样退还，不得开启。

(5)投标人在招标文件要求提交投标文件的截止时间前，可以补充、修改或者撤回已提交的投标文件，并书面通知招标人，补充、修改的内容为投标文件的组成部分。

(6)投标人不得相互串通投标报价，不得排挤其他投标人的公平竞争，损害招标人或者他人的合法权益。

(7)投标人不得以低于成本的报价竞标，也不得以他人名义投标或者以其他方式作假，骗取中标。

第二节　建设工程施工投标程序

建设工程施工投标是法制性、政策性很强的工作，必须依照特定的程序进行。这在《中华人民共和国招标投标法》和《房屋建筑和市政基础设施工程施工招标投标管理办法》中都有严格规定，将这些规定和实际工作相结合，总结为如图 3－1 所示的投标程序。

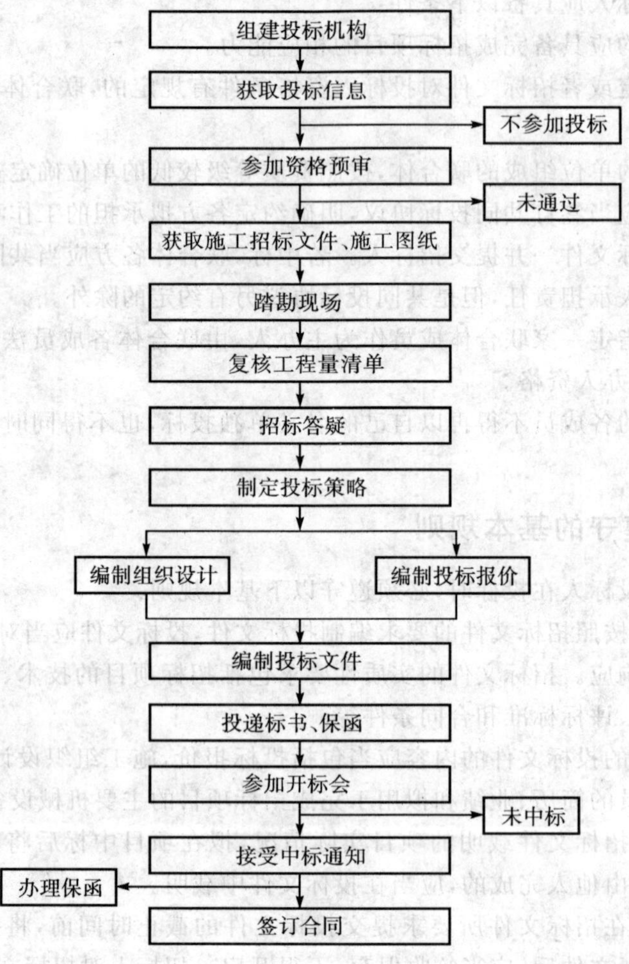

图 3-1　建筑工程施工投标程序

一、投标项目的选择

(一)收集投标信息

收集并跟踪项目投标信息是市场经营人员的重要工作,经营人员应建立广泛的信息网络,不仅要关注各招标机构公开的招标公告和公开发行的报刊、网络,还要建立与建设管理行政部门、建设单位、设计院、咨询机构的良好关系,以便尽早了解建设项目的信息,为项目投标工作早作准备。

工程项目投标活动中,需要收集的信息涉及面很广,其主要内容可以概括为以下几个方面:

1.项目的自然环境

项目的自然环境主要包括:工程所在地的地理位置和地形、地貌;气象状况,包括气温、湿度、主导风向、平均降水量;洪水、台风及其他自然灾害状况等。

2.项目的市场环境

项目的市场环境主要包括:建筑材料、施工机械设备、燃料、动力、供水和生活用品的供应情况、价格水平,还包括近年批发物价、零售物价指数以及今后的变化趋势和预测;劳务市场情况，如工人技术水平、工资水平、有关劳动保护和福利待遇的规定等；金融市场情况，如银行贷款的难易程度以及银行利率等。

3.项目的社会环境

投标人首先应当了解与项目有关的政治形势、国家政策等，即国家对该项目采取鼓励政策还是限制政策，同时还应了解在招标投标活动中以及在合同履行过程中有可能适用的法律。

4.竞争环境

掌握竞争对手的情况，是投标策略中的一个重要环节，也是投标人参加投标能否获胜的重要因素，主要工作是分析竞争对手的实力和优势、在当地的信誉；了解对手的投标报价的动态，与业主之间的人际关系。掌握竞争对手的情况以便同相权衡，从而分析自己取胜的可能性和制定相应的投标策略。

5.项目方面的情况

工程项目方面的情况包括：工作性质、规模、发包范围；工程的技术规模和对材料性能及工人技术水平的要求；总工期及分批竣工交付使用的要求；施工场地的地形、地质、地下水位、交通运输、给排水、供电、通信条件的情况；工程项目资金来源；对购买器材和雇佣工人有无限制条件；工程价款的支付方式；监理工程师的资历、职业道德和工作作风等。

6.业主的信誉

业主的信誉包括业主的资信情况、履约态度、支付能力，在其他项目上有无拖欠工程款的情况，对实施的工程需求的迫切程度，以及对工程的工期、质量、费用等方面的要求等。

7.投标人自身情况

投标人对自己内部情况、资料也应当进行归档管理，这类资料主要用于招标人要求的资格审查和本企业履行项目的可能性，包括反映本单位的技术能力、管理水平、信誉、工程业绩等各种资料。

8.有关报价的参考资料

有关报价的参考资料如当地近期的类似工程项目的施工方案、报价、工期及实际成本等资料，同类已完工程的技术经济指标，本企业承担过类似工程项目的实际情况。

我国招标信息发布部分指定媒介名单见表3-1。

表3-1 我国招标信息发布部分指定媒介名单

国家发改委指定媒介	《中国日报》、《中国经济导报》、《中国建设报》、中国采购与招标网
北京市指定媒介	《人民日报》、《中国日报》、中国采购与招标网、北京投资平台
天津市指定媒介	《今晚报》、天津市招标投标网
重庆市指定媒介	《重庆商报》、重庆市建设项目及招标网
四川省指定媒介	《四川日报》、四川建设网
河北省指定媒介	《河北日报》、《河北工人报》、《河北经济日报》、河北省招标投标综合网
新疆维吾尔自治区指定媒介	《新疆日报》、《新疆经济报》、新疆信息网
江苏省指定媒介	《中国日报》、《中国经济导报》、《中国建设报》、《江苏经济报》、中国采购与招标网、中国招标网

(二)投标决策

投标决策是企业经营活动中的重要环节,它关系到投标人能否中标及中标后的经济效益,所以应该引起高度重视。建设工程投标决策内容一般来说主要包括两个方面:一是对是否参加投标进行决策;二是对如何投标进行决策。

在获取招标信息后,承包商决定是否投标应综合考虑以下几个方面的情况:

(1)承包招标项目的可能性与可行性,即是否有能力承包该项目,能否抽调出管理力量、技术力量参加项目实施,竞争对手是否有明显优势。

(2)招标项目的可靠性,如项目审批是否已经完成,资金是否已经落实等。

(3)招标项目的承包条件是否有额定的要求或风险。

(4)影响中标机会的内部、外部因素等。

一般来说,凡有下列情况之一的承包商应该放弃投标:

(1)工程规模、技术要求超过本企业技术等级的项目;

(2)本企业业务范围和经营能力之外的项目;

(3)本企业在手的承包任务比较饱满,而招标工程的风险较大的项目;

(4)本企业技术等级、经营、施工水平明显不如竞争对手的项目。

在选择工程投标项目时,只有综合考虑各方面因素后,才能作出正确的投标决策。

当选择工程投标项目时综合考虑各方面因素后,可用权数计分评价法、决策树法等方法进行选择。

权数计分评价法就是对影响决策的不同因素设定权重,对不同的投标工程的这些因素评分,最后加权平均得出总分,选择得分最高者。表 3-2 通过权数计分评价法,可以对某一投标招标项目投标机会作出评价,即利用本公司过去的经验确定一个$\sum W\times C$值,例如 0.6 以上即可投标;还可以利用该表同时对若干个项目进行评分,对可以考虑投标的项目选择$\sum W\times C$值最高的项目作为重点,投入足够的投标资源。注意,选择投标项目时注意不能单纯看$\sum W\times C$值,还要分析权数大的指标有几个、分析重要指标的等级,如果太低,则不宜投标。

表 3-2 权数计分评价法选择投标项目表

投标考虑的指标	权数(W)	等级(C)					指标得分($W\times C$)
		好	较好	一般	较差	差	
管理条件	0.15		0.8				0.12
技术水平	0.15	1.0					0.15
机械设备实力	0.05	1.0					0.05
对风险的控制能力	0.15			0.6			0.09
实现工期的可能性	0.10			0.6			0.06
资金支付条件	0.10		0.8				0.08
与竞争对手实力比较	0.10				0.4		0.04
与竞争对手投标积极性比较	0.10		0.8				0.08
今后的机会	0.05				0.4		0.02
劳务和材料条件	0.05	1.0					0.05
$\sum W\times C$							0.74

决策树法是决策者构建出问题的结构，将决策过程中可能出现的状态及其概率和产生的结果，用树枝状的图形表示出来，便于分析、对比和选择。决策树是以方框和圆圈为结点，方框结点代表决策点，圆圈点代表机会点，用直线连接而成的一种树状结构图，每条树枝代表该方案可能的一种状态及其发生的概率大小。决策树的绘制从左到右，最左边的机会点中，概率和最大的机会点所代表的方案为最佳方案。

案例 3-1

某投标单位面临A、B两项工程投标，因条件限制只能选择其中一项工程投标，或者两项工程均不投标。根据过去类似工程投标的经验数据，A工程投高标的中标概率为0.3，投低标的中标概率为0.6，编制投标文件的费用为3万元；B工程投高标的中标概率为0.4，投低标的中标概率为0.7，编制投标文件的费用为2万元。各方案承包的概率及损益情况如表3-3所示。试运用决策树法进行投标决策。

表3-3 各投标方案概率及损益表

方案	中标概率	损益值(万元)
A高	0.3	105
A低	0.6	64
B高	0.4	82
B低	0.7	26

分析

运用决策树分析决策时需注意：

(1)不中标概率为1减去中标概率。

(2)不中标的损失费用为编制投标文件的费用。

(3)绘制决策树是自左向右，而计算时自右向左。各机会点的期望值结果应标在该机会点上方。

答案

决策图，见图3-2。

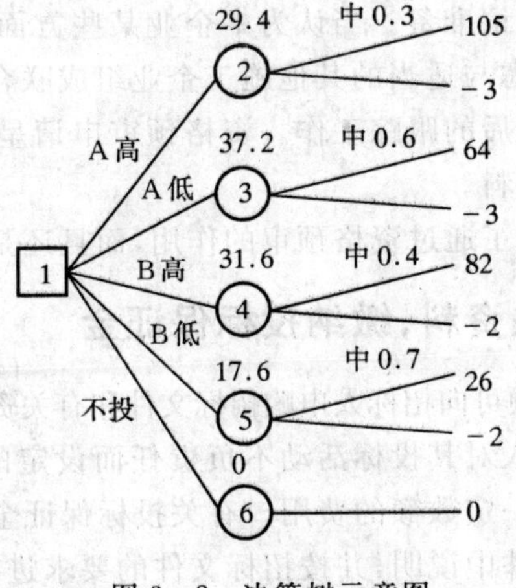

图3-2 决策树示意图

点②:105×0.3－3×0.7＝29.4(万元)

点③:64×0.6－3×0.4＝37.2(万元)

点④:82×0.4－2×0.6＝31.6(万元)

点⑤:26×0.7－2×0.3＝17.6(万元)

点⑥:0

因为点③的期望值最大,故应投A工程低标。

二、准备和提交资格预审资料

资格预审是投标人投标过程中需要通过的第一关。参加一个工程招标的资格预审,应做好准备全力以赴,力争通过预审,成为可以投标的合格投标人。

资格预审时常用的资料主要包括:

(1)公司营业执照、组织机构代码证书、资质证书、资信等级证书及其复印件;

(2)公司简介;

(3)业绩证明(合同文件、中标通知书、工程验收证书、获奖证书、证明文件、照片等相关文件);

(4)在建工程概况;

(5)主要管理和技术人员简历和资质证书;

(6)机械设备概况表。

投标人申请资格预审时应注意如下问题:

(1)应注意资格预审有关资料的积累工作。平时要将一般资格预审的有关资料保存为电子文档,并随时更新,进行整理,以备今后填写资格预审申请文件之用。对于公司业绩和企业简介最好印成精美画册。此外,公司每竣工一项工程,应请项目业主和有关政府职能部门开具证明工程质量良好等的证明文件,作为业绩的有力证明,如有各种奖状或ISO9000认证书,应备有彩色图片及复印件。总之,资格预审所需资料应平时有目的地积累,不能临时拼凑,否则可能会因达不到业主要求而失去中标机会。

(2)加强填表时的分析。填表时的分析既要针对工程项目的特点,下工夫填好重点部分,又要反映出本公司的施工经验、施工水平和施工组织能力,这些往往是业主考虑的重点。

(3)注意收集项目建设信息。在本企业拟发展经营业务的地区,注意收集信息,发现可投标的项目,并做好资格预审的申请准备。当认为本企业某些方面难以满足投标要求(资金、技术水平、经验、年限等),则应考虑与适当的其他施工企业组成联合体来参加资格预审。

(4)做好递交资格预审申请后的跟踪工作。资格预审申请呈交后,应注意信息跟踪工作,以便发现不足之处,及时补送资料。

总之,资格预审文件不仅起了通过资格预审的作用,而且还是企业重要的宣传资料。

三、购领招标文件和有关资料,缴纳投标保证金

投标人经资格审查合格后,便可向招标人申购招标文件和有关资料,同时要缴纳投标保证金。

投标保证金是为防止投标人对其投标活动不负责任而设定的一种担保形式,是招标文件中要求投标人向招标人缴纳的一定数额的费用。有关投标保证金的具体内容如下:

(1)缴纳方法:应在招标文件中说明,并按招标文件的要求进行。

(2)形式:一般来说,投标保证金可以采用现金,也可以采用支票、银行汇票还可以是银行出具的保函。银行保函的格式应符合招标文件中提出的格式要求。

(3)额度:根据工程投资大小由业主在招标文件中确定。在国际上,投标保证金的数额较高,一般设定在投资总额的1%~5%。我国的投标保证金数额,一般不超过投标总价的2%,但最高不得超过80万元人民币。

(4)有效期:为直到签订合同或提供履约保函为止,通常为3~6个月,一般应超过投标有效期的30天。

投标人应当按照招标文件要求的方式和金额,将投标保证金随投标文件提交给招标人。投标人不按招标文件要求提交投标保证金的,该投标文件将被拒绝,做废标处理。

四、组织投标班子,委托投标代理人

投标人在通过资格审查,购领了招标文件和有关资料后,就要按招标文件确定的投标准备时间着手开展各项投标准备工作。

投标准备时间是指从开始发放招标文件之日起至投标截止时间为止的期限,由招标人根据工程项目的具体情况确定,一般为28天之内。

投标班子一般应包括下列三类人员:

(1)经营管理人员。这类人员一般是从事工程承包经营管理的行家里手,熟悉工程投标活动的筹划和安排,具有相当高的决策水平。

(2)专业技术类人员。这类人员是从事各类专业工程技术的人员,如建筑师、监理工程师、建造师、造价工程师等。

(3)商务金融类人员。这类人员是从事有关金融、贸易、财税、保险、会计、采购、合同、索赔等项工作的人员。

还可以委托投标代理人开展各项工作,投标代理人的一般职责,主要有以下几方面:

(1)向投标人传递并帮助分析招标信息,协助投标人办理、通过招标文件所要求的资格审查;

(2)以投标人名义参加招标人组织的有关活动,能够传递投标人与招标人之间的信息;

(3)提供当地物资、劳动力、市场行情及商业活动经验,提供当地有关政策法规咨询服务,协助投标人做好投标书的编制工作,帮助递交投标文件;

(4)在投标人中标时,协助投标人办理各种证件申领手续,做好有关承包工程的准备工作;

(5)按照协议的约定收取代理费用,通常情况下,如代理人协助投标人中标的,所收的代理费用会高些,一般为合同总价的1%~3%。

五、参加踏勘现场和投标预备会

投标人拿到招标文件后,应进行全面细致的调查研究。如有疑问或不清楚的问题需要招标人予以澄清和解答的,应在收到招标文件后7日内以书面形式向招标人提出。

投标人在去现场踏勘之前,应先仔细研究招标文件有关内容和各项要求,特别是招标文件中的工作范围、专业条款以及设计图纸和说明等,然后有针对性地拟订出踏勘提纲,确定重点需要澄清和解答的问题,做到心中有数。投标人参加现场踏勘的费用,由投标人自己承担。招标人一般在招标文件发出后,就着手考虑投标人进行现场踏勘等准备工作,并在现场踏勘中对投标人给予必要的协助。

投标人进行现场踏勘的内容，主要包括以下几个方面：

(1)工程的范围、性质以及与其他工程之间的关系；

(2)投标人参与投标的那一部分工程与其他承包商或分包商之间的关系；

(3)现场地貌、地质、水文、气候、交通、电力、水源等情况，有无障碍物等；

(4)进出现场的方式，现场附近有无食宿条件、料场开采条件，其他加工条件，设备维修条件等；

(5)项目所在地的社会经济状况(安全、环保、物价、收入等)。

投标预备会，又称答疑会、标前会议，一般在现场踏勘之后1～2天内举行。答疑会的目的是解答投标人对招标文件和在现场中提出各种问题，并对图纸进行交底和解释。答疑会也可以不举行，招标人采用书面答复的形式对投标人所提问题进行回答。所有问题的解答，将邮寄或传真给所有投标人，由此而产生的对招标文件内容的修改，将成为招标文件的组成部分，对于双方均具有法律约束力。

在质疑过程中，投标人主要对影响造价和施工方案的疑问进行澄清，但对于对自己有利的模糊不清、模棱两可的情况，可以故意不提出澄清，以利于灵活报价。

六、制定投标策略

在对投标项目、招标文件、竞争对手进行了全面的研究分析后，就可以根据自身的情况决定投标的策略，这关系到如何报价，如何进行施工组织设计。建设工程投标策略与技巧详见本章第四节描述。

七、编制投标文件

经过现场踏勘和投标准备会后，投标人可以着手编制投标文件。投标人着手编制和递交投标文件的具体步骤和要求主要如下：

1.结合现场踏勘和投标准备会的结果，进一步分析招标文件

招标文件是编制投标文件的主要依据，因此，必须结合已获取的有关信息，认真细致地加以分析研究，特别是要重点研究其中的投标须知、专业条款、设计图纸、工程范围及工程量表等，要弄清到底有没有特殊要求或具体有哪些特殊要求。

2.校核招标文件中的工程量清单

投标人是否校核招标文件中的工程量清单或校核得是否准确，直接影响到投标报价和中标机会，因此，投标人应该认真对待。通过校核工程量，投标人大体确定了工程总报价之后，估计某些项目工程量可能增加或减少，就可以相应地提高或降低单价。如发现工程量有重大出入的，特别是漏项的，可以找招标人核对并给予书面确认。这对于总价固定合同来说，尤其重要。

3.根据工程类型编制施工规划或施工组织设计

施工规划或施工组织设计的内容，一般包括：施工程序，方案，施工方法，施工进度计划，施工机械、材料、设备的选定和临时生产、生活设施的安排，劳动力计划，以及施工现场平面和空间的布置。

施工规划或施工组织设计的编制依据，主要是：设计图纸、技术规划、复核完成的工程量，招标文件要求的开工、竣工日期，以及对市场材料、机械设备、劳动力价格的调查。编制施工规划或施工组织设计，要在保证工期和工程质量的前提下，尽可能使成本最低、利润最大。

4. 根据工程价格构成进行工程估价，确定利润方针，计算和确定报价

投标报价是投标的一个核心环节，投标人要根据工程价格构成对工程进行合理估价，确定切实可行的利润方针，正确计算和确定投标报价。但投标人不得以低于成本的报价竞标。

5. 形成、制作投标文件

投标文件应完全按照招标文件的各项要求编制，投标文件应当对招标文件提出的实质性要求和条件作出响应，一般不能带任何附加条件，否则将导致投标无效。

6. 递送投标文件

递送投标文件，也称递标，是指投标人在招标文件要求提交投标文件的截止日期前，将所有准备好的投标文件密封送达投标地点。招标人收到投标文件后，应当签收保存，不得开启。

投标人在递交投标文件以后、投标截止日期之前，可以对所递交的投标文件进行补充、修改或撤回，并书面通知招标人。但投标人所递交的补充、修改或撤回通知必须按招标文件的规定编制、密封和标志。投标截止以后，在投标有效期内，投标人不得撤回投标文件，否则其投标保证金将被没收。

八、出席开标会议，参加评标期间的澄清会谈

投标人在编制、递交了投标文件后，要积极准备出席开标会议。参加开标会议对投标人来说既是权利，也是义务。按照国际惯例，投标人不参加开标会议，视为弃权，其投标文件将不予启封，不予唱标，不允许参加评标。投标人参加开标会议，要注意投标文件是否被正确启封、宣读，对于被错误地认定为无效的投标文件或唱标出现的错误，应当场提出异议。

在评标期间，评标组织要求澄清投标文件中不清楚问题的，投标人应积极予以说明、解释、澄清。对于投标文件中出现的不清楚的问题一般可以采用向投标人发出书面质询，由投标人书面作出说明或澄清的方式，也可以采用召开澄清会的方式。澄清会是评标组织为有助于对投标文件的审查、评价和比较，而个别地要求投标人澄清其投标文件(包括单价分析表)而召开的会议。在澄清会上，评标组织有权对投标文件中不清楚的问题，向投标人提出询问。有关澄清的要求和答复，最后均应以书面形式进行。所说明、澄清和确认的问题，经招标人和投标人双方签字后，作为投标书的组成部分。在澄清会谈中，投标人不得更改标价、工期等实质性内容，开标后和定标前提出的任何修改声明或附加优惠条件，一律不得作为评标的依据。但评标组织依照投标须知规定，对确定为实质上响应招标文件要求的投标文件进行校核时发现的计算上或累计上的计算错误允许改正。

九、接受中标通知书，签订合同，提供履约担保，分送合同副本

经评标，投标人被确定为中标人，应接受招标人发出的中标通知书。未中标的投标人有权要求招标人退还其投标保证金。中标人收到中标通知书，应在规定的时间和地点与招标人签订合同。在合同正式签订之前，应先将合同草案报招投标管理机构审查。经审查后，中标人与招标人在规定的期限内签订合同。规定的期限最长不能超过 30 天，按照约定的具体时间和地点，根据《中华人民共和国合同法》等有关规定，依据招标文件、投标文件的要求和中标的条件签订合同。同时按照招标文件的要求，提交履约担保或履约保函，招标人同时退还中标人的投标保证金。中标人如拒绝在规定的时间内提交履约担保和签订合同，招标人可在报请招投标管理机构批准同意后取消其中标资格，并按规定不退还其投标保证金，并考虑在其余投标人中

重新确定中标人,与之签订合同或重新招标。中标人与招标人正式签订合同后,应按要求将合同副本分送有关部门备案。

第三节　建设工程施工投标文件的编制

一、投标文件的组成

建设工程投标文件是招标人判断投标人是否参加投标的依据,也是评标委员会进行评审和比较的对象,中标的投标文件还和招标文件一起成为招标人和中标人订立合同的法定依据,因此,投标人必须高度重视建设工程投标文件的编制和提交工作。

建设工程投标文件,是工程投标人单方面阐述自己响应招标文件要求,旨在向招标人提出愿意订立合同的意思表示,是投标人确定、修改和解释有关投标事项的各种书面表达形式的统称。

投标文件一般由下列内容组成:

(1)投标函;

(2)投标函附录;

(3)投标保证金;

(4)法定代表人资格证明书;

(5)法人授权委托书;

(6)具有标价的工程量清单与报价表;

(7)辅助资料表;

(8)资格审查表(资格预审的不采用);

(9)对招标文件中的合同协议条款内容的确认和响应;

(10)施工组织设计;

(11)招标文件规定提交的其他资料。

投标人必须使用招标文件提供的投标文件表格格式,但表格可以按同样格式扩展。招标文件中拟定的供投标人投标时填写的一套投标文件格式,主要有投标函及其附录、工程量清单与报价表、辅助资料表。

二、编制投标文件的步骤

投标人在领取招标文件以后,就要进行投标文件的编制工作。编制投标文件的一般步骤是:

(1)熟悉招标文件、图纸、资料,对图纸、资料有不清楚、不理解的地方,可以用书面或口头方式向招标人询问、澄清;

(2)参加招标人施工现场情况介绍和答疑会;

(3)调查当地材料供应和价格情况;

(4)了解交通运输条件和有关事项;

(5)编制施工组织设计,复查、计算图纸工程量;

(6)编制或套用投标单价;

(7)计算取费标准或确定采用取费标准;

(8)计算投标造价;

(9)核对调整投标造价；

(10)确定投标报价。

三、编制投标文件的注意事项和无效投标文件

编制投标文件应注意以下几点：

(1)投标人编制投标文件时必须使用招标文件提供的投标文件表格格式，但表格可以按同样格式扩展。投标保证金、履约保证金的交纳方式，按招标文件有关条款的规定可以选择。投标人根据招标文件的要求和条件填写投标文件的空格时，凡要求填写的空格都必须填写，不能空着不填，否则，即被视为放弃意见。实质性的项目或数字，如工期、质量等级、价格等未填写的，将被视为无效或作废的投标文件处理。

(2)应当编制的投标文件“正本”仅一份，“副本”则按招标文件前附表所述的份数提供，同时要明确标明“投标文件正本”和“投标文件副本”字样。投标文件“正本”和“副本”如有不一致之处，以“正本”为准。投标文件正本与副本均应使用不能擦去的墨水打印或书写，各种投标文件的填写都要字迹清晰、端正，补充设计图纸要整洁、美观。

(3)所有投标文件均由投标人的法定代表人签署、加盖印鉴，并加盖法人单位公章。

(4)填报投标文件应反复校核，保证分项和汇总计算均无错误。全套投标文件均应无涂改和行间插字，除非这些删改是根据招标人要求进行的，或者是投标人造成的必须修改的错误。修改处应由投标文件签字人签字证明并加盖印鉴。

(5)如招标文件规定投标保证金为合同总价的某个百分比时，开投标保函不要太早，以防泄漏己方报价。但有的投标商提前开出并故意加大保函金额，以麻痹竞争对手的情况也是存在的。

(6)投标人应将投标文件的正本和每份副本分别密封在内层包封，再密封在一个外层包封中，并在内层包封上正确标明“投标文件正本”和“投标文件副本”。内层和外层包封都应写明招标人名称和地址、合同名称、工程名称、招标编号，并注明开标时间以前不得开封。在内层包封上还应写明投标人的名称与地址、邮政编码，以便投标出现逾期送达时能原封退回。如果内外层包封没有按上述规定密封并加写标志，招标人将不承担投标文件错放或提前开封的责任，由此造成的提前开封的投标文件将被拒绝，并退还给投标人。投标文件递交至招标文件前附表所述的单位和地址。

投标文件有下列情形之一的，在开标时将被作为无效或作废的投标文件，不能参加评标：

(1)投标文件未按规定标志、密封的；

(2)未经法定代表人签署或未加盖投标人公章或未加盖法定代表人印鉴的；

(3)未按规定的格式填写，内容不全或字迹模糊辨认不清的；

(4)投标截止时间以后送达的投标文件。

投标人在编制投标文件时应特别注意，以免被判为无效标而前功尽弃。

四、技术标的编制

工程建设项目施工投标的技术标主要是编制施工组织设计、确定施工方案。

1. 施工组织设计的基本概念

施工组织设计是指导拟建工程施工全过程各项活动的技术、经济和组织的综合性文件。

施工组织设计要根据国家的有关技术政策和规定、业主的要求、设计图纸和组织施工的基本原则，从拟建工程施工全局出发，结合工程的具体条件，合理地组织安排，采用科学的管理方法，不断地改进施工技术，有效地使用人力、物力，安排好时间和空间，以期达到耗工少、工期短、质量高和造价低的最优效果。

在投标过程中，必须编制施工组织设计，这项工作对于投标报价影响很大。但投标时所编制的施工组织设计其深度和范围都比不上接到施工任务后由项目部编制的施工组织设计，因此，投标时所编制的施工组织设计是初步的施工组织设计。如果中标，需再编制详细而全面的施工组织设计。初步的施工组织设计一般包括进度计划和施工方案等。招标人将根据施工组织设计的内容评价投标人是否采取了充分和合理的措施，保证按期完成工程施工任务。另外，施工组织设计对投标人也是十分重要的，因为进度安排是否合理，施工方案选择是否恰当，对工程成本与报价有密切关系。

编制一个好的施工组织设计可以大大降低标价，提高竞争力。编制的原则是在保证工期和工程质量的前提下，尽可能使工程成本最低，投标价格合理。

2.施工组织设计的编制原则

在编制施工组织设计时，应根据施工的特点和以往积累的经验，遵循以下几项原则：

(1)认真贯彻国家对工程建设的各项方针和政策，严格执行建设程序。历史经验表明：凡是遵循基本建设程序，基本建设就能顺利进行；否则，不但会造成施工的混乱，影响工程质量，而且还可能会造成严重的浪费或工程事故。因此，认真执行基本建设程序，是保证建筑安装工程顺利进行的重要条件。另外在工程建设过程中，必须认真贯彻执行国家对工程建设的有关方针和政策。

(2)科学地编制进度计划，严格遵守招标文件中要求的工程竣工时间及交付使用期限。

(3)遵循建筑施工工艺和技术规律，合理安排工程施工程序和施工顺序。

(4)在选择施工方案时，要积极采用新材料、新设备、新工艺和新技术，努力为新结构的推行创造条件；要注意结合工程特点和现场条件，使技术的先进适用性和经济合理性相结合，防止单纯追求先进而忽视经济效益的做法；还要符合施工验收规范、操作规程的要求和遵守有关防火、保安及环卫等规定，确保工程质量和施工安全。

(5)对于那些必须进入冬、雨季施工的工程项目，应落实季节性施工措施，保证全年施工生产的连续性和均衡性。

(6)尽量利用正式工程、已有设施，减少各种临时设施；尽量利用当地资源，合理安排运输、装卸与储存作业，减少物资运输量，避免二次搬运；精心进行场地规划布置，节约施工用地，不占或少占农田。

(7)必须注意根据构件的种类、运输和安装条件以及加工生产的水平等因素，通过技术经济比较，恰当地选择预制方案或现场浇注方案。确定预制方案时，应贯彻工厂预制与现场预制相结合的方针，取得最佳的经济效果。

(8)充分利用现有机械设备，扩大机械化施工范围，提高机械化水平。在选择施工机械过程中，要进行技术经济比较，使大型机械和中、小型机械结合起来，使机械化和半机械化结合起来，尽量扩大机械化施工范围，提高机械化施工程度。同时要充分发挥机械设备的生产率，保持作业的连续性，提高机械设备的利用率。

(9)要贯彻“百年大计、质量第一”和预防为主的方针,制定质量保证的措施,预防和控制影响工程质量的各种因素。

(10)要贯彻安全生产的方针,制定安全保证措施。

3. **施工组织设计的编制依据**

施工组织设计应以工程对象的类型和性质、建设地区的自然条件和技术经济条件及企业收集的其他资料等作为编制依据。主要应包括:

(1)工程施工招标文件、复核过的工程量清单及开工、竣工的日期要求;

(2)施工组织总设计对所投标工程的有关规定和安排;

(3)施工图纸及设计单位对施工的要求;

(4)建设单位可能提供的条件和水电等的供应情况;

(5)各种资源的配备情况如机械设备来源、劳动力来源等;

(6)施工现场的自然条件、现场施工条件和技术经济条件资料;

(7)有关现行规范、规程等资料。

4. **施工组织设计的编制程序**

施工组织设计是施工企业控制和指导施工的文件,必须结合工程实体,内容要科学合理。在编制前应会同各有关部门及人员,共同讨论和研究施工的主要技术措施和组织措施。施工组织设计的编制程序如图 3-3 所示。

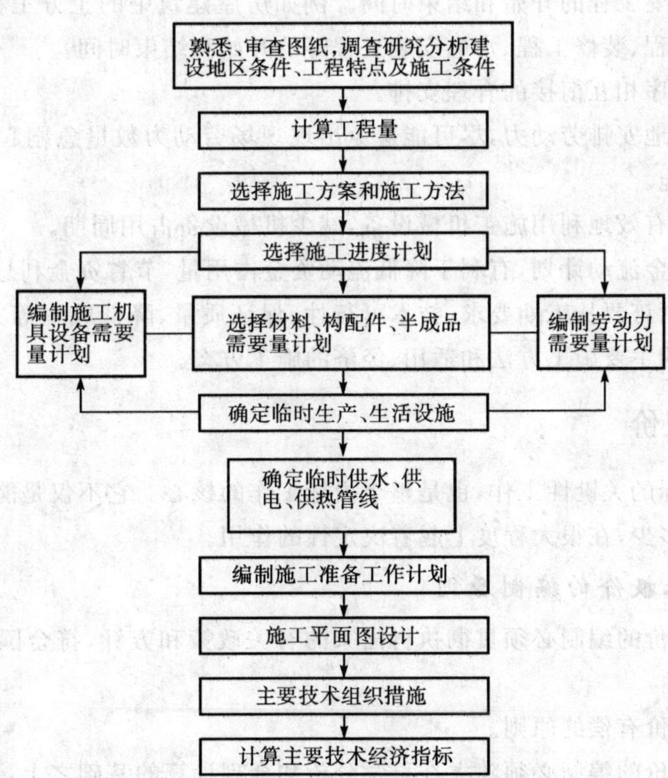

图 3-3 施工组织设计的编制程序

5.施工组织设计的主要内容

施工组织设计的主要内容有工程概况、施工方案、施工进度计划、施工平面图和各项保证措施等。

投标文件中施工组织设计一般应包括:综合说明;施工现场平面布置项目管理班子主要管理人员;劳动力计划;施工进度计划;施工进度,施工工期保证措施;主要施工机械设备;基础施工方案和方法;基础质量保证措施;基础排水和防沉降措施;地下管线、地上设施、周围建筑物保护措施;主体结构主要施工方法或方案和措施;主体结构质量保证措施;采用新技术新工艺专利技术;各种管道、线路等非主体结构质量保证措施;各工序的协调措施;冬雨季施工措施;施工安全保证措施;现场文明施工措施;施工现场保护措施;施工现场维护措施;工程交验后服务措施等内容。

6.编制施工组织设计的注意事项

在投标阶段编制的进度计划不是施工阶段的工程施工计划,可以粗略一些。一般用横道图表示即可,除招标文件专门规定必须用网络图以外,不一定采用网络计划。但应考虑和满足以下要求:

(1)总工期符合招标文件的要求,如果合同要求分期、分批竣工交付使用,则应标明分期、分批交付使用的时间和数量。

(2)标明各项主要工程的开始和结束时间。例如房屋建筑中的土方工程、基础工程、混凝土结构工程、屋面工程、装修工程、水电安装工程等的开始和结束时间。

(3)体现主要工序相互衔接的合理安排。

(4)基本上均衡地安排劳动力,尽可能避免出现现场劳动力数量急剧起落,这样可以提高工效和节省临时设施。

(5)有利于充分有效地利用施工机械设备,减少机械设备占用周期。

(6)便于编制资金流动计划,有利于降低流动资金占用量,节省资金利息。

而施工方案的制订要从工期要求、技术可行性、保证质量、降低成本等方面综合考虑。选择和确定各项工程的主要施工方法和适用、经济的施工方案。

五、施工投标报价

工程报价是投标的关键性工作,也是整个投标工作的核心。它不仅是能否中标的关键,而且对中标后的赢利多少,在很大程度上起着决定性的作用。

(一)工程投标报价的编制原则

(1)工程投标报价的编制必须贯彻执行国家的有关政策和方针,符合国家的法律、法规和公共利益。

(2)认真贯彻等价有偿的原则。

(3)工程投标报价的编制必须建立在科学分析和合理计算的基础之上,要较准确地反映工程价格。

(二)影响投标报价计算的主要因素

认真计算工程价格，编制好工程报价是一项很严肃的工作。采用哪一种计算方法进行计价应视工程招标文件的要求。但不论采用哪一种方法都必须抓住编制报价的主要因素。

1. 工程量

工程量是计算报价的重要依据。多数招标单位在招标文件中均附有工程实物量。因此，必须进行全面的或者重点的复核工作，核对项目是否齐全、工程做法及用料是否与图纸相符，重点核对工程量是否正确，以求工程量数字的准确性和可靠性。在此基础上再进行套价计算。另一种情况就是标书中根本没给工程量数字，在这种情况下就要组织人员进行详细的工程量计算工作，即使时间很紧迫也必须进行计算。否则，影响编制报价。

2. 单价

工程单价是计算标价的又一个重要依据，同时又是构成标价的第二个重要因素。单价的正确与否，直接关系到标价的高低。因此，必须十分重视工程单价的制定或套用。制定的根据：一是国家或地方规定的预算定额、单位估价表及设备价格等；二是人工、材料、机械使用费的市场价格。

3. 其他各类费用的计算

其他各类费用是构成报价的第三个主要因素。这个因素占总报价的比重是很大的，少者占20%～30%，多者占40%～50%左右。因此，应重视其计算。

为了简化计算，提高工效，可以把所有的各种费用都折算成一定的系数计入报价中去。计算出直接费后再乘以这个系数就可以得出总报价了。

工程报价计算出来以后，可用多种方法进行复核和综合分析。然后，认真详细地分析风险、利润、报价让步的最大限度，而后参照各种信息资料以及预测的竞争对手情况，最终确定实际报价。

(三)工程投标报价计算的依据

(1)招标文件，包括工程范围、质量、工期要求等；

(2)施工图设计图纸和说明书、工程量清单；

(3)施工组织设计；

(4)现行的国家、地方的概算指标或定额和预算定额、取费标准、税金等；

(5)材料预算价格、材差计算的有关规定；

(6)工程量计算的规则；

(7)施工现场条件；

(8)各种资源的市场信息及企业消耗标准或历史数据等。

(四)工程投标报价的费用构成

工程投标报价的费用构成主要有直接费、间接费、利润、税金以及不可预见费等，如图3-4所示。

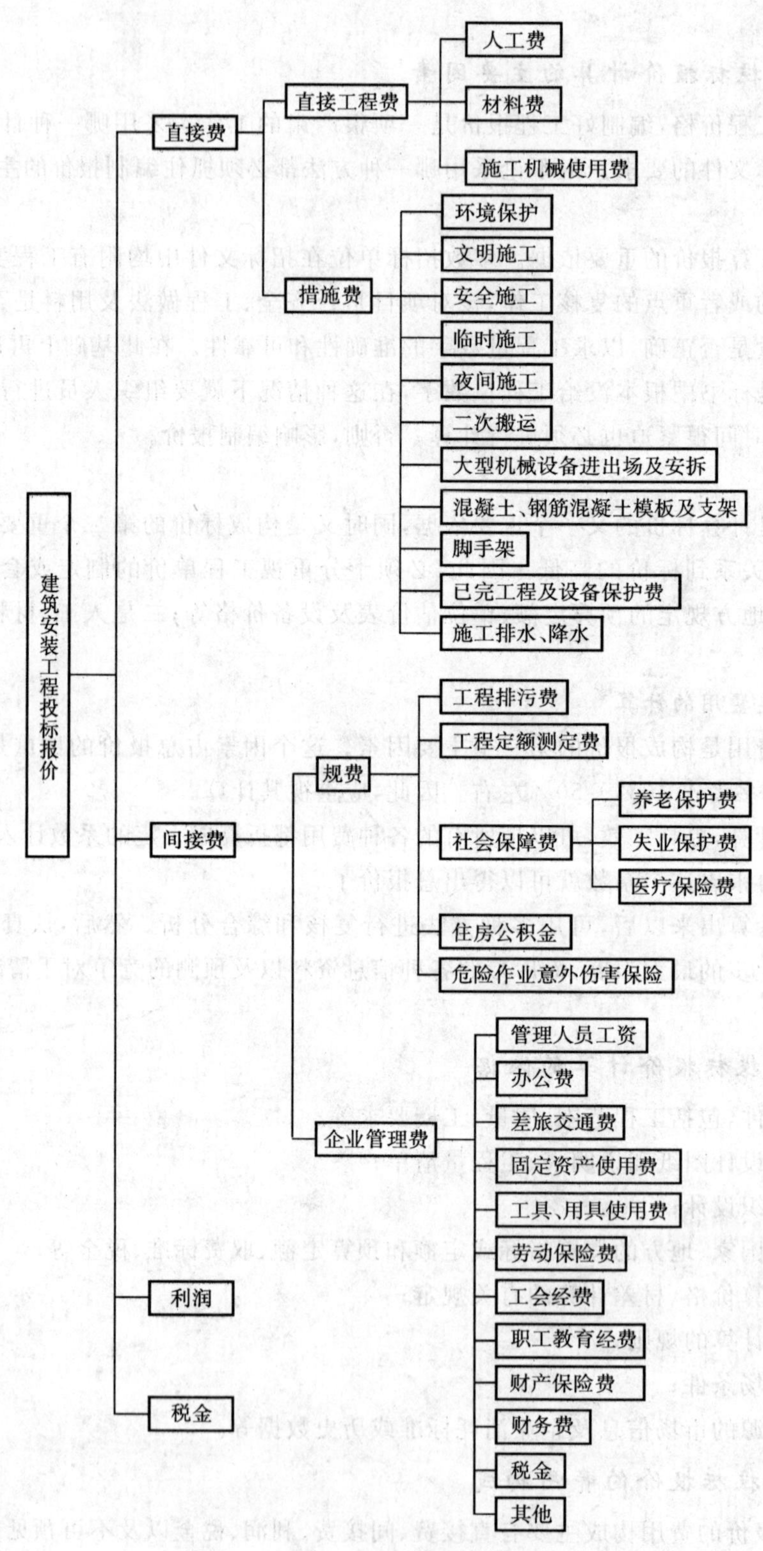

图 3－4　工程投标报价的费用构成

(五)各项费用的计算

1. 直接费

直接费由直接工程费、措施费组成。

(1)直接工程费。直接工程费是指在施工过程中耗费的构成工程实体的和有助于工程形成的各项费用,它包括人工费、材料费和施工机械使用费。

①人工费。人工费是指直接从事建筑安装工程施工的生产工人开支的各项费用。构成人工费的基本要素有两个,即人工工日消耗量和日工资单价。

A. 概预算定额中的人工工日消耗量。预算定额中人工工日消耗量是指在正常施工生产条件下,生产单位假定建筑安装产品(即分部分项工程或结构件)必须消耗的某种技术等级的人工工日数量。它由分项工程所综合的各个工序施工劳动定额包括的基本用工、其他用工以及施工劳动定额同预算定额工日消耗量的幅度差三部分组成,构成人工定额消耗量。

B. 生产工人的日工资单价的组成。生产工人的日工资单价由生产工人基本工资、生产工人工资性补贴、生产工人辅助工资、职工福利费、生产工人劳动保护费组成。

人工费的基本计算公式为:

$$\text{人工费}=\sum(\text{工日消耗量}\times\text{日工资单价})$$
$$=\sum(\text{工程量}\times\text{人工定额消耗量}\times\text{日工资单价})$$

②材料费。材料费是指工程施工过程中耗用的构成工程实体的原材料、辅助材料、构配件、零件、半成品的费用。材料费主要包括:

A. 材料原价(或供应价)。

B. 材料运杂费,是指材料自来源地运至工地仓库或指定堆放地点所发生的全部费用。

C. 运输损耗费,是指材料在运输装卸过程中不可避免的损耗。

D. 采购及保管费,是指为组织采购、供应和保管材料过程中所需要的各项费用,包括采购费、仓储费、工地保管费、仓储损耗。

E. 检验试验费,是指对建筑材料、构件和建筑安装物进行一般鉴定,检查所发生的费用,包括自设试验室进行试验所耗用的材料和化学药品等费用。

$$\text{材料费}=\sum(\text{材料消耗量}\times\text{材料基价})+\text{检验试验费}$$
$$=\sum(\text{工程量}\times\text{材料定额消耗量}\times\text{材料基价})+\text{检验试验费}$$

a. 材料定额消耗量。材料定额消耗量是指在合理和节约使用材料的条件下,生产单位假定建筑安装产品(即分部分项工程或结构件)必须消耗的一定品种规格的材料、半成品、构配件等的数量标准。它包括材料净耗量和不可避免损耗量。

b. 材料基价。

$$\text{材料基价}=(\text{材料原价}+\text{运杂费})\times(1+\text{运输损耗率})\times(1+\text{采购保管费率})$$

c. 检验试验费。

$$\text{检验试验费}=\sum(\text{单位材料量检验试验费}\times\text{材料消耗量})$$

③施工机械使用费。施工机械使用费是指施工机械作业所发生的机械使用费以及机械安拆费和场外运费。构成施工机械使用费的基本要素是机械台班消耗量和机械台班价格。

A. 概预算定额中的机械台班消耗量。概预算定额中的机械台班消耗量是指在正常施工条件下,生产单位假定建筑安装产品(分部分项工程或结构件)必须消耗的某类某种型号施工机械的台班数量。它由分项工程综合的有关工序施工定额确定的机械台班消耗量以及施工定额同预算定额的机械台班幅度差组成。

B.机械台班价格。机械台班价格包括折旧费、大修理费、经常修理费、安拆费及场外运输费、燃料动力运输费、人工费(指机械司机、司炉和其他操作人员的工作日工资以及上述人员在机械规定的年工作台班以外的基本工资和工资性质的津贴)和运输机械养路费等组成。

施工机械使用费的基本计算公式为:

$$施工机械使用费=\sum(工程量\times机械定额台班消耗量\times机械台班价格)$$

(2)措施费。措施费主要包括:

①环境保护费,是指施工现场为达到环境保护部门要求所需要的各项费用。

$$环境保护费=直接工程费\times环境保护费费率(\%)$$

②文明施工费,是指施工现场文明施工所需要的各项费用。

$$文明施工费=直接工程费\times文明施工费费率(\%)$$

③安全施工费,是指施工现场安全施工所需要的各项费用。

$$安全施工费=直接工程费\times安全施工费费率(\%)$$

④临时设施费,是指施工企业为进行建筑工程施工所必须搭设的生活和生产用的临时建筑物、构筑物和其他临时设施费用等。

临时设施包括:临时宿舍、文化福利及公用事业房屋与构筑物,仓库、办公室、加工厂以及规定范围内道路、水、电、管线等临时设施和小型设施。

临时设施费用包括临时设施的搭设、维修、拆除费或摊销费。临时设施费由以下三部分组成:周转使用临建(如活动房屋)、一次性使用临建(如简易建筑)和其他临时设施(如临时管线)。

$$临时设施费=(周转使用临建费+一次性使用临建费)\times[1+其他临建设施所占比例(\%)]$$

⑤夜间施工增加费,是指因夜间施工所发生的夜班补助费、夜间施工降效、夜间施工设备摊销及照明用电等费用。

$$夜间施工增加费=(1-\frac{合同工期}{定额工期})\times直接工程费中的人工费合计\times\frac{每工日夜间施工费开支}{平均日工资单价}$$

⑥二次搬运费,是指施工场地狭小等特殊情况而发生的二次搬运费用。

$$二次搬运费=直接工程费\times二次搬运费费率(\%)$$

⑦大型机械设备进出场及安拆费,是指机械整体或分体自停放场地运至施工现场或由一个施工地点运至另一个施工地点,所发生的机械进出场运输转移费用及机械在施工现场进行安装、拆卸所需的人工费、材料费、机械费、试运转费和安装所需的辅助设施的费用。

$$大型机械设备进出场及安拆费=一次进出场及安拆费\times年平均安拆次数/年工作台班$$

⑧混凝土、钢筋混凝土模板及支架费,是指混凝土施工过程中需要的各种钢模板、木模板、支架等的支、拆、运输费用及模板、支架的摊销(或租赁)费用。

$$模板及支架费=模板摊销量\times模板价格+支、拆、运输费$$

$$摊销量=一次使用量\times(1+施工损耗率)\times[1+(周转次数-1)\times补损率/周转次数-(1-补损率)\times50\%/周转次数]$$

$$租赁费=模板使用量\times使用日期\times租赁价格+支、拆、运输费$$

⑨脚手架费,是指施工需要的各种脚手架搭、拆、运输费用及脚手架的摊销(或租赁)费用。

脚手架搭拆费＝脚手架摊销量×脚手架价格＋支、拆、运输费

脚手架摊销量＝单位一次使用量×(1－残值率)/耐用期÷一次使用期

租赁费＝脚手架每日租金×搭设周期＋支、拆、运输费

⑩已完工程及设备保护费，是指竣工验收前，对已完工程及设备进行保护所需费用。

已完工程及设备保护费＝成品保护所需机械费＋材料费＋人工费

⑪施工排水、降水费，是指为确保工程在正常条件下施工，采取各种排水、降水措施所发生的各种费用。

施工排水、降水费＝∑排水降水机械台班费×排水降水周期＋排水降水使用材料费、人工费

2. 间接费

(1)间接费的组成。

①规费。规费包括：

a. 工程排污费，是指施工现场按规定缴纳的工程排污费。

b. 工程定额测定费，是指按规定支付工程造价(定额)管理部门的定额测定费。

c. 社会保障费，包括以下费用：

养老保险费，是指企业按规定标准为职工缴纳的基本养老保险费。

失业保险费，是指企业按照国家规定标准为职工缴纳的失业保险费。

医疗保险费，是指企业按照规定标准为职工缴纳的基本医疗保险费。

d. 住房公积金，是指企业按照规定标准为职工缴纳的住房公积金。

e. 危险作业意外伤害保险，是指按照建筑法规定，企业为从事危险作业的建筑安装施工人员支付的意外伤害保险费。

②企业管理费。企业管理费包括：

a. 管理人员的工资，是指管理人员的基本工资、工资性补贴、职工福利费、劳动保护费。

b. 办公费，是指企业管理办公用的文具、纸张、账表、印刷、邮电、书报、会议、水电、烧水和集体取暖(包括现场临时宿舍取暖)用煤等费用。

c. 差旅交通费，是指职工因公出差、调动工作的差旅费，驻勤补助费，市内交通费和午餐补助费，职工探亲路费，劳动力招募费，职工离退休、退职一次性路费，工伤人员就医路费，工地转移费以及管理部门使用的交通工具的油料、燃料、养路费及牌照费。

d. 固定资产使用费，是指管理和试验部门及附属生产单位使用的属于固定资产的房屋、设备仪器等的折旧、大修、维修或租赁费。

e. 工具、用具使用费，是指管理使用的不属于固定资产的生产工具、器具、家具、交通工具和检验、试验、测绘、消防用具等的购置、维修和摊销费。

f. 劳动保险费，是指由企业支付离退休职工的易地安家补助费，职工退职金，6个月以上的病假人员工资，职工死亡丧葬补助费、抚恤费，按规定支付给离休干部的各项经费。

g. 工会经费，是指企业按职工工资总额计算的工会经费。

h. 职工教育经费，是指企业为职工学习先进技术和提高文化水平，按职工工资总额计提的费用。

i. 财产保险费，是指施工管理用财产、车辆保险费。

j. 财务费，是指企业为筹集资金而发生的各种费用。

k. 税金，是指企业按规定缴纳的房产税、车船使用税、土地使用税、印花税等。

l. 其他费用，包括技术转让费、技术开发费、业务招待费、绿化费、广告费、公证费、法律顾问费、审计费、咨询费等。

(2)间接费的计算。间接费的计算方法按取费基数的不同分为以下三种：

①以直接费为计算基础：

间接费＝直接费合计×间接费费率(%)

②以人工费和机械费合计为计算基础：

间接费＝人工费和机械费合计×间接费费率(%)

③以人工费为计算基础：

间接费＝人工费合计×间接费费率(%)

间接费费率＝规费费率(%)＋企业管理费费率(%)

3. 利润

利润是指施工企业完成所承包工程获得的赢利。

4. 税金

税金是指国家税法规定的应计入建筑安装工程造价内的营业税、城乡维护建设税及教育费附加。

营业税的税额为营业额的3%。其中营业额是指从事建筑、安装、修缮、装饰及其他工程作业收取的全部收入，还包括建筑、修缮、装饰工程所用原材料及其他物资和动力的价款，当安装为设备的价值作为安装工程产值时，亦包括所安装设备的价款。但建筑业的总承包人将工程分包给他人的，其营业额中不包括付给分包人的价款。

城乡维护建设税原名城市维护建设税，它是国家为了加强城乡的维护建设，扩大和稳定城市、乡镇维护建设资金来源，而对有经营收入的单位和个人征收的一种税。城乡维护建设税的纳税人所在地为市区的，按营业税的7%征收；所在地为县镇的，按营业税的5%征收；所在地在农村的，按营业税的1%征收。

对建筑安装企业征收的教育费附加，税额为营业税的3%。

(六)工程施工投标报价的编制

1. 工程量清单计价模式下的报价编制

根据自2008年12月1日起实施的《建设工程工程量清单计价规范》(GB50500—2008)进行投标报价。依据招标人在招标文件中提供的工程量清单计算投标报价。

(1)工程量清单计价的投标报价的构成。工程量清单计价的投标报价由应包括按招标文件规定完成工程量清单所列项目的全部费用，包括分部分项工程费、措施项目费、其他项目费、规费和税金。

工程报价＝分部分项工程费＋措施项目费＋其他项目费＋规费＋税金

工程量清单应采用综合单价计价。综合单价指完成一个规定计量单位的分部分项工程量清单项目或措施清单项目所需的人工费、材料费、施工机械使用费和企业管理费与利润，以及一定范围内的风险费用。

①分部分项工程费是指完成“分部分项工程量清单”项目所需的工程费用。投标人根据企业自身的技术水平、管理水平和市场情况填报分部分项工程量清单计价表中每个分项的综合单价，每个分项的工程数量与综合单价的乘积即为合价，再将合价汇总就是分部分项工程费。

②措施项目费是指为完成工程项目施工，发生于该工程施工前和施工过程中技术、生活、安全等方面的非工程实体项目所需的费用。措施项目如表 3－4 所示。

表 3－4 通用措施项目一览表

序号	项目名称
1	安全文明施工（含环境保护、文明施工、安全施工、临时设施）
2	夜间施工
3	二次搬运
4	冬雨季施工
5	大型机械设备进出场及安拆
6	施工排水
7	施工降水
8	地上、地下设施，建筑物临时保护设施
9	已完工程及设备保护

其金额应根据拟建工程的施工方案或施工组织设计及其综合单价确定。

③其他项目费是指分部分项工程费和措施项目费以外的在工程项目施工过程中可能发生的其他费用。其他项目清单包括招标人部分和投标人部分。

a. 招标人部分包括暂列金额、暂估价。这是招标人按照估算金额确定的。

暂列金额指招标人在工程量清单中暂定并包括在合同价款中的一笔款项，是用于施工合同签订时尚未确定或者不可预见的所需材料、设备、服务的采购，施工中可能发生的工程变更、合同约定调整因素出现时的工程价款调整以及发生的索赔、现场签证确认等的费用。

暂估价指招标人在工程量清单中提供的用于支付必然发生但暂时不能确定的材料的单价以及专业工程的金额。

b. 投标人部分包括计日工、总承包服务费。

计日工指在施工过程中，完成发包人提出的施工图纸以外的零星项目或工作，按合同中约定的综合单价计价。

总承包服务费指总承包人为配合协调发包人进行的工程分包自行采购的设备、材料等进行管理、服务以及施工现场管理、竣工资料汇总整理等服务所需的费用。

④规费和税金。

(2)工程量清单计价投标报价表的编制。

①封面及扉页。

a. 封面形式：

______________________________工程

工程量清单报价表

投标人：______________________________（单位签字盖章）

法定代表人：__________________________（签字盖章）

造价工程师及注册证书号：________________（签字盖执业专用章）

编制时间：________________

b. 扉页形式：

投标总价

招 标 人：________________

工程名称：________________

投标总价(小写)：________________

(大写)：________________

投 标 人：________________

（单位盖章）

法定代表人

或其授权人：________________

（签字或盖章）

编制人：________________

（造价人员签字盖专用章）

编制时间：____年____月____日

②工程项目投标报价汇总表，见表3－5。

表3－5　工程项目投标报价汇总表

工程名称：　　　　　　　　　　　　　　　　　　　　　　　第　页共　页

序号	单项工程名称	金额(元)	其中		
			暂估价(元)	安全文明施工费(元)	规费(元)
	合　计				

③单项工程投标报价汇总表,见表3-6。

表3-6 单项工程投标报价汇总表

工程名称: 第 页共 页

序号	单位工程名称	金额(元)	其中		
			暂估价(元)	安全文明施工费(元)	规费(元)
合计					

④单位工程投标报价汇总表,见表3-7。

表3-7 单位工程投标报价汇总表

工程名称: 标段: 第 页共 页

序号	汇总内容	金额(元)	其中:暂估价(元)
1	分部分项工程		
1.1			
1.2			
1.3			
1.4			
1.5			
⋮			
2	措施项目		
2.1	安全文明施工费		
3	其他项目		
3.1	暂列金额		
3.2	专业工程暂估价		
3.3	计日工		
3.4	总承包服务费		
4	规费		
5	税金		
投标报价合计=1+2+3+4+5			

⑤分部分项工程量清单与计价表，见表3-8。

表3-8　分部分项工程量清单与计价表

工程名称：　　　　　　　　　　　　标段：　　　　　　　　　　　　第　页共　页

序号	项目编码	项目名称	项目特征描述	计量单位	工程量	金额（元）		
						综合单价	合价	其中：暂估价
本页小计								
合　计								

⑥措施项目清单计价表，见表3-9、表3-10。

表3-9　措施项目清单与计价表(一)

工程名称：　　　　　　　　　　　　标段：　　　　　　　　　　　　第　页共　页

序号	项目名称	计算基础	费率(%)	金额(元)
1	安全文明施工费			
2	夜间施工费			
3	二次搬运费			
4	冬雨季施工			
5	大型机械设备进出场及安拆费			
6	施工排水			
7	施工降水			
8	地上、地下设施、建筑物的临时保护设施			
9	已完工程及设备保护			
10	各专业工程的措施项目			
11				
12				
合　计				

注：本表适用于以“项”计价的措施项目。

表 3-10　措施项目清单与计价表(二)

工程名称：　　　　　　　　　　　　标段：　　　　　　　　　　　　第　页共　页

序号	项目编码	项目名称	项目特征描述	计量单位	工程量	金额(元)	
						综合单价	合价
本页小计							
合　计							

注：本表适用于以综合单价形式计价的措施项目。

⑦其他项目清单计价表，见表 3-11。

表 3-11　其他项目清单与计价汇总表

工程名称：　　　　　　　　　　　　标段：　　　　　　　　　　　　第　页共　页

序号	项目名称	计量单位	金额(元)	备注
1	暂列金额			
2	暂估价			
2.1	材料暂估价			
2.2	专业工程暂估价			
3	计日工			
4	总承包服务费			
合　计				—

注：材料暂估单价进入清单项目综合单价，此处不汇总。

⑧暂列金额明细表，见表 3－12。

表 3－12　暂列金额明细表

工程名称：　　　　　　　　　　　　标段：　　　　　　　　　　　　第　页共　页

序号	项目名称	计量单位	暂定金额(元)	备注
1				
2				
3				
4				
5				
6				
7				
8				
9				
10				
11				
合　计				—

⑨计日工表，见表 3－13。

表 3－13　计日工表

工程名称：　　　　　　　　　　　　标段：　　　　　　　　　　　　第　页共　页

编号	项目名称	单位	暂定数量	综合单价	合价
一	人　工				
1					
2					
3					
4					
人工小计					
二	材　料				
1					
2					
3					
4					
5					
6					
材料小计					
三	施工机械				
1					
2					
3					
4					
施工机械小计					
总　计					

⑩总承包服务费计价表，见表3－14。

表3－14 总承包服务费计价表

工程名称： 标段： 第 页共 页

序号	项目名称	项目价值（元）	服务内容	费率（%）	金额（元）
1	发包人发包专业工程				
2	发包人供应材料				

⑪规费、税金项目清单与计价表，见表3－15。

表3－15 规费、税金项目清单与计价表

工程名称： 标段： 第 页共 页

序号	项目名称	计算基础	费率（%）	金额（元）
1	规费			
1.1	工程排污费			
1.2	社会保障费			
(1)	养老保险费			
(2)	失业保险费			
(3)	医疗保险费			
1.3	住房公积金			
1.4	危险作业意外伤害保险			
1.5	工程定额测定费			
2	税金	分部分项工程费＋措施项目费＋其他项目费＋规费		
合计				

⑫分部分项工程量清单综合单价分析表，见表3－16。

表3－16 分部分项工程量清单综合单价分析表

工程名称： 第 页共 页

序号	项目编码	项目名称	工程内容	综合单价组成					综合单价
				人工费	材料费	机械使用费	管理费	利润	

⑬措施项目费分析表，见表3-17。

表3-17　措施项目费分析表

工程名称：　　　　　　　　　　　　　　　　　　　　　　　　第　页共　页

序号	措施项目名　　称	单位	数量	金额（元）					
				人工费	材料费	机械使用费	管理费	利润	小计
	小计								

⑭主要材料价格表，见表3-18。

表3-18　主要材料价格表

工程名称：　　　　　　　　　　　　　　　　　　　　　　　　第　页共　页

序号	材料编码	材料名称	规格、型号等特殊要求	单位	单价（元）

（3）工程量清单计价格式填写规定。

①工程量清单计价格式应由投标人填写。

②封面应按规定内容填写、签字、盖章。

③投标总价应按工程项目总价表合计金额填写。

④工程项目总价表。表中单项工程名称应按单项工程费汇总表的工程名称填写。表中金额应按单项工程费汇总表的合计金额填写。

⑤单项工程费汇总表。表中单位工程名称应按单位工程费汇总表的工程名称填写。表中金额应按单位工程费汇总表的合计金额填写。

⑥单位工程费汇总表中的金额应分别按照分部分项工程量清单计价表、措施项目清单计价表和其他项目清单计价表的合计金额和按有关规定计算的规费、税金填写。

⑦分部分项工程量清单计价表中的序号、项目编码、项目名称、项目特征、计量单位、工程数量必须按分部分项工程量清单中的相应内容填写。

⑧措施项目清单计价表。表中的序号、项目名称必须按措施项目清单中的相应内容填写。投标人可根据施工组织设计采取的措施增加项目。

⑨其他项目清单计价表。表中的序号、项目名称必须按其他项目清单中的相应内容填写。

招标人部分的金额必须按招标人提出的数额填写。

⑩暂列金额计价表。表中的人工、材料、机械名称、计量单位和相应数量应按暂列金额计价表中相应的内容填写，工程竣工后暂列金额应按实际完成的工程量所需费用结算。

⑪分部分项工程置清单综合单价分析表和措施项目费分析表，应由招标人根据需要提出要求后填写。

⑫主要材料价格表。招标人提供的主要材料价格表应包括详细的材料编码、材料名称、规格型号和计量单位等。所填写的单价必须与工程量清单计价中采用的相应材料的单价一致。

2. 定额计价方式下投标报价的编制

定额计价方式下投标报价一般是采用预算定额来编制，即按照定额规定的分部分项工程子目逐项计算工程量，套用预算定额基价或当时当地的市场价格确定直接费，然后再套用费用定额计取各项费用，最后汇总形成初步的标价。工程报价表一般包括：

(1)报价汇总表，见表3-19。

表3-19 报价汇总表

工程名称：　　　　第　页共　页

序号	单项工程名称	金额(元)
	合　计	

投 标 单 位：　　(盖章)

法定代表人：　　(签字、盖章)

(2)单项工程费汇总表，见表3-20。

表3-20 单项工程费汇总表

工程名称：　　　　第　页共　页

序号	单位工程名称	金额(元)
	合　计	

投 标 单 位：　　(盖章)

法定代表人：　　(签字、盖章)

(3)设备报价表,见表3-21。

表3-21 设备报价表

序号	设备名称及规格	单位	出厂价	运杂费	合价	备注
合计						

(4)建筑安装工程费用表。

①以直接费为计算基础的建筑安装工程费用表,见表3-22。

表3-22 以直接费为计算基础的建筑安装工程费用表

序号	费用项目	计算方法	备注
1	直接工程费	按预算表	
2	措施费	按规定标准计算	
3	小计	1+2	
4	间接费	3×相应费率	
5	利润	(3+4)×相应利润率	
6	合计	3+4+5	
7	含税造价	6×(1+相应税率)	

②以人工费和机械费为计算基础的建筑安装工程费用表,见表3-23。

表3-23 以人工费和机械费为计算基础的建筑安装工程费用表

序号	费用项目	计算方法	备注
1	直接工程费	按预算表	
2	其中人工费和机械费	按预算表	
3	措施费	按规定标准计算	
4	其中人工费和机械费	按规定标准计算	
5	小计	1+3	
6	人工费和机械费小计	2+4	
7	间接费	6×相应费率	
8	利润	6×相应利润率	
9	合计	5+7+8	
10	含税造价	9×(1+相应税率)	

③以人工费为计算基础的建筑安装工程费用表，见表3-24。

表3-34 以人工费为计算基础的建筑安装工程费用表

序号	费用项目	计算方法	备注
1	直接工程费	按预算表	
2	其中人工费	按预算表	
3	措施费	按规定标准计算	
4	其中人工费	按规定标准计算	
5	小计	1+3	
6	人工费小计	2+4	
7	间接费	6×相应费率	
8	利润	6×相应利润率	
9	合计	5+7+8	
10	含税造价	9×(1+相应税率)	

第四节 建设工程投标策略与技巧

一、投标策略的含义

投标策略是指在市场竞争环境下，投标人为解决企业在投标过程中的对策问题，从而争取获得中标所采取的一系列措施。投标策略的确定应当全面考虑工程项目和市场供求的实际情况，并在做好投标管理工作的基础上进行。投标策略运用得恰当与否，对投标人在投标中能否中标并获得赢利具有决定性的影响。

投标策略的基本原则是使投标决策能够达到经济性和有效性。所谓经济性，是指投标人能合理运用自身有限资源，发挥自身优势，积极承揽工程，使其实际能力与工程项目任务平衡，获得经济效益。所谓有效性，是指投标人在综合考虑了投标的多种因素，能保证自身目标可以实现的基础上，所采取的决策方案是合理可行的。

二、投标策略

投标策略包括三方面的内容：①选定投标项目；②选定投标项目后，应投什么性质的标；③投标中采取哪些以长补短、以优胜劣的策略和技巧。

1.选定投标项目

选定投标项目是投标前期的决策工作。

2.确定投标策略

如果已决定对某一工程项目进行投标，就进入投标决策的后期，包括从资格预审申请到递送投标书前的决策阶段。这一阶段主要解决投什么性质的标和采取什么投标策略。

投标策略可分为基本策略和附加策略。基本策略分为赢利策略、保险策略、风险策略与保本策略。附加策略可分为优化设计策略、缩短工期策略、附加优惠策略和低价索赔策略。

(1)基本策略。

①赢利策略:即在投标中以获取较大的利润为投标目标的策略。这种投标策略通常是在建筑市场任务多,投标人对该项目拥有技术上的绝对优势、工期短、竞争对手少,或招标人意向明确,或投标人任务饱满,利润丰厚,且考虑让企业超负荷运转时才采用。

②保险策略:对可以预见的情况,从技术、设备、资金等重大问题都有了解决的对策之后再投标策略。这种投标策略通常是投标人经济实力较弱,经不起失败的打击,往往采用的策略。当前,我国多数投标人特别是在国际工程承包市场上都愿意采用这种投标策略。

③风险策略:即在投标中明知工程难度大、风险大,且在技术、设备、资金上都有未解决的问题,但市场竞争激烈,竞争对手较强,或投标人急于打入市场,或因为工程赢利丰厚,或为了开拓新技术领域而决定参加投标,这种投标策略为风险策略。投标后,如果风险不发生、问题解决得好,即意味着投标人的投标成功;如果风险发生、问题解决得不好,则意味着投标人要承担极大的风险损失。因此,采取风险策略投标必须审慎从事。

④保本策略:即当企业无后续工程,或已经出现部分停工,或建筑市场上供不应求,竞争对手又多,投标人为了维持当前状况,不去追求高额利润,以不发生亏损为目标时采用的投标策略。

(2)附加策略。以上是工程项目投标中四种常见策略。工程项目投标过程中,可以在以上四种策略的基础上酌情采用以下几种附加策略:

①优化设计策略:即发现并修改原有施工图设计中存在的不合理情况或采用新技术优化设计方案。如果这种设计能大幅度降低工程造价或缩短工期,且设计方案可靠,则这种设计方案一经采纳,投标人即可获得中标资格的投标策略。

②缩短工期策略:即通过先进的施工方案、施工方法、科学的施工组织或者优化设计来缩短合同工期。当项目工期对业主非常关键时,则业主在评标过程中会缩短工期后所带来的预期收益加以考虑,此时对投保人获取中标资格是有力的。

③附加优惠策略:即在得知业主资金紧张或者主要设备、材料供应有一定困难的情形下,通过向业主提出相应的优惠条件来取得中标资格的一种投标策略。例如,当承包人在得知业主的建设资金紧张的情况下,提出可以减免预付款甚至垫资施工,可以延期支付工程款,利用这种优惠条件,解决业主暂时困难,替业主分忧,为夺标创造条件。

④低价索赔策略:即在发现招标文件中存在许多漏洞甚至许多错误或业主的施工条件根本不具备,开工后必然违约的情形下有意将报价降低,先争取中标,中标后通过索赔来挽回低报价的损失。这种策略只有在合同条款中关于索赔的规定明显对已方有利的情形下才可以采用,对于以 FIDIC 条款作为合同条款的项目招标不宜采用这种方法。

投标竞争中无论采取何种策略,决不能代替竞争的实力。实力是策略运用的前提,提高中标率最根本的还是靠投标人的经营管理水平。充分发挥投标人的人力、物力和财力优势,采用新技术、新工艺、新方法,提高质量,缩短工期,降低材料消耗,降低成本,才能真正提高投标的中标率。

由工程造价人员算出初步的报价之后,应当对这个报价进行多方面的分析和评估,其目的是分析报价的经济合理性,以便作出最终报价决策。

三、报价决策

报价决策是投标人召集工程造价人员和本公司有关领导或高级咨询人员，就标价计算结果，对标价宏观审核、动态分析及盈亏分析进行讨论，作出的有关投标报价的最后决定。

为了在竞争中取胜，决策者应当对报价计算的准确度，期望利润是否合适，报价风险及本公司的承受能力，当地的报价水平，以及对竞争对手优势的分析评估等进行综合考虑，才能决定最后的报价金额。在报价中应注意以下问题：

(1)作为决策的主要资料依据应当是本公司工程造价人员的计算书和分析。报价决策不只是工程造价人员的具体计算，而且是由决策人员同工程造价人员一起，对各种影响报价的因素进行分析，并作出的果断和正确的决策。

(2)各公司工程造价人员获得基础资料是相近的，因此从理论上分析，各投标人报价也相差不大。既然投标报价相差不大，之所以出现差异，主要是由于以下原因：各公司期望盈余(计划利润和风险费)不同；各自拥有不同的优势；选择的施工方案不同；企业管理水平不一致等；鉴于以上情况，在进行投标决策研讨时，应当正确分析本公司和竞争对手情况，并进行实事求是地对比评估。

(3)报价决策也要考虑招标项目的特点。一般来说对于下列情况报价可以高一些：施工条件差、工程量小的工程；专业水平要求高的技术密集型工程，而本公司在这方面有专长、声望高；支付条件不理想的工程等。如果与上述情况相反且投标对手多的工程，报价应低一些。

四、报价的宏观审核分析

在工程造价人员算出初步的报价之后，应当对这个报价进行多方面的分析和评估，其目的是分析报价的经济合理性，以便作出最终报价决策。报价的分析与评估应从以下几个方面进行：

1.对报价的宏观审核分析

标价的宏观审核是依据在长期的工程实践中积累的大量的经验数据，用类比的方法，从宏观上判断计算标价水平的高低和合理性。可采用下列宏观指标和评审方法：

(1)首先分项统计计算书中的汇总数据，并计算其比例指标。以一般房屋建筑工程为例。

①统计建筑总面积与各单项建筑物面积。

②统计材料费总价及各主要材料数量和分类总价，计算单位面积的总材料费用指标和各主要材料消耗指标和费用指标；计算材料费占标价的比重。

③统计总劳务费及主要生产工人、辅助工人和管理人员的数量，计算单位建筑面积的用工数和劳务费；并算出按规定工期完成工程时，生产工人和全员的平均人月产值和人年产值；计算劳务费占总标价的比重。

④统计临时工程费用、机械设备使用费及模板脚手架和工具等费用，计算它们占总标价的比重。

⑤统计各类管理费用，计算它们占总标价的比重；特别是计划利润、贷款利息的总数和所占比例。

(2)分析各类指标及其比例关系，从宏观上分析标价结构的合理性。例如，分析总的直接费用和总的管理费的比例关系，劳务费和材料费的比例关系，临时设施和机具设备费与总的直接费用的比例关系，利润、流动资金及其利息与总标价的比例关系，等等。承包过类似工程的有经验的承包人不难从这些比例关系判断标价的构成是否基本合理。如果发现有不合理的部分,应当初步探讨其原因。首先研究本工程与其他类似工程是否存在某些不可比因素,如果考虑了不可比因素的影响后,仍存在不合理的情况,就应当深入探索其原因,并考虑调整某些基价、定额或分摊系数的合理性。

(3)探讨上述平均人月产值和人年产值的合理性和实现的可能性。如果从本公司的实践经验角度判断这些指标过高或过低,就应当考虑所采用定额的合理性。

(4)参照同类工程的经验,扣除不可比因素后,分析单位工程价格及用工、用料量的合理性。

(5)从上述宏观分析得出初步印象后,对明显不合理的标价构成部分进行微观方面的分析检查。重点是在提高工效、改变施工方案、降低材料设备价格和节约管理费用等方面提出可行措施,并修正初步计算标价。

2.标价的动态分析

标价的动态分析是假定某些因素发生变化,测算标价的变化幅度,特别是这些变化对工程计划利润的影响。

(1)工期延误的影响。由于承包人自身的原因,如材料设备交货拖延、管理不善造成工程延误、质量问题造成返工等,承包人可能会增大管理费、劳务费、机械使用费以及占用的资金及利息,这些费用的增加不可能通过索赔得到补偿,而且还会导致误期罚款。一般情况下,可以测算在工期延长某一段时间内上述各种费用增大的数额及其占总标价的比率。这种增大的开支部分只能用风险费和计划利润来弥补。因此,可以通过多次测算,得知工期拖延多久,利润将全都丧失。

(2)物价和工资上涨的影响。通过调整标价计算中材料设备和工资上涨系数,测算其对工程计划利润的影响。同时切实调查工程物资和工资的升降趋势和幅度,以便作出恰当判断。通过这一分析,可以得知投标计划利润对物价和工资上涨因素的承受能力。

(3)其他可变因素的影响。影响标价的可变因素很多,而有些是投标人无法控制的,如贷款利率、政策法规的变化等。通过分析这些可变因素的变化,可以了解投标项目计划利润的受影响程度。

3.标价的盈亏分析

初步计算标价经过宏观审核与进一步分析检查,可能对某些分项的单价作必要的调整,然后形成基础标价,再经盈亏分析,提出可能的低标价和高标价,供投标报标决策时选择。盈亏分析包括盈余分析和亏损分析两个方面。

(1)盈余分析。盈余分析是从标价组成的各个方面挖掘潜力、节约开支,计算出基础标价可能降低的数额,即所谓"挖潜盈余",进而算出低标价。盈余分析主要从下列几个方面进行:

①定额和效率,即工料、机械台班消耗定额以及人工、机械效率分析;

②价格分析,即对劳务、材料设备、施工机械台班(时)价格三方面进行分析;

③费用分析,即对管理费、临时设施费等方面逐项分析;

④其他方面,如流动资金与贷款利息、保险费、维修费等方面逐项复核,找出有潜可挖之处。

考虑到挖潜不可能百分之百实现,尚需乘以一定的修正系数(一般取 0.5~0.7),据此求出可能的低标价,即

低标价=基础标价-(挖潜盈余×修正系数)

(2)亏损分析。亏损分析是分析在算标时由于对未来施工过程中可能出现的不利因素考

虑不周和估计不足，可能产生的费用增加和损失。主要从以下几个方面分析：

①人工、材料、机械设备价格；

②自然条件；

③管理不善造成质量、工作效率等问题；

④建设单位、监理工程师方面问题；

⑤管理费失控。

以上分析估计出的亏损额，同样乘以修正系数0.5～0.7，并据此求出可能的高标价。即

$$高标价=基础标价+(估计亏损\times修正系数)$$

五、投标报价的技巧

投标不仅要靠一个企业的实力，为了提高中标的可能性和中标后的利益，投保人一定要研究投标报价的技巧，即在保证质量与工期的前提下，寻求一个好的报价。

(一)确定报价的高低

正确确定投标工程的造价预算后，根据不同的投标策略，决定报价的浮动幅度，从而得出最终报价。报价的指导方向确定后，还需要具体结合投标报价技巧，两者必须相辅相成，才能达到既提高中标率，又使利益最大化。

在报价时，对什么工程定价应高，什么工程定价可低，要综合自身、竞争对手、工程项目情况作综合判断。表3-25是一些常见的投标报价高低的确定原则。

表3-25 确定投标报价高低的原则

序号	报价高	报价低
1	施工条件差的工程(如场地窄小或地处交通要道等)	施工条件好的工程，附近有在建项目可利用资源的工程
2	造价低的小型工程	施工简单而工程量较大的工程(如成批住宅区和大量土石方工程等)
3	特殊构筑物工程，技术密集型、专业工程	一般房屋土建工程
4	工期要求急	非急需工程
5	投标对手少	投标对手多
6	支付条件不理想	支付条件好
7	对工程不急需，期望高利润	急需工程项目，志在必得
8	高风险项目	低风险项目

在报价浮动确定后，就可以计算投标报价了。如果希望报价高，一般会在管理费和利润上提高费率，或者提高人工、材料、机械费的单价。在竞争激烈的建筑市场，能够提高报价的机会并不多，有时为了后续工程，即使有提高价格的机会也只能适可而止，只是优惠幅度小一些。对于大部分工程项目，降低报价是争取中标的有效手段。降低报价主要从以下几个方面入手：降低措施项目费、管理费、利润(风险报酬)率。人工费、材料费、机械费也可以作为降价内容，但这些费用各地计价表都有详细的平均消耗量和参考单价，所以降低这些费用又被认为是低

于成本的风险,如果被认定低于企业成本就会失去中标资格。因此如降低这些费用要考虑是否低于成本,要充分考虑招标文件对投标报价低于成本的认定标准,进行合理规避。

1.降低措施项目费

措施项目费中的临时设施费和大型机械进出场费应根据工程项目情况结合定额标准适当计取,不一定全取,但不能不取。如果附近有本公司即将完工的项目,其临时设施可继续使用或就近迁移的,可适当减免临时设施费。对于规模大的工程或有后续工程、分期建设的项目,可适当减少大型临时设施费用。

但目前国内许多招标文件都对措施项目费的计取有明确规定,措施项目费按各地建设厅核定的投标人的费率进行计取,不能减少,否则按废标处理。所以投标人应严格按招标文件的规定计取项目措施费。

2.降低管理费

管理费中的基本费用和主副食运费补贴、职工探亲路费、职工取暖补贴、工地转移费等也应根据工程项目施工特性及投标竞争情况取舍。大量使用当地民工的,可适当减少远征工程费和机构迁移费。如果工程项目较小、施工战线不长,施工迁移费计取率可以降低,取暖补贴、探亲路费等也可适当降低。对无冬雨季施工的工程,可以免计冬雨季施工增加费。

3.降低利润率

由于目前建筑行业市场竞争十分激烈,施工企业往往采取微利或保本的措施,以低价中标,依靠较强管理来提高经济效益,维系企业的生存和发展。在投标过程中,计划利润是取还是不取,或取多少,投标人应根据投标策略和潜在的风险确定利润率。对于风险较大的工程,如工程款支付不及时,监理工程师故意刁难,难以索赔的工程项目,应考虑确定较为合理的利润率。

(二)投标报价技巧

在保证工程质量与工期的条件下,为了中标并获得期望的效益,投标程序全过程几乎都要研究投标报价技巧问题。

1.不平衡报价

不平衡报价,指在总价基本确定的前提下,如何调整内部各个子项的报价,以期既不影响总报价,又在中标后投标人可尽早收回垫支于工程中的资金和获取较好的经济效益。但要注意避免畸高畸低现象,避免失去中标机会。通常采用的不平衡报价有下列几种情况:

(1)对能早期结账收回工程款的项目(如土方、基础等)的单价可报以较高价,以利于资金周转;对后期项目(如装饰、电气设备安装等)单价可适当降低。

(2)估计今后工程量可能增加的项目,其单价可提高;而工程量可能减少的项目,其单价可降低。

但上述两点要统筹考虑。对于工程量数量有错误的早期工程,如不可能完成工程量表中的数量,则不能盲目抬高单价,需要具体分析后再确定。

(3)图纸内容不明确或有错误,估计修改后工程量要增加的,其单价可提高;而工程内容不明确的,其单价可降低。

(4)没有工程量只填报单价的项目(如疏浚工程中的开挖淤泥工作等),其单价宜高。这样,既不影响总的投标报价,又可多获利。

(5)对于暂定项目,其实施的可能性大的项目,价格可定高;估计该工程不一定实施的可定低价。

2.零星用工(计日工)一般可稍高于工程单价表中的工资单价

之所以这样做是因为零星用工不属于承包有效合同总价的范围,发生时实报实销,也可多获利。

3. **多方案报价法**

多方案报价法是利用工程说明书或合同条款不够明确之处，以争取达到修改工程说明书和合同为目的的一种报价方法。当工程说明书或合同条款有一些不够明确之处时，往往使投标人承担较大风险。为了减少风险就必须提高工程单价，增加“不可预见费”，但这样做又会因报价过高而增加被淘汰的可能性。多方案报价法就是为对付这种两难局面而出现的。

多方案报价法的具体做法是在标书上报两个价目单价，一是按原工程说明书合同条款报一个价，二是加以注解，“如工程说明书或合同条款可作某些改变时”，则可降低多少的费用，使报价成为最低，以吸引业主修改说明书和合同条款。

还有一种方法是对工程中一部分没有把握的工作，注明按成本加若干酬金结算的办法。但是，如有规定政府工程合同的方案是不容许改动的，这个方法就不能使用。

4. **增加建议方案**

有时招标文件中规定，可以提一个建议方案，即可以修改原设计方案，提出投标者的方案。

投标人这时应抓住机会，组织一批有经验的设计和施工工程师，对原招标文件的设计和施工方案仔细研究，提出更合理的方案以吸引业主，促成自己的方案中标。这种新的建议方案可以降低总造价或提前竣工或使工程运用更合理，但要注意的是对原招标方案一定也要报价，以供业主比较。

增加建议方案时，不要将方案写得太具体，保留方案的技术关键，防止业主将此方案交给其他承包商，同时要强调的是，建议方案一定要比较成熟，或过去有实践经验，因为投标时间不长，如果仅为中标而匆忙提出一些没有把握的方案，可能引起后患。

5. **突然降价法**

报价是一件保密的工作，但是对手往往通过各种渠道、手段来刺探情况，因此在报价时可以采取迷惑对方的手法，即先按一般情况报价或表现出自己对该工程兴趣不大，到快投标截止时，再突然降价。如鲁布革水电站引水系统工程招标时，日本大成公司知道它的主要竞争对手是前田公司，因而在临近开标时把总报价突然降低 8.04%，取得最低标，为以后中标打下基础。

采用这种方法时，一定要在准备投标报价的过程中考虑好降价的幅度，在临近投标截止日期前，根据情报信息与分析判断，再作最后决策。

如果由于采用突然降价法而中标，因为开标只降总价，在签订合同后可采用不平衡报价的思想调整工程量表内的各项单价或价格，以期取得更高的效益。

6. **先亏后盈法**

有的承包商，为了打进某一地区，依靠国家、某财团或自身的雄厚资本实力，而采取一种不惜代价，只求中标的低价投标方案。应用这种手法的承包商必须有较好的资信条件，并且提出的施工方案也是先进可行的，同时要加强对公司情况的宣传，否则即使低标价，也不一定被业主选中。

7. **无利润算标**

缺乏竞争优势的承包商，在不得已的情况下，只好在算标中根本不考虑利润去夺标。这种办法一般是处于以下条件时采用：

(1)有可能在得标后，将大部分工程分包给索价较低的一些分包商。

(2)对于分期建设的项目，先以低价获得首期工程，而后赢得机会创造第二期工程中的竞争优势，并在以后的实施中赚得利润。

(3)较长时间内,承包商没有在建的工程项目,如果再不得标,就难以维持生存。因此,虽然本工程无利可图,只要能有一定的管理费维持公司的日常运转,就可设法度过暂时困难,以图将来东山再起。

投标报价的技巧还可以再举出一些。聪明的承包商在多次投标和施工中还会摸索总结出对付各种情况的经验,并不断丰富完善。国际上知名的大牌工程公司,都有自己的投标策略和编标技巧,属于其商业机密,一般不会见诸公开刊物。承包商只有通过自己的实践,积累总结,才能不断提高自己的编标报价水平。

第五节　建设工程其他项目投标

与建设工程相关的投标从项目可行性研究到最后项目完工移交,可谓种类繁多。施工投标是竞争最激烈的,除此以外还包括勘察设计、施工监理、设备材料采购也比较常见。

一、建设工程勘察设计投标

工程勘察投标主要包括工程测量、水文地质勘查及工程地质勘查的投标;设计投标可分为总体规划设计、初次设计、技术设计和施工图设计投标。勘察设计投标可以一次或分阶段进行。依据委托设计的工程项目规模以及招标方式不同,各建设项目设计投标的程序繁简程度也不尽相同。

(一)勘察设计投标的程序

一般公开招标的投标程序如下,若采用邀请招标方式时可以根据具体情况进行适当变更或酌减。

(1)获取投标信息(招标公告或招标通知书);

(2)购买或领取招标文件;

(3)报送申请书;

(4)参加资质条件审查;

(5)踏勘现场,招标答疑;

(6)编制投标书;

(7)按规定时间密封报送投标书;

(8)参加开标会;

(9)领取中标通知;

(10)签订合同;

设计单位应严格按照招标文件编制投标书,并在规定时间送达。

(二)工程设计投标文件的主要内容

设计投标文件是设计投标人编制的,针对招标文件的要求所提出的设计方案和设计工作方案以及工作报价的技术和商务文件。设计投标文件一般包括如下内容:

(1)建设项目的特点、技术问题和主要技术标准等分析,设计理念与思路规划;

(2)总体设计和主要单项工程设计方案、工艺与设备设计方案等说明;

(3)工程施工规划与工期方案;

(4)投资估算与经济分析；

(5)主要设计方案的图纸与效果图(或按要求提供建筑模型)；

(6)设计工作大纲，包括设计项目组织、设计阶段与工作进度、资源配置、质量保证体系、后期服务等；

(7)设计资质文件，主要设计人员的资格证书以及业绩等证明材料；

(8)建设项目设计工作报价等。

(三)设计投标编制重点

因为设计投标的评标原则是不过分追求工程项目设计费的报价高低，而是更注重设计方案的技术先进性与合理性、所达到的技术经济指标的优化以及对工程项目投资效益的影响，开标时也不是根据各投标书的报价高低去排定标价次序，而是由各投标人阐述各设计方案的基本构想和意图，以及其他实质性的内容，所以设计投标的编制要求首先提出设计构思和初步方案，阐述该方案的优点和实施计划，在此基础上再进一步提出报价。编制投标文件时要注意：投标文件按招标文件要求密封；必须有相应资格的注册建筑师签字；必须加盖投标人公章；注册建筑师受聘单位与投标人要相符。

设计投标的重点在方案设计，而不是像施工投标那样重点在标价，有时还会专门针对设计方案进行有偿的设计方案竞赛。按照国家有关规定，城市建筑设计方案设计文件的内容包括设计说明书、设计图纸、投资估算、透视图四部分。对一些大型的重要的民用建筑工程，可根据需要加做建筑模型。在方案设计阶段，包括的专业有：总平面、建筑、结构、给水排水、电气、弱电、采暖通风空调、动力等。

二、建设工程监理投标

参加监理投标的单位首先应当是取得监理资质证书，具有法人资格的监理公司、监理事务所或开展监理业务的工程设计、科学研究院及工程建设咨询单位，同时必须具有与招标工程规模相适应的资质等级。

1.监理投标的程序

监理投标的程序如下：

(1)获取投标信息(招标公告或招标通知书)；

(2)参加资格预审；

(3)购买或领取招标文件；

(4)踏勘现场、招标答疑；

(5)编制投标书；

(6)按规定时间密封报送投标书；

(7)参加开标会；

(8)领取中标通知书；

(9)签订合同。

2.资格预审

在接到投标邀请书或得到招标方公开招标信息之后，监理单位应主动同招标方联系，获得资格预审文件，按照招标人的要求，提供参加资格预审的资料。资格预审文件编制完毕之后，应按规定的时间和地点递送给招标人。

资格预审的资料一般包括：①企业营业执照，资质等级证书和其他有效证明；②企业简历；③主要检测设备一览表；④近三年来的主要监理业绩。

3. 监理投标文件

工程建设监理投标文件由投标书格式、投标保证金格式、监理大纲、各类附表和证明文件组成。

(1)投标书格式、投标保证金格式。通常在招标文件中给出投标书及投标保证金的指定格式。其中投标书要求投保人按照格式填写、签署并加盖监理单位公章；投标保证金要求按照格式由招标人认可的银行开具投标保函或由投标人公司所在银行的基本账户转出保证金到招标人或招标代理机构的银行账户。

(2)监理大纲。监理大纲是实施监理任务的全面规划与部署。投标文件中的监理大纲是投标文件的要求，是实现监理目标、完成监理任务制定的技术方案和保障措施以及人员配备等的说明。监理大纲是监理投标文件的核心。监理大纲主要包括以下主要内容：①工程概况；②监理工作依据；③监理范围与工作内容；④工程项目监理目标；⑤工程项目监理措施；⑥监理工作机构及人员配备情况，并介绍主要监理人员的简历和业绩；⑦监理工作制度；⑧监理费用计算及报价。

(3)各类附表与证明文件。各类附表与证明文件主要包括：①已完成的类型工程项目监理情况表；②正在实施的工程项目监理情况表；③监理企业组织机构表；④计划用于实施本监理合同主要人员资历表；⑤近年来受到奖励与处罚情况表；⑥投标人的营业执照、资质等级证书复印件、投标人委托授权书；⑦拟在本项目中使用的主要仪器、检测设备一览表；⑧投标人需业主提供的条件等。

4. 建设工程监理费用

建设工程监理费是指业主依据委托监理合同支付给监理企业的监理酬金。它是构成工程概(预)算的一部分，在工程概(预)算中单独预支。根据国家发改委、建设部文件《建设工程监理与相关服务收费管理规定》，工程建设监理费可按照下列方式计取：

(1)按建设工程投资的百分比计算法，就是按委托监理概(预)算的百分比计收工程监理费，当工程结算时再按实际工程投标进行调整。这种方法是国家制定监理取费标准的主要形式，建设单位和监理单位也易接受。

(2)固定价格计算法，就是建设单位与工程价监理企业在协商一致的基础上形成的监理合同固定价格，实践上可进一步分为固定总价和固定单价计算法。其特点是：当实际监理工作量比计划工程量有所增减时，一般也不调整工程监理方的总价或者单价。这种方法适用于监理工作内容明确的中小型工程监理费的计算。

(3)工资加一定比例的其他费用计算法，就是以项目监理机构监理人员的实际工资乘以一个大于1的系数，此系数通过综合考虑应有的其他直接费、间接成本、税金和利润来确定。由于建设单位与工程监理企业很难对监理人员数量和实际工资额达成一致，此方法较少采用。

(4)按时计算法，就是建设单位和工程监理企业双方约定的单位时间监理费，乘以约定的监理服务时间来计算工程监理费总额。单位时间监理费一般以监理人员基本工资为基础，加上适当的管理费和利润而得到。这种方法适用于临时性的、短期的监理业务，或者不宜按其他方法计算监理费的监理业务。

三、建设工程材料、设备采购投标

1.建设工程材料、设备采购投标程序

建设工程材料、设备采购投标的一般程序如下：

(1)获取投标信息(招标公告或招标通知书)；

(2)参加资格预审；

(3)购买或领取招标文件和有关技术资料；

(4)参加技术交底和招标答疑会；

(5)编制投标文件；

(6)按规定时间地点递送投标文件；

(7)参加开标会；

(8)领取中标通知书，和设备需方签订供货合同。

2.投标单位和编制投标文件

凡实行独立核算、自负盈亏、持有营业执照的制造厂家、设备公司集团及设备成套(承包)公司，只要符合投标的基本条件，均可参加投标或联合体投标，但与招标单位或设备需求方有直接经济关系(财务隶属关系或股份关系)的单位及项目设备单位不能参加投标。如采用联合投标，必须明确一个总牵头单位承担全部责任，各方的责任和义务应以协议形式加以确定，并在投标文件中加以说明。

编制投标文件是投标单位进行投标并最后中标的最关键的环节，投标文件的内容和形式应符合招标文件的规定和要求。建设工程材料、设备采购的投标文件基本内容如下：①投标书；②投标物资设备数量及价格表；③技术和商务偏差表(对招标文件某些要求有不同意见的说明)；④证明投标单位资格的有关文件；⑤投标企业法人代表授权书；⑥投标保证金；⑦招标文件要求的其他需要说明的事项。

投标书的有效期应符合招标文件的要求，应满足评标和定标的要求。如招标文件有要求，投标单位投标时，应在投标文件中向招标单位提交投标保证金，金额一般不超过投标物资设备金额的2%。招标工作结束后(最迟不得超过投标文件有效期限)，招标单位应将投标保证金及时退还给投标单位。投标单位对招标文件中的某些内容不能接受时，应在投标文件中声明，但要避免对招标文件的实质性内容不能响应，否则不能通过初步评审，被废标。

第六节　建设工程施工投标文件范例

2007年，我国颁布了《中华人民共和国标准施工招标文件》，其中第四卷第八章颁布了施工投标文件格式，此内容作为本章的教学范例。

__________(项目名称)__________标段施工招标

投标文件

投标人：__________________________________(盖单位章)

法定代表人或其委托代理人：____________________(签字)

__________年__________月__________日

目 录

一、投标函及投标函附录

(一)投标函

____________(招标人名称):

1.我方已仔细研究了________(项目名称)________标段施工招标文件的全部内容,愿意以人民币(大写)________元(￥________)的投标总报价,工期________日历天,按合同约定实施和完成承包工程,修补工程中的任何缺陷,工程质量达到________。

2.我方承诺在投标有效期内不修改、撤销投标文件。

3.随同本投标函提交投标保证金一份,金额为人民币(大写)________元(￥________)。

4.如我方中标:

(1)我方承诺在收到中标通知书后,在中标通知书规定的期限内与你方签订合同。

(2)随同本投标函递交的投标函附录属于合同文件的组成部分。

(3)我方承诺按照招标文件规定向你方递交履约担保。

(4)我方承诺在合同约定的期限内完成并移交全部合同工程。

5.我方在此声明,所递交的投标文件及有关资料内容完整、真实和准确,且不存在第二章"投标人须知"第1.4.3项规定的任何一种情形。

6.____________(其他补充说明)。

投标人:________(盖单位章)
法定代表人或其委托代理人:________(签字)
地址:________
网址:________
电话:________
传真:________
邮政编码:________

________年________月________日

（二）投标函附录

序号	条款名称	合同条款号	约定内容	备注
1	项目经理	1.1.2.4	姓名：＿＿＿＿	
2	工期	1.1.4.3	天数：＿＿＿＿日历天	
3	缺陷责任期	1.1.4.5		
4	分包	4.3.4		
5	价格调整的差额计算	16.1.1	见价格指数权重表	
…	……	……	……	
…	……	……	……	

价格指数权重表

名称		基本价格指数		权重			价格指数来源
		代号	指数值	代号	允许范围	投标人建议值	
定值部分				A			
变值部分	人工费	F_{01}		B_1	＿至＿		
	钢材	F_{02}		B_2	＿至＿		
	水泥	F_{03}		B_3	＿至＿		
	……	…		…	……		
合计						1.00	

二、法定代表人身份证明

投标人名称：＿＿＿＿＿＿＿＿＿＿＿＿

单位性质：＿＿＿＿＿＿＿＿＿＿＿＿

地址：＿＿＿＿＿＿＿＿＿＿＿＿

成立时间：＿＿＿＿年＿＿＿＿月＿＿＿＿日

经营期限：＿＿＿＿＿＿＿＿＿＿＿＿

姓名：＿＿＿＿性别：＿＿＿＿年龄：＿＿＿＿职务：＿＿＿＿

系＿＿＿＿＿＿＿＿＿＿＿＿（投标人名称）的法定代表人。

特此证明。

投标人：＿＿＿＿＿＿＿＿＿＿（盖单位章）

＿＿＿＿年＿＿＿＿月＿＿＿＿日

三、授权委托书

本人________(姓名)系________(投标人名称)的法定代表人，现委托________(姓名)为我方代理人。代理人根据授权，以我方名义签署、澄清、说明、补正、递交、撤回、修改________(项目名称)________标段施工投标文件、签订合同和处理有关事宜，其法律后果由我方承担。

委托期限：________。

代理人无转委托权。

附：法定代表人身份证明

投标人：________________________________(盖单位章)
法定代表人：______________________________(签字)
身份证号码：______________________________
委托代理人：______________________________(签字)
身份证号码：______________________________

________年________月________日

四、联合体协议书

________(所有成员单位名称)自愿组成________(联合体名称)联合体，共同参加________(项目名称)________标段施工投标。现就联合体投标事宜订立如下协议。

1.________(某成员单位名称)为________(联合体名称)牵头人。

2.联合体牵头人合法代表联合体各成员负责本招标项目投标文件编制和合同谈判活动，并代表联合体提交和接收相关的资料、信息及指示，并处理与之有关的一切事务，负责合同实施阶段的主办、组织和协调工作。

3.联合体将严格按照招标文件的各项要求，递交投标文件，履行合同，并对外承担连带责任。

4.联合体各成员单位内部的职责分工如下：________________。

5.本协议书自签署之日起生效，合同履行完毕后自动失效。

6.本协议书一式____份，联合体成员和招标人各执一份。

注：本协议书由委托代理人签字的，应附法定代表人签字的授权委托书。

牵头人名称：______________________________(盖单位章)
法定代表人或其委托代理人：__________________(签字)

成员一名称：______________________________(盖单位章)
法定代表人或其委托代理人：__________________(签字)

成员二名称：______________________________(盖单位章)
法定代表人或其委托代理人：__________________(签字)
……

________年________月________日

五、投标保证金

____________________(招标人名称):

鉴于________(投标人名称)(以下称"投标人")于____年____月____日参加________(项目名称)________标段施工的投标,________(担保人名称,以下简称"我方")无条件地、不可撤销地保证:投标人在规定的投标文件有效期内撤销或修改其投标文件的,或者投标人在收到中标通知书后无正当理由拒签合同或拒交规定履约担保的,我方承担保证责任。收到你方书面通知后,在7日内无条件向你方支付人民币(大写)________元。

本保函在投标有效期内保持有效。要求我方承担保证责任的通知应在投标有效期内送达我方。

担保人名称:______________________________(盖单位章)

法定代表人或其委托代理人:____________________(签字)

地　　址:____

邮政编码:____

电　　话:____

传　　真:____

________年________月________日

六、已标价工程量清单

(略)

七、施工组织设计

1.投标人编制施工组织设计的要求:编制时应采用文字并结合图表形式说明施工方法;拟投入本标段的主要施工设备情况、拟配备本标段的试验和检测仪器设备情况、劳动力计划等;结合工程特点提出切实可行的工程质量、安全生产、文明施工、工程进度、技术组织措施,同时应对关键工序、复杂环节重点提出相应技术措施,如冬雨季施工技术、减少噪音、降低环境污染、地下管线及其他地上地下设施的保护加固措施等。

2.施工组织设计除采用文字表述外可附下列图表,图表及格式要求附后。

附表一　拟投入本标段的主要施工设备表

附表二　拟配备本标段的试验和检测仪器设备表

附表三　劳动力计划表

附表四　计划开、竣工日期和施工进度网络图

附表五　施工总平面图

附表六　临时用地表

附表一：拟投入本标段的主要施工设备表

序号	设备名称	型号规格	数量	国别产地	制造年份	额定功率（kW）	生产能力	用于施工部位	备注

附表二：拟配备本标段的试验和检测仪器设备表

序号	仪器设备名称	型号规格	数量	国别产地	制造年份	已使用台时数	用途	备注

附表三：劳动力计划表

单位：人

工种	按工程施工阶段投入劳动力情况						

附表四：计划开、竣工日期和施工进度网络图

1. 投标人应递交施工进度网络图或施工进度表，说明按招标文件要求的计划工期进行施工的各个关键日期。

2. 施工进度表可采用网络图（或横道图）表示。

附表五：施工总平面图

投标人应递交一份施工总平面图，绘出现场临时设施布置图表并附文字说明，说明临时设施、加工车间、现场办公、设备及仓储、供电、供水、卫生、生活、道路、消防等设施的情况和布置。

附表六：临时用地表

用途	面积（平方米）	位置	需用时间

八、项目管理机构

(一)项目管理机构组成表

职务	姓名	职称	执业或职业资格证明					备注
			证书名称	级别	证号	专业	养老保险	

(二)主要人员简历表

主要人员简历表中的项目经理应附项目经理证、身份证、职称证、学历证、养老保险复印件,管理过的项目业绩须附合同协议书复印件;技术负责人应附身份证、职称证、学历证、养老保险复印件,管理过的项目业绩须附证明其所任技术职务的企业文件或用户证明;其他主要人员应附职称证(执业证或上岗证书)、养老保险复印件。

姓名		年龄		学历	
职称		职务		拟在本合同任职	
毕业学校	年毕业于	学校	专业		

主要工作经历			
时间	参加过的类似项目	担任职务	发包人及联系电话

九、拟分包项目情况表

分包人名称		地　　址	
法定代表人		电　　话	
营业执照号码		资质等级	
拟分包的工程项目	主要内容	预计造价(万元)	已经做过的类似工程

十、资格审查资料

(一)投标人基本情况表

投标人名称						
注册地址				邮政编码		
联系方式	联系人			电　话		
	传　真			网　址		
组织结构						
法定代表人	姓名		技术职称		电话	
技术负责人	姓名		技术职称		电话	
成立时间			员工总人数：			
企业资质等级			其中	项目经理		
营业执照号				高级职称人员		
注册资金				中级职称人员		
开户银行				初级职称人员		
账号				技　工		
经营范围						
备注						

(二)近年财务状况表

(略)

(三)近年完成的类似项目情况表

项目名称	
项目所在地	
发包人名称	
发包人地址	
发包人电话	
合同价格	
开工日期	
竣工日期	
承担的工作	
工程质量	
项目经理	

续表

技术负责人	
总监理工程师及电话	
项目描述	
备注	

(四)正在施工的和新承接的项目情况表

项目名称	
项目所在地	
发包人名称	
发包人地址	
发包人电话	
签约合同价	
开工日期	
计划竣工日期	
承担的工作	
工程质量	
项目经理	
技术负责人	
总监理工程师及电话	
项目描述	
备注	

(五)近年发生的诉讼及仲裁情况

十一、其他材料

(略)

本章小结

本章主要阐述了施工投标的程序和施工投标文件的编制,对建设工程勘察设计、监理、设备、材料的采购投标也作了简要介绍。本章介绍了对应于公开招标的施工投标程序。从组建投标机构开始,经过获取招标信息、参加资格预审、获取招标文件、质疑、编制投标文件、投递投标文件,最后参加开标会议。本章还重点介绍了如何完整编制一份建设工程施工投标文件,以及在编制过程中应注意的问题，并且对投标报价的方法和技巧作了详细说明。同时提供了建设工程标准投标文件格式作为案例，以供参考。

思考题

1. 简述建设工程公开招标的施工投标程序。

2. 简述选择投标时应注意的问题。

3. 简述建设工程施工投标文件的主要内容。

4. 简述主要的投标策略及其采用条件。

5. 对于投标人，不平衡报价法的优点是什么？它适用哪些情况？

6. 简述建设工程勘察设计、监理和设备材料采购投标的主要内容。

7. 请以 5 人为一个小组，按照第二章的实训题中其他小组编写的招标文件，参照本章第六节，结合其他有关工程投标案例，编写一份完整的投标文件。

8. 某承包商对某办公室建筑工程进行投标，为了既不影响中标，又能在中标后取得较好的效益，决定采用不平衡报价法对原工程报价作出适当的调整。具体数字见下表。其中基础工程的工程量将来可能增加。请问这样调整是否合适，为什么？

调整前后的各项工程报价表

	基础工程	主体工程	装饰工程	总价
调整前	1 480	6 600	7 200	15 280
调整后	1 600	7 200	6 480	15 280

答案：可以这样调整。因为该投标单位是将属于前期工程的基础工程和主体结构工程的单价调高，而将属于后期工程的装饰工程的单价调低，可以在施工的早期阶段收到较多的工程款，从而可以提高投标单位所得工程款的现值，而且，这三类工程单价的调整幅度均在±10%以内，属于合理范围。

9. 某建设单位为一座集装箱仓库的屋盖进行工程招标，该工程为 60 000 m^2 的仓库，上面为 6 组拼连的屋盖，每组约 10 000 m^2，原招标方案用大跨度的普通钢屋架、檩条和彩色涂层压型钢板的传统式屋盖。招标文件规定除按原方案报价外，允许投标者提出新的建议方案和报价，但不能改变仓库的外形和下部结构。A 公司参加了投标，除严格按照原方案报价外，提出了新建议，将普通钢屋架—檩条结构改为钢管构件的螺栓球接点空间网架结构。这个新建议方案不仅节省大量钢材，而且可以在中国加工制作构件和接点后，用集装箱运到新加坡现场进行拼装，从而大大降低了工程造价，施工周期可以缩短两个月。开标后，按原方案的报价，A 公司名列第 5 名，其可供选择的建议方案报价最低、工期最短且技术先进。招标人派专家到 A 公司考察，看到大量的大跨度的飞机库和体育场馆均采用球接点空间网架结构，技术先进、可靠，而且美观，因此宣布将这个仓库的大型屋盖工程以近 2 000 万美元的承包价格授予 A 公司。

问题：本项目是否属于一个项目投了两个标？为什么？

答案：本项目为多方案报价法，不属于一个项目投两个标。

第四章

国际工程招投标

本章学习要点

1. 熟悉国际工程招投标的招标方式
2. 了解世界不同地区的工程招标方式
3. 熟悉国际工程招投标的程序
4. 熟悉国际工程招标文件的编制及其内容
5. 熟悉国际工程投标文件的编制及其内容，了解国际工程投标报价的程序和费用构成

第一节　国际工程招投标的含义及特征

要了解国际工程招投标的含义，首先要了解什么是国际工程。所谓国际工程就是一个工程项目从咨询、投资、招投标、承包(包括分包)、设备采购、培训到监理等各个阶段的参与者来自不止一个国家，并且按照国际上通用的工程项目管理模式进行管理的工程。相应的国际工程招投标就是在国际工程的各个阶段进行的招投标活动，是国际上普遍应用的、有组织的市场交易行为，是国际贸易中一种商品、技术和劳务的买卖方法。招标人是买方，其目的是选优；投标人是卖方，利用商业机会进行销售或出口。

作为一种贸易方式，国际工程招投标的基本程序是：首先，由招标人发出招标通知，说明拟采购的商品或建设项目的各种交易条件，邀请供应商或承包商参加投标；然后，招标人对报名的供应商或承包商进行资格预审，以决定参加投标供应商或承包商，要求他们在规定的期限内提出报价或编制投标书；最后再对所有报价和投标书进行分析和比较，选择其中提出最有利条件的投标人作为中间人，与之签订合同。国际招投标是特殊类型的国际贸易，不是一种简单的买卖行为，而是一种综合性的较高级的交易方式。其主要特征如下：

(1)标的物的复杂性、批量性。国际工程招投标的标的物不仅是工程项目的施工，还有分包及劳务、设备材料的采购、工程技术咨询等，而且这些标的物之所以进行国际招标往往是因为工程量大，或者是具有很强的专业性和特殊的技术要求。

(2)国际工程招投标是有组织、有计划的行为，有公开、公平、公正的特征。因为这种交易方式的一次性交易额大，交易对象具有复杂性及批量性特征，为了减少和避免交易的风险，国际工程招投标往往在固定的场所，遵循一定的规则和程序进行。正是由于其组织性和计划性，国际工程招投标具有公开、公平、公正的特征，凡符合招标公告所列条件者，均可参加投标，所有合格投标者机会均等，最后定标时，也要完全按照预定的规则进行。

(3)国际工程招投标的过程是多目标系统选优的过程。国际工程招投标无论标的物是什么，都要在质量、工期(交货期)费用、后续服务等综合目标条件下，获得系统最优化，从而达到

最满意的效果，即工期短、成本低、质量优，并获得寿命周期效益最佳。

(4)国际工程招投标的规范标准是国际性的。国际工程都要求采用在国际上被广泛接受的技术标准、规范和各种规程。投标者必须熟悉并适应这些规范标准。

(5)国际工程招投标受国际政治、经济形势的影响较大，具有一定的风险性，这是因为国际工程项目可能会受到国际政治和经济形势变化的影响。例如，某些国家对于承包商实行地区和国别的限制或者歧视性政策；还有一些国家的项目受到国际资金来源的制约，可能因为国际政治经济形势变动影响(例如制裁、禁运等)而中止；至于工程所在国的政治形势变化(例如内乱、战争、派别斗争等)而使工程中断的情况更是屡见不鲜。

(6)国际工程招投标具有一次性和保密性。招标交易过程采用的方式不同于普通商品买卖，一般没有讨价还价的机会，投标人只能应邀进行一次性报价。国际工程招投标一旦开标后，评标过程是保密的。在公布中标人以前，凡属于对投标书的审查、澄清、评价和比较的资料，以及授予合同的推荐意见均不得向投标人或与此过程无关的其他任何人泄露。投标人对业主投标书处理和授标影响的任何行为都可能导致其标书被拒绝。投标人影响业主对投标书评标和定标的任何行为都可能导致其标书被除标。

第二节　国际工程招标的方式

国际工程招标归纳起来有四种类型：国际竞争性招标，亦称国际公开招标；国际有限招标；两阶段招标；议标，亦称邀请协商。

一、国际竞争性招标

国际竞争性招标指在国际范围内，采用公平竞争方式，决标时按事先规定的原则，无任何偏向，对所有具备要求的投标商一视同仁，根据其投标报价及判标的所有依据，如工期要求，可兑换外汇比例(指按可兑换和不可兑换两种货币付款的工程项目)，投标商的人力、财力和物力及其拟用于工程的设备等因素，进行判标、决标。采用这种方式可以最大限度地挑起竞争，形成买方市场，使招标人有最充分的挑选余地，取得最有利的成交条件。

国际竞争性招标是目前世界上最普遍采用的招标方式。采用这种方式，业主(或招标人)可以在国际市场上找到最有利于自己的承包商，无论在价格和质量方面，还是在工期及施工技术方面都可以满足自己的要求。按照国际竞争性招标方式，招标的条件由业主(或招标人)决定，因此订立最有利于业主，有时甚至对承包商很苛刻的合同是理所当然的。国际竞争性招标的另一个特点是公开选标。原则上这种做法较之其他方式更能使投标商折服。尽管在评标、选标工作中不能排除种种不光明正大行为，但相比其他方式，国际竞争性招标毕竟因为影响大，涉及面广，当事人不得不有所收敛等原因而显得比较公平合理。

国际竞争性招标的适用范围如下：

1.按资金来源划分

根据工程项目的全部或部分资金来源，实行国际竞争性招标主要有以下情况：

(1)由世界银行及其附属组织国际开发协会和国际金融公司提供优惠贷款的工程项目；

(2)由联合国多边援助机构和国际开发组织地区性金融机构如亚洲开发银行提供援助性贷款的工程项目；

(3)由某些国家的基金会如科威特基金会和一些政府(如日本)提供资助的工程项目;

(4)由国际财团或多家金融机构投资的工程项目;

(5)两国或两国以上合资的工程项目;

(6)需要承包商提供资金即带资承包或延期付款的工程项目;

(7)以实物偿付(如石油、矿产或其他实物)的工程项目;

(8)发包国拥有足够的自有资金但自己无力实施的工程项目。

2.按工程性质划分

按照工程的性质,国际竞争性招标主要适用于以下情况:

(1)大型土木工程,如水坝、电站、高速公路等;

(2)施工难度大,发包国在技术或人力方面均无实施能力的工程,如工业综合设施、海底工程等;

(3)跨越国境的国际工程,如非洲公路、连接欧亚两大洲的陆上贸易通道;

(4)现代超级规模的工程,如拉芒什海峡海底隧道、日本的海下工程等。

二、国际有限招标

国际有限招标是一种有限竞争招标。较之国际竞争性招标,它有其局限性,即投标人选有一定的限制,不是任何对发包项目有兴趣的承包商都有资格投标。国际有限招标包括以下两种方式:

1.一般限制性招标

一般限制性招标虽然也是在世界范围内招标,但对投标人选定一定的限制。其具体做法与国际竞争性招标颇为近似,只是在判标时更强调投标人的资信。采用一般限制性招标方式也必须在国内外主要报刊上刊登广告,只是必须注明是有限招标和对投标人选的限制范围。

2.特邀招标

特邀招标即特别邀请性招标。采用这种方式时,一般不在报刊上刊登广告,而是根据招标人自己积累的经验或由咨询公司提供的承包商名单,由招标人在征得世界银行或其他项目资助机构的同意后对某些承包商发出邀请。对应邀人进行资格预审后,再通知其提出报价,递交投标书。

这种招标方式的优点是经过选择的投标商在经验、技术和信誉方面都比较可靠,基本上能保证招标的质量和进度。但这种方式也有其缺点,即由于发包人所了解的承包商的数目有限,在邀请时很可能漏掉一些在技术上和报价上有竞争力的承包商。

国际有限招标是国际竞争性招标的一种修改方式。这种方式通常适用于以下情况:

(1)工程量不大,投标商数目有限或有其他不宜进行国际竞争性招标的正当理由,如对工程有特殊要求等。

(2)某些大而复杂的且专业性很强的工程项目,如石油化工项目。可能的投标者很少,准备招标的成本很高。为了节省时间和费用,还能取得较好的报价,招标可以限制在少数几家符合要求的企业的范围内,以使每家企业都有中标的较好机会。

(3)由于工程性质特殊,要求有专门经验的技术队伍和熟练的技工以及专用技术设备,只有少数承包商能够胜任。

(4)由于工期紧迫或保密要求或其他原因不宜公开招标。

(5)工程规模太大,中小型公司不能胜任,只好邀请若干家大公司投标。

(6)工程项目招标通知发出后无人投标,或投标商数目不足法定人数(至少3家),招标人可再邀请少数公司投标。

三、两阶段招标

两阶段招标实质上是一种无限竞争与有限竞争相结合即国际竞争性招标和国际有限招标相结合的招标方式。这种方式也可以称为两阶段竞争性招标。先按公开招标方式进行招标,经过开标评价之后,再邀请其中报价较低的或最有资格的3~4家承包商进行第二次报价。在第一阶段报价、开标、评价之后,如最低报价超过标底20%,且经过减价之后仍然不能低于标底价时,则可邀请其中数家商谈,再做第二阶段报价。

两阶段招标方式往往应用于以下三种情况:

(1)招标工程内容属高新技术,需在第一阶段招标中博采众议,进行评价,选出最新最优方案,然后在第二阶段中邀请被选中方案的投标人进行详细的报价。

(2)在某些新型的大型项目的承发包之前,招标人对此项目的建造方式尚未最后确定,这时可以在第一阶段招标中向投标人提出要求,就其最擅长的建造方式进行报价,或者按其建造方案报价。经过评价,选出其中最佳方式或方案的投标人再进行第二阶段的按具体方式或方案的详细报价。

(3)一次招标不成功,没有要求底线下的报价,只好在现有基础上邀请若干家较低报价者再次报价。

四、议标

议标亦称邀请协商。就其本意而言,议标乃是一种非竞争性招标。严格说来,这不算一种招标方式,只是一种合同谈判。即招标人与几家潜在的投标商就招投标事宜进行协商,达成协议后无任何约束地将合同授予其中的一家,无需优先授合同予报价最优惠者。

这种方法对于招标人来说无需准备完备的招标文件,没有既定程式的约束,节省了招标的费用和时间,而且在有多家议标对象时,可以充分利用议标的承包商之间的竞争达到理想的成交目的。对于投标人来说,它将带来较多好处:第一,承包商不用出具投标的保函,议标承包商无需在一定的期限内对其报价负责;第二,议标毕竟竞争性小,竞争对手不多,因而缔约的可能性较大。议标对于发包单位也不无好处:第一,发包单位不受任何约束,可以按其要求选择合作对象,尤其是当发包单位同时与多家承包商议标时,可以充分利用议标的承包商的弱点,以此压彼;第二,利用投标人担心其他对手抢标、成交心切的心理迫使其降价或降低其他要求条件,从而达到理想的成交目的。

当然,议标毕竟不是招标,竞争对手少,有些工程由于专业性过强,议标的承包商往往是“只此一家,别无分号”,自然无法获得竞争力的报价。

然而,综观近10年来国际承包市场的成交情况,国际上225家大承包公司中名列前10名的承包公司每年的成交额约占世界总发包额的40%,而他们的合同大约有90%是通过议标取得的。由此可见议标在国际承包工程中所占的重要地位。

议标通常是在以下情况下采用:

(1)由于技术的需要或重大投资原因只能委托给特定的承包商或制造商实施的项目,如由国外提供技术或经济援助的项目；

(2)工程性质特殊、内容复杂，发包时不能确定其技术细节和工程量，或需要专门经验、设备、为了保护专利等特定原因；

(3)与已发包的工程相连的小型项目，难以分割；

(4)公开或邀请招标没有能决定中标单位，又难以重新进行公开或邀请招标；

(5)出于紧急情况或急迫需求的项目；

(6)军事保密性工程或设备；

(7)已为业主实施过项目且已取得业主满意的承包商重新承担基本技术相同的工程项目。

第三节　世界各地区的工程招标方式

从总体上讲，世界各地区招标的主要方式可以归纳为四种：世界银行推行的招标方式、英联邦地区的招标方式、法语地区的招标方式和独联体地区的招标方式。

一、世界银行推行的招标方式

世界银行作为一个权威性的国际多边援助机构，具有雄厚的资本和丰富的组织工程承发包的经验。世界银行以其处理事务公平合理和组织实施项目强调经济实效而享有良好的信誉和绝对的权威。世界银行已积累了40多年的投资与工程招标经验，制定了一套完整而系统的有关工程承发包的规定，且被众多国际多边援助机构尤其是国际工业发展组织和许多金融机构以及一些国家的政府援助机构视为模式。世界银行规定的招标方式适用于所有由世界银行参与投资或贷款的项目。

世界银行推行的招标方式主要突出三个基本特点：

(1)项目实施必须强调经济性和效益；

(2)对所有会员国以及瑞士和中国台湾的所有合格企业给予同等的竞争机会；

(3)通过在招标和签署合同时采取优惠措施鼓励借款国发展本国制造商和承包商(评标时，借款国的承包商享有7.5%的优惠)。

凡有世界银行参与投资或提供优惠贷款的项目，通常采用以下方式发包：①国际竞争性招标(亦称国际公开招标)；②国际有限招标(包括特邀招标)；③国内竞争性招标；④国际或国内选购；⑤直接购买；⑥政府承包或自营工程。

世界银行推行的国际竞争性招标要求业主方面公正地表述拟建工程的技术要求，以保证不同国家的合格企业能够发泛地参与投标。引用的设备、材料必须符合业主所在国的国家标准，在技术说明书中必须陈述也可以接受其他相等的标准。此外，技术说明书必须以实施的要求为依据。世界银行作为标的工程的资助者，从项目的选择直至整个实施过程都有权参与意见。在许多关键问题上如受标条件、采用的招标方式、遵循的工程管理条款等都享有决定性发言权。

凡按世界银行规定的方式进行国际竞争性招标的工程，必须以国际咨询工程师联合会(FIDIC)制定的条款为管理项目的指导原则，而且承发包双方还要执行由世界银行颁发的三个文件，即：①世界银行采购指南；②国际土木工程建筑合同条款；③世界银行监理指南。

世界银行推行的做法已被世界大多数国家奉为模式。有世界银行贷款的项目自不必说，没有世界银行贷款的项目，也越来越广泛地效法仿之。

除了推行国际竞争性招标方式外，在有充足理由或特殊原因情况下，世界银行也同意甚至主张受援国政府采用国际有限招标方式委托实施工程。这种招标方式主要适用于工程额不大、投资商数目有限或有其他不采用国际竞争性招标理由的情况，但要求招标人必须向足够多的承包商索取报价以保证竞争的价格。另外，对于某些大而复杂的工业项目如石油化工项目，可能的投标者很少，准备投标的成本很高，为了节省时间，又能取得较好的报价，同样可以采取国际有限招标。

除了上述两种国际性招标以外，有些不宜或无须进行国际招标的工程，世界银行也同意采用国内招标、国际或国内选购、直接购买、政府承包和自营等方式。

二、英联邦地区的招标方式

英联邦地区（包括原为英属殖民地的国家）的许多涉外工程项目的承包，基本上照搬英国做法。

从经济发展角度看，大部分英联邦成员国属于发展中国家。这些国家的大型工程通常求助于世界银行或国际多边援助机构。因此，他们在承发包工程时首先必须遵循援助机构的要求，也就是说要按世界银行的例行做法发包工程，但是他们始终保留英联邦地区的传统特色，即以改良的方式实行国际竞争性招标。他们在发行招标文件时，通常将已发给文件的承包商数目通知投标人，使其心里有数，避免盲目投标。英国土木工程师协会（ICE）合同条件常设委员会认为：国际竞争性招标浪费时间和资金，效率低下，常常以无结果而告终，导致很多承包商白白浪费钱财和人力。他们不欣赏这种公开方式的招标。相比之下，选择性招标即国际有限招标则在各方面都能产生最高效率和经济效益。因此英联邦地区所实行的主要招标方式是国际有限招标。

其国际有限招标通常采取以下步骤：

(1)对承包商进行资格预审，编制一份有资格接受投标邀请书的公司名单。被邀请参加预审的公司应提交其适用该类工程所在地区周围环境的有关经验的详情，尤其是承包商的财务状况、技术和组织能力及一般经验和履行合同的记录。

(2)招标部门保留一份常备的经批准的承包商名单。这份常备名单并非一成不变，根据实践中对新老承包商的了解加深，不断更新。这样可使业主在拟定委托项目时心中有数。

(3)规定预选投标者的数目。一般情况下，被邀请的投标者数目为4～8家。项目的规模越大，邀请的投标者越少。在投标竞争中始终强调完全公平的原则。

(4)初步调查。在发出标书之前，先对其保留的名单上拟邀请的承包商进行调查。一旦发现某家承包商无意投标，立即换上名单中的另一家代替之，以保证所要求的投标者的数目。英国土木工程师协会认为承包商谢绝邀请是负责任的表现。这一举动并不会影响其将来的投标机会。在初步调查过程中，招标单位应对工程进行详细介绍，使可能的投标人能够估量工程的规模和造价概数。所提供的信息应包括场地位置、工程性质、预期开工日，指出主要工程量，并提供所有的具体特征的细节。

三、法语地区的招标方式

同世界大部分地区的招标做法有所不同，法语地区的招标有两种区别较大的方式：拍卖式招标和询价式招标。

1. 拍卖式招标

拍卖式招标的最大特点是以报价作为判标的唯一标准，其基本原则是自动判标：即在投标人的报价低于招标人规定的标底价的条件下，报价最低者得标。当然得标人必须具备前提条件，就是在开标前业已取得投标资格。这种做法与商品销售中的减价拍卖颇为相似，即招标人以最低价向投标人买取工程，只是工程拍卖比商品拍卖要复杂得多。

拍卖式招标一般适用于简单工程或者工程内容已完全确定，不会发生变化，并且技术的高低不会影响对承包商的选择等情况下的项目。如果工程性质复杂，选择承包商除根据价格标准外，还必须参照其他标准如技术、投资、工期、外汇支付比例等条件，如此，则工程不宜采用这种办法。

拍卖式招标必须公开宣布各家投标商的报价。如果至少有一家报价低于标底价，必须宣布受标；若报价全部超过受标极限，即超过标底的20%，招标单位有权宣布废标。在废标情况下，招标单位可对原招标条件作某些修改，再重新招标。

2. 询价式招标

询价式招标是法语地区国家工程发包单位招揽承包商参加竞争以委托实施工程的另一种方式，也是法语地区的工程承发包的主要方式。

询价式招标比拍卖式招标要灵活得多。按照询价式招标，投标人可以根据通知要求提出方案，从而使招标人有充分的选择余地。

询价式招标的项目工程一般比较复杂，规模较大，涉及面广，不仅要求承包商报价优惠，而在其他诸如技术、工期及外汇支付比例等方面也有较严格的要求。

法语地区的询价式招标与世界银行所推行的竞争性招标要求做法大体相似。

四、独联体地区的招标方式

随着经济体制的改革，近年来独联体、东欧各国开始委托国际承包商实施工程。但由于这些国家长期实行高度集中的计划管理体制，加之其建设资金的严重匮乏，其招标做法与其他地区差别甚大。除了极少数国家重点工程或个别有外来资金援助的工程采取国际公开招标或有限招标外，绝大多数工程都是采取谈判招标即议标做法，随意性很大，尤其在授予合同及对合同的管理方面。

第四节 国际工程招标

一、国际工程项目招标程序

国际工程招投标程序一般如图4-1所示。

国际工程包括我国到国外投资的工程，我国的咨询和施工单位到国外参与咨询、监理和承包的工程以及由外国参与投资、咨询、投标、承包（包括分包）监理的我国国内的工程。招标是业主就拟建工程准备招标文件，发布招标公告或信函以吸引或邀请承包商来购买招标文件，进而投标的过程。

图 4－1　国际工程招投标流程图

一般国际工程从邀请承包商参加资格预审开始到授予合同可分为 12 步，国际咨询工程师联合会对这个过程编制了程序流程图。

对于大型国际工程，招标的第一个重要步骤就是对投标者进行资格预审。业主在报刊上或其他场合发布某工程招标的资格预审公告，在公告中要说明工程项目概况、工程分标、资格预审文件提交日期、投标文件提交日期以及工程的工期要求等。资格预审文件一般由工程师协助业主编制，对该工程有兴趣的承包商应去购买资格预审文件，并按规定填好表中的各项问答栏，按要求日期送给业主。业主经过对送交资格预审文件的所有承包商进行认真的审核之后，通知那些业主认为有能力进行本工程项目承包的承包商前来购买招标文件。

招标文件一般也是由工程师协助业主编制，其中包含投标邀请函、投标者须知、合同条件、规范、图纸、工程量表、投标书格式及附件补充资料表、合同协议书和各类保证等。准备投标的承包商购买招标文件后，一般先仔细研究招标文件，进行投标决策分析，如果决定投标，则要派人进行现场考察，参加业主召开的标前会议，研究招标文件，制订、比较和确定施工方案，进行工程估价，编制投标文件等，并按照招标文件规定的日期送交业主。

投标有时也叫做报价即承包商作为卖方，根据业主的招标条件，以报价的形式争取拿到承包项目。一般来说，承包商在投标时要做好以下工作：

(1)投标的决策。国外国内都有许多招标项目，一个公司在某一个阶段参不参加投标，对某一个范围的工程投哪一个工程的标，投高标价还是投低标价，这就是投标决策。当作出对某一个项目投标的初步决定后，即应购买资格预审文件。填报资格预审文件的过程也是深入研究项目招标内容，提出意见供公司领导进一步决策的过程。

(2)投标的准备。当确定对一个工程投标之后，需要做大量的准备工作，确定投标组织和人员，确定承包方法(本公司独自承包或与其他公司合作)，进行现场考察，以及核算工程量等。同时还应该了解、研究有关竞争对手的情况。

(3)制订施工方案，研究替代方案，估算工程成本，确定利润目标，计算投标报价，编制投标文件等。

(4)最后进行投标决策与递交投标书。

二、国际工程项目招标文件

招标文件应包括投标邀请书、投标者须知、投标资料表、合同条件、技术规范、投标书及投标书附录和投标保函的格式、工程量表或货物清单、合同协议书、履约保函与动员预付款保函格式等。

1. 投标邀请书

投标邀请书是用来邀请经资格预审合格的承包商(或供货商)按业主规定的条件和时间前来投标。投标邀请书一般应说明这样几个问题：业主单位、招标性质、资金来源；工程简况、分标情况、主要工程量、工期要求；承包商(或供货商)为完成本工程(或提供货物)所需提供的服务内容；发售招标文件的时间、地点、售价；投标书送交的地点、份数和截止时间；提交投标保证金的规定额度和时间；现场考察和召开标前会议的日期、时间和地点；开标日期、时间和地点。

以下是一投标邀请书的范例：

日期：

招标编号：

1. 中华人民共和国已向/从世界银行申请/获得一笔以多种货币计算的贷款/信贷，用于支付______项目的费用，并计划将一部分贷款/信贷的资金支付本次招标后所签订的______合同。所有符合世界银行采购指南规定的投标人均可参加投标。

2. ______(买方)兹邀请合格投标人就下列货物提交密封投标书，有兴趣的合格投标人可从下述地址得到进一步的信息和查看招标文件。

①××货物

②××货物

3. 招标文件从____年____月____日起每天(公休日除外)______时在下述地址公开出售。本招标文件每套____元人民币/____美元，售后不退。如欲邮购，请按下述地址汇款，我们将以快件邮寄，邮费每套____元人民币/____美元。

4. 所有投标书都应附有____(固定金额或投标金额的某一百分比)的投标保证金，并于____年____月____日北京时间____时前递交到______(地址)。

5. 兹定于____年____月____日北京时间____时，在______地点公开开标。届时请参加投标的代表出席开标仪式。

买方：
详细地址：
邮政编码：
电传：
电话：
电报挂号：
传真：
联系人：
房间号：

2. 投标者须知

投标者须知是招标文件的重要组成部分，它是业主或其委托的咨询公司为投标者如何投标所编制的指导性文件。其内容一般包括有关招标的一般情况、有关招标的程度性规定和有关招标内容的实质性规定。

3. 投标资料表

投标资料表是投标文件的一个重要组成部分，投标资料表的内容是业主在发售招标方件之前对应投标者须知中的有关各条进行编写的，为投标者提供具体资料、数据、要求和规定。投标者须知中的文字和规定不允许修改，只能在投标资料表中对其进行补充和修改。若投标资料表中的内容与投标者须知不一致，则以投标资料表中为准。

4. 合同条件

合同条件是承包商计算报价的依据，是业主与承包商双方经济关系的法律基础。根据国际工程承包惯例，合同条件通常分为一般条件和特殊条件。

5. 技术规范

技术规范是招标文件的一个非常重要的组成部分。技术规范和图纸两者反映业主对工程项目的技术要求，也是施工过程中承包商控制质量和工程师检查验收的主要依据。必须严格按技术规范施工与验收才能保证最终获得一项合格的工程。

(1)土木工程的技术规范较为繁杂，其内容因不同的工程而异，一般包括这样几方面内容：

①总则，包括：工程介绍，工程范围，本合同所包括的具体项目内容，本合同与同一项目其他合同的关系，本期工程与其他各期工程以及最终达到的工程规模，工程所使用的技术标准和计量单位，承包商对工程施工，包括临时性工程所应负的责任，有关图纸的规定，施工组织设计，有关业主指定的分包商安排等。

②有关施工现场的资料，包括：现场位置和水文、地质、气象等自然条件，交通条件，水电供应，生活服务设施等。

③材料规格、数量、质量标准，材料供应来源、检验、运输和储存，样品提供等。

④工艺规格。

⑤施工期间应遵守的安全、卫生和环保规定。

(2)设备和货物采购的技术规范一般规定所要采购的设备和货物的性能、标准、物理和化学特征；如果是特殊设备，则可能要求附有图纸；此外还可能规定设备的形状和其他特殊要求。

6.投标书及投标书附录和投标保函的格式

投标书是由投标者充分授权的代表签署的一份文件。投标书是对招标双方均有约束力的合同的一个重要组成部分。

投标书包括投标书及其附录。一般都是业主或咨询工程师拟定好固定的格式，由投标者填写。以下是投标书和投标保证格式的范例：

投标函格式

致：

根据贵方______项目招标采购的______货物的招标邀请书______（编号），正式授权的下述签字人______（姓名和职务）代表投标人______（投标人的名称），提交下述文件正本1份，副本______份。

(1)投标报价表。

(2)货物需求一览表。

(3)规格响应表。

(4)资格证明文件。

(5)由______银行开具的金额为______的投标保证金。

(6)证明投标人合格的全部文件及其他文件。

据此函，签字人兹宣布同意如下：

(1)按招标文件规定提供交付的货物的投标总价为（大写）________元人民币。

(2)我们承担根据招标文件的规定，完成合同的责任和义务。

(3)我们已详细审核全部招标文件，包括招标文件修改书（如果有的话）、参考资料及有关附件，我们知道必须放弃提出含混不清或误解的问题的权利。

(4)我们同意在投标人须知第______条规定的开标日期起遵循本投标书，并在投标人须知第______条规定的投标有效期满之前均具有约束能力，并有可能中标。

(5)如果在开标后规定的投标有效期内撤回投标，我们的投标保证金可被贵方没收。

(6)同意向贵方提供贵方可能要求的与本投标有关的任何证据或资料。

(7)我们完全理解贵方不一定要接受最低报价的投标或收到的任何投标。

(8)我方为本投标和中标后的合同实施已付和要付给代理的佣金和报酬如下：（如果有的话）

与本投标有关的正式通讯地址为：

电话、电报、传真或电传：

邮政编码：

投标人代表姓名：

地址：

公章：

日期：______年______月______日

投标保证金

银行保函格式

致：

本保函作为________(投标人名称、地址，以下简称投标人)对______(买方姓名)第______号招标邀请书，关于提供______(货物名称)的投标保证金。

________(银行名称)无条件地、不可撤销地保证并约束本行及其后继者，一旦收到贵方提出下列任何一种情况的书面通知后，不管投标人如何反对，立即无追索权地向贵方支付总额____元人民币：

(1)投标人在开标后至投标有效期满前撤回其投标；

(2)投标人在收到中标通知书后28天内，未能和贵方签订合同；

(3)投标人在收到中标通知书后28天内，未能提交可接受的履约保证金。

除贵方提前终止或解除本保函外，本保函自开标之日起到投标有效期满后28天有效，以及贵方和投标人同意延长的并通知本行的期限内继续有效。

开证行名称：

正式授权代表本行的代表(姓名和职务，打印和签字)：

公章：

出具日期：

7.工程量表

工程量表就是对合同规定要实施的工程的全部项目内容按工程部位、性质等列在一系列表内。每个表中既有工程部位和该部位实施时的各个项目的工程量，又有每个项目的计价要求(单价或总价)，以及每个项目的报价和每个表的合计等，后两个栏目是留给投标者填写的。国际工程招标中，工程量表一般由业主在招标文件中提供，作为承包商计算报价的依据，尤其是以单价合同为计价方式时，要有严格按照工程量表中给定的分项工程计算单价乘以工程数量后汇总为总价。如果投标是基于包干价，投标者应提供各项包干价的构成部分的单价分析。

8.合同协议书

合同协议书是由工程承包双方共同签署，确定双方在工程实施期间享有的权利、所应承担的责任和义务的共同协定。协议书的文字通常很简洁，目前国际工程承包中都采用标准格式打印，最后由双方代表正式签字。

9.履约保函与动员预付款保函

(1)履约保函。签订履约保函的目的是担保承包商照合同规定正常履约，防止承包商中途毁约，以保证业主在承包商未能圆满实施合同时能得到资金赔偿。履约保函通常为合同额的10%，有效期到缺陷责任期结束。

(2)动员预付款保函。一般在合同的专用条件中均注明承包商应向业主呈交动员预付款保函(也称预付款保函)，主要目的是担保承包商按照合同规定偿还业主垫付的全部动员预付款，防止出现承包商拿到动员预付款后卷款逃走的情况发生。动员预付款的担保金额与业主支付的预付款等额，有效期直到工程竣工(实际在扣完动员预付款后即自动失效)。

三、开标、评标、决标、授标与废标

国际工程的开标、评标、授标活动是基于“充分公平竞争”原则进行的。有关开标、评标、授标的具体做法及有关原则，国际上并没有统一的规定，但国际工程招标、投标的活动经过200多年的实践，已形成一套国际惯例。一般来说，对于采用招标方式进行采购的政府投资项目多采用最低价中标原则。私人工程投资者则针对不同性质、不同规模的工程采用相应的一些控制措施。

1. 开标

开标是指在规定的日期、时间、地点由招标机构当众一一唱读所有的投标者送来的投标书中的投标者名称和每个投标者的报价，以及任何替代投标方案的报价(如果要求或允许报替代方案的话)，使全体投标者了解各家标价和自己在其中的顺序，但开标时不解答任何问题。

所有投标文件均应在规定的日期、时间、地点与要求寄送到指定的开标地点。任何装有替换、修改或撤回投标内容的信封均应予以审读，包括关键细节、价格的变化等。若未能读出这些信息，并且未将其写入开标记录可导致该标不能进入评标。如某投标已被撤回，仍应将其读出，并且在撤标通知的真实性被确认之前，不应将该标退回投标者。开标后任何投标者均不允许更改其投标内容和报价，也不允许再增加优惠条件。

对未在规定日期收到的投标文件应被视为废标而予以原封未拆退还投标者。

开标后即转入评标阶段。

2. 评标

国际工程评标必须遵循公平、公正、科学、择优的原则进行，并且评标活动必须注意不违背工程所在国的国家法律、法规。在评标过程中任何单位和个人不得非法干预或者影响评标过程和结果。招标人应当采取必要的组织措施，保证评标活动在严格保密的情况下进行。

(1)评标委员会。评标委员会由招标人负责组建，评标委员会负责评标活动，其成员名单在中标结果公布前应当保密。

评标委员会人员结构，应由招标人或者其委托的招标代理机构熟悉相关业务的代表，以及有关技术、经济等方面的专家组成，为了得到更广泛的评审意见，还应当邀请咨询设计公司和工程业主的有关管理部门派人参加评标。

在国际工程招标评标活动中，有的政府工程评标委员会设置合同官员，并扮演着重要的角色。以美国为例，美国的合同官员是通过一个授权证书来指定，证书中说明了授权的范围和界限，合同官员在定标时，如果其认为是为了政府的利益，可以拒绝所有投标并可以选择重新邀请投标。

有些招标机构可能采取多途径评标的方式，即将所有投标文件轮流分别送给咨询公司、工程业主的有关管理部门和专家小组，由他们各自独立地评审，并分别提出评审意见；而后由招标机构的评审委员会和评标小组进行综合分析，写出评审对比的分析报告，交评标委员会讨论决定。一般情况下，评标委员会和评审小组的权限仅限于评审、分析比较和推荐。决标和授标的权利属于招标机构和工程项目的业主。

(2)评标原则。在公开开标后到中标的投标者被通知授予合同之前，与投标审核、澄清及评估有关的信息不得泄漏给投标者或其他与评标过程无关的人。

在个别情况下，如业主需要，应以书面的形式，要求投标者对其标书中的含糊不清和不一致的地方进行澄清。

在评标阶段，投标者可能会频繁尝试与业主直接或间接地接触，以质询评标进展情况，提供非经征询的澄清，或对其竞争对手提出批评。收到该类信息应仅答复收悉。业主必须以相应的标书所提供的信息为依据进行评标，不过所提供的附加信息可能有助于提高评标的精确性、快速性或公正性，但无论如何不允许改变投标报价或实质内容。

(3)评标内容。土木工程项目的评标一般都是分为投标的初步审核和投标的详细审核两个阶段。

①投标的初步审核。

A. 投标文件的检查与核实。投标文件的检查与核实首先要确认投标的有效性。例如必须要有授权代表的签字；若投标者是联营体，必须提供联营协议；如果投标者是代理人，除必须提供必要的文件外，还应提供相应的代理授权书；此外，投标文件的所有副本都与正本比较，并以正本为准进行相应的更正。

B. 投标者的合格性检查。投标者必须是合格来源国家的公司或合法实体；若是联营体，则其中的所有各方均应来自合格来源国家，并且联营体也应注册在一个合格来源国家。此外，根据世行贷款项目的评标规则，若投标者(包括一个联营体的所有成员和分包商)与为项目提供过相关咨询服务的公司有隶属关系，或如投标者是业主所在国的一个缺乏法律和财务自主权的公有企业，该投标者可被认定无资格投标。

C. 投标保证金。国际工程招标的招标文件一般都要求投标者提交投标保证金。投标保证金必须符合投标者须知的要求，且必须随投标提供。联营体投标的保证金应以联营体各方的名义提供。

D. 投标文件的完整性检查。除非招标文件特别允许部分投标，即允许投标者仅对其挑选的项或仅对特定项的部分数量提出报价，否则没有提供全部所要求项别的投标一般应被认为是非响应性的。但土木工程合同中，漏掉个别工程项的报价应被认为已包含在其他紧密相关项的报价中。如发现已作涂改、行间书写、添加或其他修改，修改处必须有投标者授权代表的签字。如修改是更正性、编辑性或解释性的，则可以被接受；反之，应被视为偏差，而在实质性响应检查中进行分析。除此之外，投标书正本缺页会导致废标。

E. 投标文件的实质性响应检查。所谓投标文件的实质性响应是指投标文件与招标文件的全部条款、条件和技术规范相符，无重大偏差。判断一份投标文件是否有重大偏差的基本原则是要考虑对其他投标者是否公平。在其他投标者没有同等机会的情况下，如果撤销或修改一份标书的偏差可能会严重影响其他投标者的竞争能力，则这种偏差就应被视为重大偏差。重大偏差的例子包括：

a. 邀请固定价投标时提出价格调整；

b. 未能响应技术规范，而代之以提供在关键性能指标/参数或其他要求方面实质性不同的设计或产品；

c. 合同起始、交货、安装，或施工的分段与所要求的关键日期或进度标志不一致；

d. 以实质上超出允许的金额和方式进行分包；

e. 拒绝承担招标文件中分配的重要责任和义务，如履行保函和保险范围；

f. 对关键性条款表示异议或例外(保留)，如适用法律、税收及争端解决程序；

g. 那些在投标者须知中列明的可能导致废标的偏差。

如果某偏差可折算成一个货币值在详细评审时计入标价作为惩罚，并且该偏差在最终合同中是可接受的，同包含偏差的投标可被认为是具有实质性响应的，此时可要求投标者澄清或留待详细审核时再加以衡量。

若投标文件实质上不符合招标文件的要求（即存在重大偏差），则存在两种处理方式，其一是世界银行为代表的处理方式，即业主对存在重大偏差的投标将予以拒绝，并且不允许投标者通过修改投标文件而使之符合招标文件要求；其二是国际咨询工程师联合会推荐的投标程序中规定的处理方式，即如果业主不接受投标者提出的偏差，则业主可通知投标者，允许投标者在改变报价的前提下撤回此类偏差。

②投标的详细审核。只有通过初审的投标才能作为中标候选人进入本阶段审核。下面介绍土木工程的详细审核情况。土木工程项目招标的详细审核内容包括以下几个方面：

A. 纠正差错。业主应对实质性响应的投标文件中的错误按以下原则进行修正：

a. 数字表示的金额与文字表示的金额不一致时，以文字金额为准。

b. 当合价同该行数量和单价的乘积之间不一致时，以标出的单价为准；若业主认为单价有明显的小数点错位，则此时应以该行标出的合价为准修改单价。

以上修正结果经投标者同意后对投标者具有约束作用，否则，其投标保证金将被没收。

B. 对暂定金额的纠正。投标可能包括业主为不可预见费或指定分包商等设定的暂定金额，由于该金额在所有投标中都一样，因此评标时应直接从投标价中扣除金额；但对那些为计日工设定的暂定金额，在进行竞争性报价时，不应进行扣除。

C. 修改和折扣。根据投标者须知，允许投标者在开标前提交对原标价的修正，这些修正可包括报价金额的增加或折扣，在审核和比较时，应反映该修正的影响，按修正后的标价。但如果该修正是折扣，而其条件是同时授予其他合同或合同包的其他项（交叉折扣），则在完成其他各项评标步骤前不应考虑，在审核和比较时应反映无条件折扣（或加价）的影响。

D. 评标货币。经过纠正差错计算和进行了折扣调整的投标，应按投标者须知中的规定将投标报价中应支付的各种货币（不包括暂定金额）转换成单一币种货币，既可以是业主所在国的货币，也可以是一种投标资料表中指定的国际贸易中广泛使用的货币。若对某一特定货币存在多种汇率，应指明哪种适用，并说明选择的理由。

E. 对投标中的遗漏应通过加上预计的弥补缺漏所需费用来处理。如某些投标中的漏项在其他投标中有提供，可使用该项各报价的平均价来与其他投标进行比较。

F. 如果在投标者须知中规定了在评标时将考虑的货物的性能、售后服务的服务指标或工程的质量指标等，则在评审这些指标时所使用的方法应在评标报告中阐述，并应与投标者须知中的规定完全一致。

除非在投标者须知中有特别规定，否则不应通过对超过招标文件要求的性能指标给予加分或额外奖励，从而导致评标价的降低。

G. 若在投标初步审核时，允许通过将偏差折算成一个货币值在详细评审时计入标价作为惩罚，从而使包含偏差的投标转变成为具有实质性响应的投标，则此时应将偏差按评标货币折价计入标价中。

例如，若某投标提出的完工日期超过了招标文件规定的日期，但在技术上可为业主所接受，所超过的时间应按投标者须知规定的金额进行罚款。

H. 国内优惠。如果在评标中允许给国内投标者优惠，投标者须知中应注明并提供确定优惠合理性的具体程序及优惠金额的百分比。

对土木工程招标，世界银行贷款项目规定如果投标资料表中有规定，国内投标者或由国内外公司组成的联营体在一定条件下有资格享受到国内优惠(世行贷款项目推荐为7.5%)。

实行优惠时，首先将投标价换算成为一货币后，将响应性投标文件分成满足国内优惠条件要求的国内投标者和联营体提交的投标文件及所有其他投标者提交的投标文件两组，前一组的投标价格在考虑并计算了优惠条件后，再将其加入后一组的各投标评价中，进行评标价的总排队，对评标价最低的几家进行比较。

I. 交叉折扣。在对同一投标者授予一个以上合同或合同包时，这个投标者会提供有条件折扣，此时，业主应在投标者满足资格条件的前提下，以总合同包成本最低为原则选择授标的最佳组合。

J. 其他。对土木工程招标的评标还应进行施工方案比较，即对主要施工方法、施工设备及施工进度的比较；对拟实施该项目的主要管理人员及工程技术人员的数量及其经历的比较；对有关施工设备赠给、软贷款、技术协作、专利转让及雇用当地劳动力等条件的比较。

评标进行过程中，评标委员会若有疑问，可能会召开澄清会议，请投标者回答问题。

3. 决标

决标即最后决定中标者。通常由招标机构和业主共同商讨决定中标者。如果业主是一家公司，通常由该公司董事会根据评标报告决定中标者；如果是政府部门的项目招标，则政府会授权该部门首脑通过召开会议讨论决定中标者；如果是国际金融机构或财团贷款建设的项目招标，除借款人作出决定外，还要报送贷款的金融机构征询意见。贷款的金融机构如果认为借款人的决定是不合理或不公平的，可能要求借款人重新审议后再作决定。如果借款国与国际贷款组织之间对中标人的选择有严重分歧而不能协调，则可能导致重新招标。

4. 授标

授标是指向最后决定的中标者发出通知，接受其投标书，并将由项目业主与中标者签订合同。在决定中标者后，业主向投标者发出中标通知后，也可能发出一份授标的意向书。中标通知书会直接写明该投标者的投标书已被接受，授标的价格是多少，应在何时、何地与业主签合同。授标意向书则只是向投标者说明授标的意向，但最后取决于业主和该投标者进一步议标的结论。意向书通常不写明授标的价格，意味着业主可能认为投标者的报价有不合理之处，将在议标和商签合同时讨论。

投标者中标后即已成为承包商，按照国际惯例，承包商应立即向业主提交履约保证，用履约保证换回投标保证金。

在向中标的投标者授标并商签合同后，对未能中标的其他投标者，也应发出一份未能中标的通知书，不必说明未中标的原因，但应注明退还投标者投标保证金的方式。

5. 废标

在招标文件中一般规定业主有权拒绝所有投标，但绝不允许为了压低标价随意废标，再以同样条件招标的做法。

一般在下述三种情况下，业主可以废标：

(1)具有响应性的最低标价大大超过标底(一般20%以上)，业主无力接受投标。

(2)投标文件基本上不符合招标文件要求。

(3)投标者过少(不超过三家),没有竞争性。

如果因上述原因之一而废标时,业主应研究发生的原因,采用相应的措施,如扩大招标公告范围或与最低评价的投标者进行谈判等。

按照国际惯例,若准备重新招标,必须对原招标文件的项目、规定、条款进行审定修改,将以前作为招标文件补遗颁发的修正内容和(或)对投标者质疑的解答包括进去。

第五节　国际工程投标

一、国际工程投标前的工作

(一)获取项目信息

项目信息来源渠道多,国际市场的信息来源主要有:

(1)国际专门机构,如联合国系统内机构、世界银行、区域性国际金融组织等;

(2)国家贸易促进机构;

(3)商业化信息,如《工程新闻纪录》、《国际建设》、《国际建设周刊》等,还可通过网络的方式获得商业化信息;

(4)国际国内行业协会或商会,如国际咨询工程师联合会、中国国际工程咨询协会(CAIEC)、中国对外承包工程商会(CHINCA)等。

(二)投标前期调研工作

投标前期调研工作主要包括了解与项目相关的情况,为投标决策提供依据,调研内容包括:

(1)政治方面,指工程所在国政治经济形势、政权稳定性、相邻国家情况(战争、暴乱)及其与本国的关系等。

(2)法律方面,指项目所在国的法律法规,如建筑法规、经济法规、劳动法、环境法、税收法、合同法、海关法规、仲裁法规等。

(3)市场方面,包括工程所在地的建筑材料、设备、劳动力、运输、生活用品市场供应能力、价格、近三年物价指数变化等情况。

(4)金融、保险,主要指有关外汇政策、汇率、保险规定、银行保函等情况。

(5)当地公司过去投标报价有关资料。

(6)有关业主的资信情况。

一般情况下投标前期调研工作不可能太详细,中标获得项目后还应作详细的现场考察。

(三)投标决策

在获得信息后,业务部门和领导首先必须决定投标的项目,即对项目进行评估和选择。这是提高中标率,获得较好的经济效益的第一步,是一项非常重要的工作,也是在投标过程中投标人面临的第一个决策。

影响投标决策的因素是多方面的,而且都是既相互制约又相互关联的,投标前必须认真分析利弊。

1. **业主方面的因素**

业主方面的因素主要考虑工程项目的背景条件，如业主的信誉和工程项目的资金来源、招标条件的公平合理性，以及业主所在国家的政治形势、经济形势、法律规定、社会情况、对外商的限制条件等。很多国家规定，外国承包商或公司在本国承包工程必须同当地的公司成立联营体才能承包该国的工程。如果这样，还要对合作伙伴的信誉、资历、技术水平、资金、债权与债务等方面进行全面分析，然后再决定是否投标。又如外汇管制情况，外汇管制关系到承包公司能否将在当地所获外汇收益转移回国的问题。目前，各国管制法规不一，有的允许自由兑换、汇出，基本上无任何管制；有的则有一定限制，必须履行一定的审批手续；有的规定外国公司不能将全部利润汇出，只能汇出一部分，其余在当地用作扩大再生产或再投资，这是在该类国家承包工程必须注意的“亏汇”问题。还有工程所在国的税收制度，诸如关税、进口调节税、营业税、印花税、所得税、建筑税、排污税以及临时进入机械押金等。

2. **工程方面的因素**

工程方面的因素和国内投标基本相同，并且与企业自身的情况相联系。工程方面的因素主要有工程性质和规模、施工的复杂性、工程现成的条件、工程准备期和工期、材料和设备的供应条件等。

3. **承包商方面的因素**

根据承包商本身的经验、施工能力和技术经济方面的实力，确定能否满足工程项目的要求。在施工能力和技术方面，一般公司的实力应与工程项目的大小和难易程度相适应，虽然大型的承包公司技术水平高，善于管理大型复杂工程，其适应性强，可以承包的工程项目范围大，但由于经济和社会效益的缘故，大型复杂工程一般倾向于大型的承包公司，中小型的简单工程由中小型工程公司或当地的工程公司承包可能性大。在经济方面，国际上有的业主要求“带资承包工程”或“实物支付工程”。所谓“带资承包工程”，是指工程由承包商筹资兴建，从建设中期或建成后某一时期开始，业主分批偿还承包商的投资及利息，但有时这种利率低于银行贷款利息。承包这种工程时，承包商更需投入大量资金。所谓“实物支付工程”是指有的发包方用该国滞销的农产品、矿产品折价支付工程款。遇上这种项目需要慎重对待，确定是否有能力垫付工程款或以有利价格变现实物。

4. **竞争对手的因素**

竞争对手的实力、优势也是影响投标决策的一个因素。另外，竞争对手的在建工程情况也十分重要。如果竞争者的在建工程即将完工，可能急于获得新承包项目，投标报价不会很高，条件也会较优惠；如果其在建工程规模大、时间长，但仍参加投标，则标价可能会很高，条件不会有太大优惠。如果竞争者中有工程所在国的承包公司，他们在当地有熟悉的材料、劳力供应渠道，管理人员也相对比较多等优势，还要注意是否有对本国公司的优惠条件。

（四）投标准备

当承包商分析研究作出决策对某工程进行投标后，应进行大量的准备工作，包括：组建投标班子、选定代理人（公司）、寻找合作伙伴、参加资格预审、研读招标文件、现场勘察、参加标前会议、制订施工组织规划、办理投标保函和注册手续等。

1.组建投标班子

投标班子的人员应由设计施工的工程师、精通报价的造价师、采购人员和财会人员组成。参加国际投标的人员应具有一定的外文水平，对工程所在国有关法律法规有一定的了解，熟悉国际招标的程序。

2.选定代理人(公司)

国际承包工程活动中通行代理制度，即外国承包商进入工程项目所在国，必须通过合法的代理人开展业务活动。代理人实际上是为外国承包商提供综合服务的咨询机构，有的是个人独立开业的咨询工程师，有的是合伙企业或公司。其服务内容主要有：

(1)协助外国承包商争取参加本地招标工程项目投标资格预审和取得招标文件；

(2)协助办理外国人出入境签证、居留证、工作证以及汽车驾驶执照等；

(3)为外国公司介绍本地合法对象和办理注册手续；

(4)提供当地有关法律和规章制度方面的咨询；

(5)提供当地市场信息和有关商业活动的知识；

(6)协助办理建筑器材和施工机械设备以及生活资料的进出口手续，诸如申请许可证、申报关税、申请免税、办理运输等；

(7)促进与当地官方及工商界、金融界的友好关系。

代理人的活动往往对一个工程项目投标的成功与否，起着相当重要的作用。因此，承包商应对物色代理人给以足够的重视。一个好代理人应该具备的条件是：有丰富的业务知识和工作经验；资信可靠，能忠实地为委托人服务，尽力维护委托人的合法权益；社交能力强，信息灵通。

找到合适的代理人以后，应及时签订代理合同，并颁发委托书、代理合同。

代理费用一般为工程标价的2%～3%，视工程项目大小和代理业务繁简而定。代理费的支付以工程中标为前提条件。不中标者不付给代理费。代理费应分期支付或在合同期满后一次支付。不论中标与否，合同期满或由于不可抗力的原因而中止合同，都应付给代理人一笔特别酬金。只有在代理人失职或无正当理由而不履行合同的条件下，才可以不付给特别酬金。

代理人委托书实际上就是委托人的授权证书，须经有关方面认证方能生效。

3.寻找合作伙伴

有的国家要求外国公司必须与本国公司合营，共同承包工程项目，共同享受赢利和承担风险。有些合作人并不入股，只帮助外国公司招揽工程、雇佣当地劳务人员及办理各种行政事务，承包公司付给佣金。有些国家，则明文规定凡在境内开办商业性公司的，必须有本国股东，并且他们要占50%以上股份。有的项目虽无强制要求，但工程所在国公司可享受优惠条件，与它们联合可增加竞争力。选择合作公司时必须进行深入细致的调查研究。首先要了解其信誉和在当地的社会地位，其次了解它的经济状况、施工能力、在建工程和发展趋势。

4.参加资格预审

有兴趣投标的承包商要先购买资格预审文件，按照资格预审文件的要求如实填写。预审文件中的企业资质等级、财务状况、技术能力、以往业绩、关键技术人员的资格能力等是例行的内容，在平时的工作中应积累一套完整的资料，准备随时应用。对于资格预审中针对该项目的内容应慎重对待，如拟派出人员、项目的实施机构等，要有针对性，并能展现企业在此项目上的优势。投标人必须在规定时间内完成资格预审文件的填写，在截止日期前送达或寄送到指定地点。

5.研读招标文件

承包商在派人对现场进行考察之前和整个投标报价期间,均应组织参加投标报价的人员认真细致地阅读招标文件,必要时还要组织人员把投标文件译成中文。在动手计算投标价前,首先要清楚招标文件的要求和报价内容,并特别要注意:①承包者的责任和报价范围,以免在报价中发生任何遗漏。②各项技术要求,以便确定经济适用而又可加速工期的施工方案。③工程中需使用的特殊材料和设备,以便在计算报价之前调查价格,避免因盲目估价而失误。另外,应整理出招标文件中含糊不清的问题,有一些问题应及时提请业主或咨询工程师予以澄清。

为进一步制订施工方案、进度计划,算出标价,投标者还应从以下几个主要方面研究招标文件:

(1)投标书附件与合同条件。投标书附件与合同条件是国际工程招标文件十分重要的组成部分,其目的在于使承包商明确中标后应享受的权利和所要承担的义务和责任,以便在报价时考虑这些因素。

①工期。这包括对开工日期的规定、施工期限,以及是否有分段、分批竣工的要求。工期对制订施工计划、施工方案、施工机械设备和人员配备均是重要依据。

②误期损害赔偿的有关规定。这对施工计划的安排和拖期的风险大小有影响。

③缺陷责任期的有关规定。这对何时可收回工程"尾款"、承包商的资金利息和保函费用计算有影响。

④保函的要求。保函包括履约保函、预付款保函、临时进口施工机具税收保函以及维修期保函等。保函数值的要求和有效期的规定,允许开保函的银行限制。这与投标者计算保函手续费和用于银行开保函所需占用的抵押资金有重要关系。

⑤保险。这主要包括是否指定了保险公司、保险的种类(例如工程一切保险、第三方责任保险、现场人员的人身事故和医疗保险、社会保险等)和最低保险金额。这将决定保险费用的计算。

⑥付款条件。这主要包括:是否具有预付款,如何扣回,材料设备到达现场并检验合格后是否可以获得部分材料设备预付款,是否按订货、到工地等分阶段付款。期中付款方法,包括:付款比例、保留金比例、保留金最高限额、退回保留金的时间和方法,拖延付款的利息支付等,每次期中付款有无最少金额限制,业主付款的时间限制等。这些是影响承包商计算流动资金及其利息费用的重要因素。

⑦税收。这主要包括:是否免税或部分免税,可免何种税收,可否临时进口机具设备而不收海关关税。这些将严重影响材料设备的价格计算。

⑧货币。这主要包括:支付和结算的货币规定,外汇兑换和汇款的规定,向国外订购的材料设备需用外汇的申请和支付办法。

⑨劳务国籍的限制。这个因素有助于计算劳务成本。

⑩战争和自然灾害等人力不可抗拒因素造成损害的补偿办法和规定,中途停工的处理办法和补救措施等。

⑪有无提前竣工的奖励。

⑫争议、仲裁或诉诸法律等的规定。

在世界银行贷款项目招标文件中,以上各项有关要求,有的在"投标者须知"中作出说明和规定，有的放在“合同条件”第二部分中具体规定。

(2)技术规范。研究招标文件中所附施工技术规范，是参照或采用英国规范、美国规范或是其他国际规范，以及对此技术规范的熟悉程度，有无特殊施工技术要求和有无特殊材料设备技术要求，有关选择代用材料、设备的规定，以便针对相应的定额，计算有特殊要求项目的价格。

(3)报价要求。

①应当注意合同种类是属于总价合同、单价合同、成本补偿合同、“交钥匙”合同或是单价与包干混合制合同。例如有住房项目招标文件，对其中的房屋部分要求采用总价合同方式，而对室外工程部分，由于设计较为粗略，有些土石方和挡土墙等难以估算出准确的工程量，因而要求采用单价合同。对承包商来说，在总价合同中承担着工程量方面的风险，就应仔细校核工程量并对每一子项工程的单价作出详尽细致的分析和综合。

②应当仔细研究招标文件中的工程量表的编制体系和方法，是否将施工详图设计、勘察、临时工程机具设备、进场道路，临时水电设施等列入工程量表。特别要认真研究工程量的分类方法，以及每一子项工程的具体含义和内容。要研究永久性工程之外的项目有何报价要求，以便考虑如何将之列入工种总价中去。例如对旧建筑物和构筑物的拆除、监理工程师的现场办公室和各项开支(包括他们使用的家具车辆、水电、试验仪器、服务设施和杂务费用等)、模型、广告、工程照片和会议费用等，招标文件有何具体规定。弄清一切费用纳入工程总报价的方法，不得有任何遗漏或归类的错误。

对某些部位的工程或设备提供，是否必须由业主确定指定的分包商进行分包。文件规定总包对分包商应提供何种条件，承担何种责任，以及文件是否规定分包商计价方法。对于材料、设备工资在施工期限内涨价及当地货币贬值有无补偿，即合同有无任何调价条款，以及调价计算公式。

(4)承包商风险。认真研究招标文件中对承包商不利、需承担很大风险的各种规定和条款，例如有些合同中有这样一个条款：“承包商不得以任何理由索取合同价格以外补偿”，那么承包商就得考虑加大风险费。

6.现场勘察

现场勘察是整个投标报价中的一项重要活动，对于正确考虑施工方案和合理计算报价具有重要意义。

现场勘察的一般程序和做法是：现场勘察组应由报价人员、实施项目经理和公司领导决策人员组成，根据对招标文件研究和投标报价的需要，制订勘察提纲，考察后应提供出实事求是和包含比较准确可靠数据的考察报告，以供投标报价使用。

现场勘察应包括以下内容：

(1)自然地理条件。

①气象资料：年平均气温、年最高气温；风玫瑰图、最大风速、风压值；日照；年最大降雨量，平均降雨量，年平均湿度，最高、最低湿度；室内计算温度、湿度。

②水文资料：潮汐、风浪、台风等(对于港口工程)。

③地质情况：地质构造及特征；承载能力，地基是否有大孔土、膨胀土(需用钻孔或探坑等手段查明)；地震及其设防等级。

④上述问题对施工的主要影响。

(2)材料问题。

①地方材料的供应品种,水泥、钢材、木材、砖、砂、石料及预制构件的生产和供应。

②装修材料的品种和供应,瓷砖、水磨石、大理石、墙纸、吊顶、喷涂材料、铝合金门窗、水电器材、空调等的产地和质量,各种材料器材的价格、样本。

③第三国采购的渠道及其当地代理情况。

④实地参观访问当地材料的成品及半成品等生产厂、加工厂和制作场地。

(3)交通运输。

①空运、海运、河运和陆地运输情况。

②主要运输工具购置和租赁价格。

(4)编制报价的有关规定。

①所在国国家工程部门颁发的有关费率和取费标准。

②人工工资及其附加费用,当地工人工效以及同我国工人的工效比,如何招募当地工人等。

③临建工程的标准和收费。

④当地及国际市场材料、机械设备价格的变动,运输费和税率的变动。

(5)施工机具。

①该国施工设备和机具的生产、购置和租赁;转口机具和设备材料的供应;有关设备机具的配置及维修。

②当地施工是否需要特殊机具。

③当地机具加工能力。

(6)规划设计和施工现场。

①工程的地形、地物、地貌;城市坐标、用地范围;工程周围的道路、管线位置、标高、管径、压力;市政管网设施等。

②市政给排水设施;废水、污水处理方式;市政雨水排放设施;市政消防供水管道管径、压力。

③当地供电方式、电压、供电方位、距离。

④电视和通讯线路的铺设。

⑤政府有关部门对现场管理的一般要求、特殊要求及规定。

⑥施工现场的“三通一平”情况。

⑦当地施工方法及注意事项。

⑧当地建筑物的结构特征和习惯做法;建筑形式、色调、装饰、装修、细部处理;所在国的建筑风格。

⑨重点参观有代表性的著名建筑物和现代化建筑。

(7)业主和竞争对手情况。

①业主情况。

②工程资金来源。

③竞争对手情况。

(8)承包工程所在国的政治情况、有关法规和条例。

①掌握该国的一般政治、经济情况;与邻国的关系;与我国的关系。

②了解我国外交部、商务部对该国的评价,请我驻外使馆介绍有关情况。

③了解该国关于外国承包公司注册设点的程序性规定;需要递交的资料的详细内容。

④搜集或购买工程设计规范、施工技术规范、招标法规制度及工程审查及验收制度。

(9)市场情况。

①建筑材料、施工机械设备、燃料、动力、水和生活用品的供应情况。

②劳务市场状况,包括工人的技术水平、工资水平,有关劳动保险和福利待遇的规定,以及外籍工人是否被允许入境等。

③外汇汇率。

④银行信贷利率。

⑤工程所在国本国承包企业和注册的外国承包企业的经营情况。

⑥工程项目的资金来源和业主的资信情况。

⑦对购买器材和雇佣工人有无限制条件(例如是否规定必须采购当地某种建筑材料的份额或雇佣当地工人的比例等)。

⑧对外国承包商和本国承包商有无差别待遇(例如在标价上给本国承包商以优惠等)。

⑨工程价款的支付方式,外汇所占比例。

⑩业主、监理工程师的资历和工作作风等。

以上只是调查的一般要求,应针对工程具体情况而增删。考察后要写出简洁明了的考察报告,附有参考资料、结论和建议,使报价人员看后一目了然,把握要领。一个高质量的考察报告,对研究报标报价策略和提高中标率有着十分重要的意义。

7.参加标前会议

召开标前会议的目的,是为了使业主澄清投标者对招标文件的疑问,回答投标者提出的各类问题。通过介绍项目情况,使投标者进一步了解招标文件的要求、规定和现场情况,更好地准备投标文件。一般大型和较复杂的工程要召开此类会议,而且往往与组织投标者考察现场结合进行,在投标邀请书中即规定好会议日期、时间和地点。

投标者如有问题要提出,应在召开标前会议一周前以书面或电传形式发出。业主将对提出的问题以及标前会议的记录用书面答复的形式给每个投标者,并作为正式招标文件的一部分。

投标人应按时参加标前会议,在参加会议前应认真阅读和分析招标文件,如已经进行了现场勘察,则应结合现场勘察的结果,将发现的问题和疑问整理成书面文件,提交给招标人。在会议上应认真记录会议内容,并从其他人的提问中发现对自己有用的信息。所提问题的注意事项与国内投标基本相同。

世界银行贷款项目,对标前会议和现场考察的情况及对主要问题的澄清、解答还应作出书面纪要并报送世界银行。

8.制订施工组织规划

招标文件中要求投标者在报价的同时要附上其施工组织规划。施工组织规划内容一般包括施工技术方案、施工进度计划、施工机械设备和劳动力计划安排以及临建设施规划。

制订施工规划的原则是在保证工程质量和工期的前提下,尽可能使工程成本最低,投标价格合理。施工方案的可行性和进度安排的合理安排与工程报价有着密切的关系,编制一个好的施工规划可以大大降低标价,提高竞争力。因此,投标人要采用对比和综合分析的方法寻求最佳方案,避免孤立地、片面地看问题。应根据现场施工条件、工期要求、机械设备来源、劳动力的来源等，全面考虑采用最佳方案。

9. **办理投标保函、注册手续**

投标人应按招标文件要求办理投标保函，它表明投标人有信用和诚意履行投标义务。其担保责任为：

(1)投标人在投标截止日以前投递的标书，有效期内不得撤回；

(2)投标人中标后，必须在收到中标通知后的规定时间内去签订合同；

(3)在签约时，提供一份履约保函。

若投标人不能履行以上责任，则业主有权没收投标保证金(一般为标价的3%～5%)作为损害赔偿。投标保函的有效期限一般是从投标截止日起到确定中标人止。若由于评标时间过长而使保函到期，业主要通知承包商延长保函有效期。招标结束后，未中标的投标者可向业主索回投标保函，以便向银行办理注销或使押金解冻，中标的承包商在签订合同时，向业主提交履约保函，业主即可退回投标保函。

目前，我国采用国际竞争性投标方式的大型土建项目中，对担保单位的要求是投标保函可由中国银行、中国银行海外分行、招标公司和业主认可的任何一家外国银行开具，或由外国银行通过中国银行转开。

外国承包商必须按项目所在国的规定办理注册手续，取得合法地位。有的国家要求投标前注册，有的允许中标后再注册。注册时需要提交规定的文件，主要有：企业章程、营业证书、世界各地分支机构清单、企业主要成员名单、申请注册的分支机构名称和地址、分支机构负责人的委任状、招标项目业主与企业签订的有关证明文件等。

二、投标文件的编制

投标单位对招标工程作出报价决策之后，即应编制标书，也就是投标者须知规定投标单位必须提交的全部文件。这些文件主要有：

(1)投标书及其附件。投标书就是由投标的承包商负责人签署的正式报价信，我国通称标函。中标后，投标书及其附件即成为合同文件的重要组成部分。

(2)划价的工程量清单和单价表，按规定格式填写，核对无误即可。

(3)与报价有关的技术文件：图纸、技术说明、施工方案、主要施工机械设备清单、某些重要或特殊材料的说明书和小样等。

(4)投标保证书。如果同时进行资格审查，则应报送的有关资料。

全部投标文件编好之后，经校核无误，由负责人签署，按投标须知的规定分装，然后密封，派专人在投标截止期之前送到招标单位指定地点，并取得收据。

在编制标书的同时，投标单位应注意将有关报价的全部计算、分析资料汇编归档，一份完整的投标报价书，至少应具备和包括下列资料：

(1)工程量表；

(2)报价单；

(3)主要材料计划表；

(4)主要工程设备清单；

(5)工程施工机械一览表；

(6)施工总体规划进度表;

(7)工程报价汇总表;

(8)预付款支付计划表;

(9)劳动力需求计划表;

(10)投标书附录一览表;

(11)报价书说明;

(12)临时设施、监理工程师办公室和施工总平面布置图等。

以上这些内容,有的是招标文件上必须要求送的,如(1)(2)(6)(7)(9)(11)等项,有的是承包商本身控制成本所必须做的,有时是二者兼顾的。

三、投标报价的确定

国际工程的投标报价是投标过程中的关键问题,而且影响投标报价的因素很多,需要综合考虑,制订相应的策略,最终确定报价。

(一)工程投标报价的程序

工程投标报价的程序如下:

(1)认真研究招标文件,其中包括标前会议的记录、答疑的书面文件、现场勘察的结果。

(2)复核工程量。对业主提供的工程量清单进行审查,其中包括工程量、该项目包含的工作内容。

(3)制订施工规划。进行施工方案设计,制订出施工进度计划。

(4)计算直接费。分别计算构成工程直接费的人工、材料、设备费用,确定分包费用。

(5)计算间接费。

(6)按工程量清单汇总计价。

(7)根据报价策略确定投标报价。

(二)国际工程投标报价的费用构成

1.报价组成分析

投标报价的费用主要由工程直接费、工程分摊费和暂定金额三大部分构成。

工程直接费是指在工程施工中直接用于工程实体上的人工、材料、设备和施工机械使用费等费用的总和。

工程分摊费是工程项目实施所必需的,但在工程量清单中没有单列项的项目费用,需要将其作为待摊费用分摊到工程量清单的各个报价分项中去。分摊费主要由初期费(又称开办费)施工现场管理费和其他待摊费组成。

暂定金额又叫做备用金,是业主在招标文件中明确规定了数额的一笔金额,准备用于将来工程上可能发生的一些意外开支。按规定承包商应将暂定金额列入投标报价中,但暂定金仅能根据工程师的指定使用。暂定金可能部分甚至全部动用,也可能完全不用。

标价的主要费用组成见图 4-2。

2.工程直接费基础单价计算

(1)人工工日基价。工日基价是指国内派出的工人和在工程所在国招募的工人,每个工作

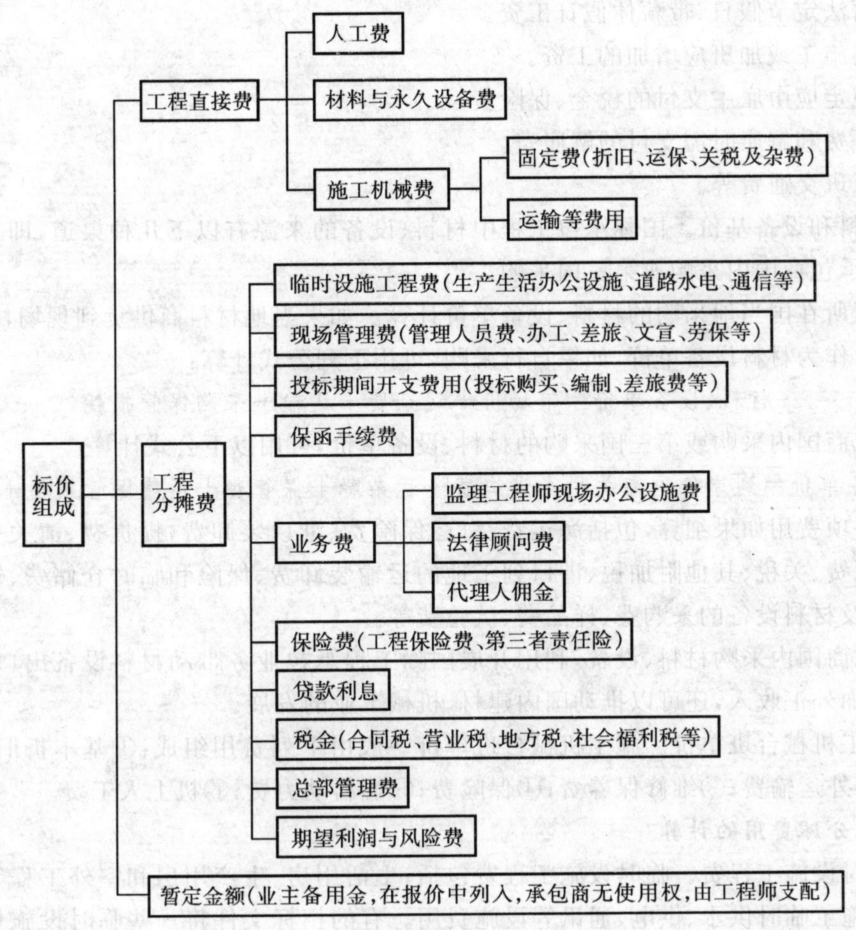

图 4-2 标价的主要费用组成

日的平均工资。一般来说,在分别计算这两类工人的工资单价后,再考虑功效和其他一些有关因素以及人数,加权平均即可算出工日工资基价。

国内派出人员费用包括以下几方面:

①国内工资,可按出国前工资计算。

②派出人员的企业收取的管理费,可与派出人员的单位商定。

③置装费,按热带、温带、寒带等不同地区给予补助。

④国内旅费,包括人员出国和回国时往返于国内工作地点之间的旅费。

⑤国际旅费,包括开工的出国、完工后回国及中间回国探亲所开支的旅费。

⑥国外零用费及艰苦地区的补贴,按各公司的规定计算。

⑦国外伙食费,按各公司情况参照有关规定计算。

⑧人身意外保险费,按保险公司投保的费用计算。

⑨加班费和奖金。

雇佣当地人员费用包括以下几方面:

①日基本工资。

②带薪法定节假日、带薪休假日工资。

③夜间施工或加班应增加的工资。

④按规定应由雇主支付的税金、保险费。

⑤招募费和解雇时需支付的解雇费。

⑥上下班交通费等。

(2)材料和设备基价。国际承包工程中材料、设备的来源有以下几种渠道,即工程所在国当地采购、承包商国内采购或第三国采购。

①工程所在国当地采购的材料、设备单价计算。如果当地材料商供货到现场,可直接用材料商的报价作为材料设备单价,如果自行采购,可用下列公式计算:

材料、设备单价=市场价+运杂费+运输+采购保管损耗

②承包商国内采购或第三国采购的材料、设备单价,可用以下公式计算:

材料、设备单价=到岸价+海关税+港口费+运杂费+保管费+运输保管损耗+其他费用

上述各项费用如果细算,包括海运费、海运保险费、港口装卸费、提货费、清关费、商检费、进口许可证费、关税、其他附加税、港口到工地的运输装卸费、保险和临时仓储费、银行信用证手续费,以及材料设备的采购费、样品费、试验费等。

从承包商国内采购材料、设备,利用开展国际工程承包业务带动材料设备出口,既可以降低成本,增加外汇收入,还可以推动国内建材、机械工业的发展。

(3)施工机械台班单价。施工机械台班单价一般由下列费用组成:①基本折旧费;②安装拆卸费及场外运输费;③维修保养费;④保险费;⑤燃料动力费;⑥机上人工费。

3.工程分摊费用的计算

(1)临时设施工程费。临时设施工程费包括:生活用房、生产用房和室外工程等临时房屋的建筑费,施工临时供水、供电、通讯等设施费用。有的招标文件将一些临时设施作为独立的工程分列入工程量清单,则应按要求单独报价,这对承包商是有利的,可以较早得到这些设施的进度支付款。

(2)现场管理费。现场管理费是由于施工组织与管理工作而发生的各种费用,费用项目较多,主要包括下列几方面:

①管理人员费,从生产和辅助生产劳务数量的比例并结合管理岗位计算管理人员数量,按他们的平均日工资计算管理人员的工资和费用。

②办公费,包括复印、打字、文具纸张、邮电、办公家具,以及水电、空调、采暖等开支。

③差旅交通费,包括因公出差费用、交通工具使用费、养路费、牌照费等。

④文体宣教费,包括报纸、学习资料、图书、电影、电视以及体育和文娱活动的费用。

⑤生活设施费,如现场人员卧具、厨房设施、卫生设施等费用。

⑥劳动保护费,包括购置公用或大型劳保用品,如安全网等发生的费用。个人的劳保用品等费用可以计入此项,也可以计入人工费中。

⑦检验试验费用,包括材料、半成品的检验、鉴定、测试等费用。

⑧工具、用具使用费,指小型工具(如人力推车)消防器材、工人常用低值易耗用品、用具等费用。

⑨固定资产使用费,指办公使用的房屋、设备,办公和生活使用的交通车辆等的折旧摊销、

维修、租赁费等。

⑩广告宣传、会议及招待费。

(3)投标期间开支的费用。其主要包括购买资格预审文件、招标文件、投标期间的差旅费、标书编制费等。

(4)保函手续费。其主要包括投标保函、履约保函、预付款保函、维修保函等,可按估计的各项保证金数额乘以银行保函年费率,再乘以各种保函有效期(以年计)即可。

(5)业务费。其主要包括为监理工程师在现场工作和生活而开支的费用(如监理工程师的办公室、交通车辆等)以及法律顾问费等。有的招标文件对监理工程师具体开支项目有明确规定,投标人可以单独列项报价;如果招标文件没有规定单列,则这笔费用可计入业务费摊销。如果聘请代理人,代理人的佣金也应列入业务费中。

(6)保险费。保险项目主要是工程保险及第三方责任险(工程中的人身意外保险、施工机械设备保险、材料设备运输保险已分别计入人工、材料、施工机械的基础单价,此处不再考虑)。

(7)贷款利息。承包商为启动和实施工程常常需要先垫付一笔流动资金,以补充工程预付款的不足,这笔资金大部分是承包商从银行借款的,因此,应将流动资金的利息计入工程报价中。

(8)税金。按照国家有关规定应交纳的各种税费和按当地政府规定的收费。

(9)总部管理费。总部管理费是指公司总部或上级管理部门对现场施工项目经理部收取的管理费。

(10)期望利润和风险费。期望利润可按工程总价的某一个百分数计取。风险费是指工程承包过程中由于各种不可预见的风险因素发生而增加的费用。由投标人经过对具体工程项目的风险因素分析之后,确定一个比较合理的工程总价的百分数作为报价中考虑的风险费。

4.工程开办费

在国际工程投标报价中一般按照上述工程直接费、工程分摊费计算分项工程综合单价,然后列入工程量清单表的各计价分项中去。但有的招标文件将某些初期费用规定单列为“开办费”,则应弄清允许列入初期费用的具体内容,并在报价单中单列“开办费”,这笔费用业主一般会先行支付,对承包商是有利的。在“开办费”已计入的费用项目不应再计入工程分摊费中。工程开办费在不同的招标项目中包括的内容可能不相同,一般可能包括以下内容:

(1)现场勘察费。业主移交现场后,应进行补充测量或勘探者,可根据工程场地的面积计算。

(2)现场清理费,包括清除树木、旧有建筑构筑物等,可根据现场考察实际情况估算。

(3)进场临时道路费。如果需要时,应考虑其长度、宽度和是否有小桥、涵洞及相应的排水设施等计算,并考虑其经常维护费用。

(4)业主代表和现场工程师设施费。如招标文件规定了具体内容要求,则应根据其要求计算报价。

(5)现场试验设施费。如招标文件有具体规定,应按其要求计算,可按工程规模考虑简易的试验设施,并计算其费用,如混凝土配料试块、试验等。其他材料、成品的试验可送往附近的研究试验机构鉴定,考虑一笔试验费用即可。

(6)施工用水电费。根据施工方案中计算的水电用量,结合现场考察调查,确定水电供应设施,例如水源地、供水设施、供水管网,外接电源或柴油发电机站、供电线路等,并考虑水费、电费或发电的燃料动力费用。

(7)脚手架及小型工具费。根据施工方案,考虑脚手架的需用量并计算总费用。

(8)承包商临时设施费。按施工方案中计算的施工人员数量,计算临时住房、办公用房、仓库和其他临时建筑物等,并按简易标准计算费用,还应考虑生活营地的水、电、道路、电话、卫生设施等费用。

(9)现场保卫设施和安装费用,按施工方案中规定的围墙、警卫和夜间照明等计算。

(10)职工交通费。根据生活营地远近和职工人数,计算交通车和职工由住地到工地往返费用。

(11)其他。如恶劣气候条件下施工设施、职工劳动保护和施工安全措施(如防护网)等,可按施工方案估计。

5.分项工程综合单价分析与标价汇总

(1)分项工程综合单价和总价。单价分析就是对工程量清单中所列分项单价进行分析和计算,确定出每一分项的单价和总价。单价分析之前,应首先计算出工程中拟使用的劳务、材料、施工机械的基础单价,还要选择好适用的工程定额,然后对工程量清单中每一个分项进行分析与计算。

国际工程分项工程综合单价构成如图 4-3 所示。

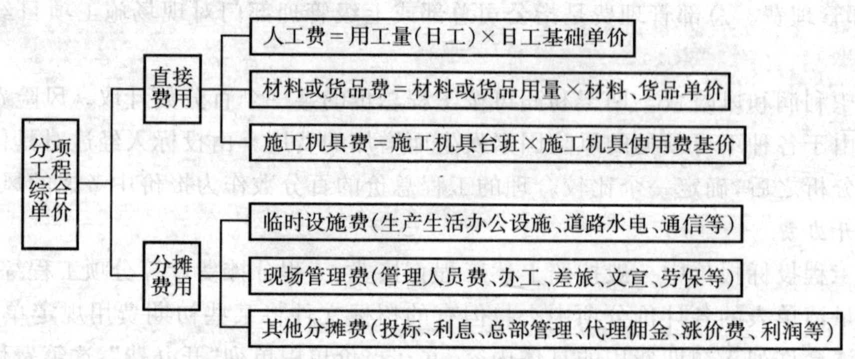

图 4-3 分项工程综合单价构成

分项工程直接费可按每个分项的人工、材料、机械费用分别计算求得。但工程分摊费用按整个项目计算的,需按合理的分摊比例系数 K 分摊到各分项工程中去。

$$\text{分项综合单价} = \text{分项工程直接费} + K \times \text{工程项目分摊费}$$

$$K = \sum B / \sum A$$

式中:$\sum A$——整个项目各分项工程直接费之和;

$\sum B$——整个项目分摊费用。

上式中 $\sum B$ 中的某些分摊费用项不是按分项工程计算的,而是需按工程总价或分部工程价的百分比计算的,而工程总价或分部工程价的确定又有赖于分摊费用的确定,这种循环因素关系使得直接求解 K 是困难的。一般可先预估假定工程总价或分部工程价代入计算,得到计算的新工程总价或分部工程价后视差异比例再行修正,直到假定与计算基本吻合。也可参照以往类似工程经验分摊费所占比例假定 K 代入试算,然后视情况修正。

求出 K 值后,则有:

$$\text{分项工程分摊费 } B = K \times \text{该分项工程直接费 } A$$

$$\text{分项工程综合单价} = \text{分项工程直接费 } B + \text{分项工程分摊费 } A$$

进一步求分项工程总价，由各分项工程综合单价分别乘以各分项工程量后汇总而成：

$$\text{分项工程总价} = \text{分项工程综合单价} \times \text{分项工程量}$$

将工程量清单中各分项工程总价汇总即构成工程量清单计算总价：

$$\text{工程量清单计算总价} = \sum \text{分项工程总价}$$

按照上述方法计算出的工程量清单计算总价还需要进一步分析调整，因为组成总价的各部分费用间的比例还有可能不尽合理，计算过程中有可能对某些费用的预估存在偏差，甚至重复计算或漏算等。因此，必须对工程量清单计算总价进行合理性分析，如和以往类似工程相比，每平方米造价、每延长米造价是否合理，并应仔细研究利润这个关键因素，应当坚持既能够中标、又有利可图的原则，既考虑一次投标成败的得失，同时又着眼于今后的市场发展目标，分析后可对工程量清单计算总价作出某些必要的调整，得到调整后清单计算总价：

$$\text{调整后清单计算总价} = \text{工程量清单总价} + \text{清单总价合理性调整费}$$

对于清单总价合理性调整费的处理，一般应重新分摊到各分项工程综合单价中去，修正原分项工程综合单价，并重新计算分项工程总价，供正式编制投标报价单使用。

(2)标价汇总。前面计算出了调整后清单计算总价，再考虑招标文件要求列入的暂定金额可得计算标价：

$$\text{计算标价} = \text{调整后工程量清单计算总价} + \text{暂定金额}$$

按照上述方法算出的计算标价还不能作为投标价格，因为还需从投标策略和投标报价技巧考虑，如竞争对手可能的报价、业主可能的“标底”，进行分析后可作投标报价策略的费用增减调整，最终得到投标报价：

$$\text{投标报价} = \text{计算标价} + \text{投标报价策略增减费}$$

本章小结

本章阐述了国际工程招投标的概念和招标方式，主要介绍了世界银行推行的招标方式。本章介绍了国际工程招投标的程序，并从招标与投标两方面介绍了在招投标过程中应注意的问题。还重点介绍了如何完整编制一份国际工程施工招标、投标文件，其中重点介绍了招标文件中的评标办法和投标文件中的投标报价。

思考题

1. 国际工程的招标形式有哪几种？简述其含义。
2. 简述世界银行推行的国际工程招投标方式。
3. 确保通过符合性检验要注意哪些问题？
4. 简述在国际工程投标时代理人的作用及其条件。
5. 在投标报价的构成中，哪几项对报价影响最大？为什么？

第五章 建设工程合同管理

本章学习要点

1. 理解合同的订立、效力、履行、变更、权利和义务的终止
2. 掌握建设工程合同类型、管理原则
3. 了解建设工程勘察设计合同的内容、订立条件和履行
4. 了解建设工程监理合同的概念、订立条件、履行
5. 掌握建设工程监理合同示范文本
6. 了解建设工程施工合同内容、订立条件、计价方式
7. 掌握建设工程施工合同示范文本
8. 掌握建设工程物资采购合同特征、订立条件、履行
9. 了解常见的国际工程合同条件
10. 掌握 FIDIC 合同条件

第一节　合同与合同法

一、合同和合同法的概念

1. 合同

合同是平等主体的自然人、法人、其他经济组织(包括中国的和外国的)之间设立、变更、终止民事法律关系的协议。在人们的社会生活中,合同是普遍存在的。在社会主义市场经济中,社会各类经济组织或商品生产经营者之间存在着各种经济往来关系。它们是最基本的市场经济活动,它们都需要通过合同来实现和连接,需要用合同来维护当事人的合法权益,维护社会的经济秩序。没有合同,整个社会的生产和生活就不可能有效和正常地进行。

(1)合同的形式。合同可以分为两种形式,一种是口头合同,建立在双方相互信任的基础上,适用于不太复杂、不易产生争执的经济活动中;另一种是书面合同,是用文字书面表达的合同,对于数量较大、内容比较复杂以及容易产生争执的经济活动必须采用书面形式的合同。常见的合同形式有:合同书、信件或数据电文(传真、电子邮件等)。书面合同是最常用也是最重要的合同形式,人们通常所指的合同就是这一类。

(2)合同的内容。合同的内容由合同双方当事人约定。不同种类的合同其内容也是不同的,通常包括如下几方面的内容:合同当事人;合同标的;标的数量和质量;合同价款或酬金;合同期限、履行地点和方式;违约责任;解决争执的方法。

2. 合同法

我国于 1999 年 3 月 15 日颁布了《合同法》，并于 1999 年 10 月 1 日起施行。在我国，该法是适用于合同的最重要法律。

合同法中的规定可以分为三类：

(1)强制性的规定。这是必须履行的，如果有人或单位违反了，国家就要主动干预，如有关无效的规定。

(2)倡导性的规定。合同法根据自愿原则，大部分条文是倡导性的，由当事人双方约定。当事人的约定只要不违反法律、行政法规强制性规定的，国家不予干预。

(3)给当事人以选择权的规定。如可撤销合同、法定解除、抗辩权、代位权、撤销权等。

二、合同的订立

合同的订立过程也就是合同的形成过程和协商过程。订立合同的方式有多种，但经过的步骤只有两个：要约和承诺。

要约是希望和他人订立合同的意思表示。要约邀请是希望他人向自己发出要约的意思表示。要约到达受要约人时生效。要约可以撤回、撤销。

承诺是受要约人同意要约的意思表示。承诺应当在要约确定的期限内到达要约人。承诺通知到达要约人时生效。承诺生效时合同成立。

承诺的内容应当与要约一致。受要约人对要约的内容作出实质性变更的，为新要约。承诺对要约的内容作出非实质性变更的，除要约人及时表示反对或者要约表明承诺不得对要约的内容作出任何变更的以外，该承诺有效，合同的内容以承诺的内容为准。

三、合同的效力

合同的有效条件是合同的法定条件，只有有效的合同才受到法律保护。有效合同需要具备的条件：

(1)签订合同的当事人应具有相应的民事权利能力和民事行为能力，即主体合法。

(2)意思表示应真实。

(3)合同的内容、合同所确定的经济活动必须合法，必须符合国家的法律、法规和政策要求，不得损害国家和社会的利益。

《合同法》规定，有下列情形之一的，合同无效：

(1)一方以欺诈、胁迫的手段订立合同，损害国家利益；

(2)恶意串通，损害国家、集体或者第三人利益；

(3)以合法形式掩盖非法目的；

(4)损害社会公共利益。

(5)违反法律、行政法规的强制性规定。

合同中的下列免责条款无效：

(1)造成对方人身伤害的；

(2)因故意或者重大过失造成对方财产损失的。

可变更或撤销合同的条件：

(1)因重大误解订立的；

(2)在订立合同时显失公平的。

一方以欺诈、胁迫的手段或者乘人之危,使对方在违背真实意思的情况下订立的合同,受损害方有权请求人民法院或者仲裁机构变更或者撤销合同。

对于可撤销合同,只有受损害方才有权提出变更或撤销。有过错的一方不仅不能提出变更或撤销,而且还要赔偿对方因此所受到的损失。

四、合同的履行

当事人应当按照约定全面履行自己的义务。当事人应当遵循诚实信用原则,根据合同的性质、目的和交易习惯履行通知、协助、保密等义务。

合同生效后,当事人就质量、价款或者报酬、履行地点等内容没有约定或者约定不明确的,可以协议补充;不能达成补充协议的,按照合同有关条款或者交易习惯确定。

应当先履行债务的当事人,有确切证据证明对方有下列情形之一的,可以中止履行:

(1)经营情况严重恶化;

(2)转移财产、抽逃资金,以逃避债务;

(3)丧失商业信誉;

(4)有丧失或者可能丧失履行债务能力的其他情形。

当事人没有确切证据中止履行的,应当承担违约责任。

五、合同的变更和转让

当事人协商一致,可以变更合同。法律、行政法规规定变更合同应当办理批准、登记等手续的,依照其规定。

当事人订立合同后合并的,由合并后的法人或者其他组织行使合同权利,履行合同义务。当事人订立合同后分立的,除债权人和债务人另有约定的以外,由分立的法人或者其他组织对合同的权利和义务享有连带债权,承担连带债务。

六、合同的权利、义务终止

当事人协商一致,可以解除合同。当事人可以约定一方解除合同的条件。解除合同的条件成立时,解除权人可以解除合同。

有下列情况之一的,合同的权利义务终止:

(1)债务已经按照约定履行;

(2)合同解除;

(3)债务相互抵消;

(4)债务人依法将标的物提存;

(5)债权人免除债务;

(6)债权债务同归于一人;

(7)法律规定或者当事人约定终止的其他情形。

合同的权利义务终止后,当事人应当遵循诚实信用的原则,根据交易习惯履行通知、协助、保密等义务。

七、违约责任

当事人一方不履行合同义务或者履行合同义务不符合约定的，应当承担继续履行、采取补救措施或赔偿损失等违约责任。

当事人一方不履行合同义务或者履行合同义务不符合约定的，在履行义务或者采取补救措施后，对方还有其他损失的，应当赔偿损失。

当事人可以依照《中华人民共和国担保法》约定一方向另一方给付定金作为债权的担保。债务人履行债务后，定金应当抵作价款或者收回。给付定金的一方不履行约定的债务的，无权要求返还定金；收受定金的一方不履行约定的债务的，应当双倍返还定金。

当事人既约定违约金，又约定定金的，一方违约时，对方可以选择适用违约金或者定金条款。

因不可抗力不能履行合同的，根据不可抗力的影响，部分或者全部免除责任，但法律另有规定的除外。当事人迟延履行后发生不可抗力的，不能免除责任。

当事人双方都违反合同的，应当各自承担相应的责任。

八、合同争议的解决

合同争执通常具体表现在，当事人双方对合同规定的义务和权利理解不一致，最终导致对合同的履行或不履行的后果和责任的分担产生争端。合同争执的解决通常有如下几个途径：

(1)协商。协商是一种最常见的也是首先采用的解决方法。当事人双方在自愿、互谅的基础上，通过双方谈判达成解决争执的协议。

(2)调解。调解是在第三者的参与下，以事实、合同条款和法律为根据，通过对当事人的说服，使合同双方自愿地、公平合理地达成解决协议。如果双方经调解后达成协议，由合同双方和调解人共同签订调解协议书。

(3)仲裁。仲裁是仲裁委员会对合同争执所进行的裁决。我国实行一裁终局制，裁决作出后合同当事人就同一争执若再申请仲裁或向人民法院起诉，则不再予以受理。

(4)诉讼。诉讼是运用司法程序解决争执，由人民法院受理并行使审判权，对合同双方的争执作出强制性判决。法院在判决前再作一次调解，如仍达不成协议，可依法判决。

第二节 建设工程合同概述

一、建设工程合同的基本概念

《合同法》第 269 条规定："建设工程合同是承包人进行工程建设，发包人支付价款的合同。"建设工程的主体是发包人和承包人。发包人，一般为建设工程的建设单位，即投资建设该项目的单位，通常也叫做"业主"，包括业主委托的管理机构。承包人，是指实施建设工程勘察、设计、施工等业务的单位。这里的建设工程是指土木工程、建筑工程、线路管道和设备安装以及装修工程。

在建设工程合同中，建设工程项目的参与者(业主、施工承包单位、施工分包单位、设计单位、劳务分包单位、材料设备供应单位、监理单位、咨询服务单位等)之间互相签订合同。在不同的管理模式下，有不同的合同种类和不同的合同内容，合同双方的职责也不同。

由于业主在建设工程项目管理中所处的优势地位，业主一般具有工程项目管理模式的选择权以及发包选择权。因此，建设工程主要合同是指业主与相关单位之间签订的系列合同，如与勘察、设计单位之间签订的勘察、设计合同，与施工承包单位之间签订的施工合同、机电设备安装合同，与监理单位之间签订的监理合同，与材料设备供应单位之间的材料采购（供应）合同、设备采购（供应）合同等。

建设工程合同属于承揽合同的特殊类型，因此，法律对建设工程合同没有特别规定的，适用法律对承揽合同的相关规定。

二、建设工程合同的特征

1. 建设工程合同主体资格的合法性

建设工程合同主体就是建设工程合同的当事人，即建设工程合同发包人和承包人。不同种类的建设工程合同具有不同的合同当事人。由于建设工程活动的特殊性，我国建设法律法规对建设工程合同的主体有非常严格的要求：所有建设工程合同主体资格必须合法，必须为法人单位，并且必须具备相应的资质。

2. 建设工程合同客体的层次性

合同客体是合同法律关系的标的，是合同当事人权利和义务共同指向的对象，包括物、行为和智力成果。建设工程合同客体就是建设工程合同所指向的内容，如工程的施工、安装、设计、勘察、咨询和管理服务等。

3. 建设工程合同交易的特殊性

以施工承包合同为主的建设工程合同，在签订合同时确定的价格一般为暂定的合同价格。合同实际价格只有等合同履行工程全部结束并结算后才能最终确定。建设工程合同交易具有多次性、渐进性，与其他一次性交易合同有很大不同。即使低于成本价格的合同初始价格，在工程合同履行期间，通过工程变更、索赔和价格调整，承包人仍然可能获得可观利润。

4. 建设工程合同的行政监督性

我国建设工程合同的订立、履行和结束等全过程都必须符合基本建设程序，接受国家相关行政主管部门的监督和管理。行政监督既涉及工程项目建设的全过程，如工程建设立项、规划设计、初步设计、施工图纸、土地使用、招标投标、施工、竣工验收等，也涉及工程项目的参与者，如参与者的资质等级、分包和转包、市场准入等。

5. 建设工程合同履行的地域性

由于建设工程具有产品的固定性，工程合同履行需围绕固定的工程展开，同时工程咨询服务合同也应尽可能在工程所在地履行。因此，建设工程合同履行具有明显的地域性，这一特性影响合同履行效果、合同纠纷的解决方式。

6. 建设工程合同的书面性

虽然合同法规定合法的合同可以是书面形式、口头形式和其他形式，但我国相关法律均规定建设工程合同应当采用书面形式。由于建设工程合同一般具有合同标的数额大、合同内容复杂、履行期较长等特点，以及在工程建设中经常会发生影响合同履行的纠纷，因此，建设工程合同应当采用书面形式。建设工程合同采用书面形式也是国家工程建设进行监督管理的需要。

三、建设工程合同的类型

建设工程合同类型见表5-1。

表5-1　建设工程合同分类表

序号	分类条件	合同名称
1	根据承包的内容不同	工程勘察合同
		工程设计合同
		工程施工合同
2	根据合同联系结构不同	总承包合同与分别承包合同
		总包合同与分包合同
3	根据项目管理模式与参与者关系不同	传统模式条件下的合同
		设计—建造/EPC/交钥匙模式条件下的合同
		施工管理模式条件下的合同
		BPT模式条件下的合同

(1)建设工程合同根据承包的内容不同，可分为建设工程勘察合同、建设工程设计合同和建设工程施工合同。

①建设工程勘察合同，是指勘察人(承包人)根据发包人的委托，完成对建设工程项目的勘察工作，由发包人支付报酬的合同。

②建设工程设计合同，是指设计人(承包人)根据发包人的委托，完成对建设工程项目的设计工作，由发包人支付报酬的合同。

建设勘察、设计合同的内容包括提交有关基础资料和文件(包括概预算)的期限、质量要求、费用以及其他协作条件等条款。

③建设工程施工合同，是指施工人(承包人)根据发包人的委托，完成建设工程项目的施工工作，发包人接受工作成果并支付报酬的合同。施工合同的内容包括工程范围、建设工期、中间交工工程的开工和竣工时间、工程质量、工程造价、技术资料交付时间、材料和设备供应责任、拨款和结算、竣工验收、质量保修范围和质量保证期、双方相互协作等条款。

(2)建设工程合同根据合同联系结构不同，可分为总承包合同与分别承包合同，还可分为总包合同与分包合同。

①总承包合同与分别承包合同。总承包合同，是指发包人将整个建设工程承包给一个总承包人而订立的建设工程合同。总承包人就整个工程对发包人负责。分别承包合同，是指发包人将建设工程的勘察、设计、施工工作分别承包给勘察人、设计人、施工人而订立的勘察合同、设计合同、施工合同。勘察人、设计人、施工作为承包人，就其各自承包的工程勘察、设计、施工部分，分别对发包人负责。

②总包合同与分包合同。总包合同，是指发包人与总承包人或者勘察人、设计人、施工人就整个建设工程或者建设工程的勘察、设计、施工工作所订立的承包合同。总包合同包括总承包合同与分别承包合同，总承包人和承包人都直接对发包人负责。分包合同，是指总承包人或者勘察人、设计人、施工人经发包人同意，将其承包的部分工作承包给第三人所订立的合同。

分包合同与总包合同是不可分离的。分包合同的发包人就是总包合同的总承包人或者承包人(勘察人、设计人、施工人)。分包合同的承包人即分包人,就其承包的部分工作与总承包人或者勘察、设计、施工承包人向总包合同的发包人承担连带责任。

上述几种承包方式,均为我国法律所承认和保护。但对于建设工程的肢解承包、转包以及再分包这几种承包方式,均为我国法律所禁止。

(3)建设工程合同根据项目管理模式与参与者关系,分为传统模式、设计—建造/EPC/交钥匙模式、施工管理模式、BPT模式等不同模式条件下的合同。

①建设工程传统模式的合同。在建设工程传统模式下,业主与不同承包人之间的主要合同包括咨询服务合同、勘察合同、设计合同、施工承包合同、设备安装合同、材料设备供应合同、监理合同、造价咨询合同、保险合同等。此外,还包括各承包人与分包人之间签订的大量的分包合同。

②建设工程项目设计—建造/EPC/交钥匙模式的合同。在建设工程项目设计—建造/EPC/交钥匙模式下,业主与不同承包人之间的主要合同包括咨询服务合同、设计—建造合同、EPC(设计—采购—施工)合同、交钥匙合同、监理合同、保险合同等,此外,还包括工程项目承包人与其他分包人之间的签订的大量的分包合同。

③建设工程项目施工管理模式的合同。在建设工程项目施工管理模式下,施工管理人作为独立的第四方(除业主、设计人、施工承包人外)参与工程管理。业主与不同承包人之间的主要合同包括咨询服务合同、勘察合同、设计合同、施工管理合同、施工承包合同、设备安装合同、材料设备供应合同、保险合同等。此外,还包括各承包人与分包人之间签订的大量分包合同。

④建设工程其他模式下的合同。在建设工程项目中还存在许多其他模式,如PFI/PPP模式、BOT模式、简单模式等,业主与不同参与者之间签订不同的合同。

四、建设工程合同的基本原则

建设工程合同基本原则与《合同法》的基本原则一致,是签订和履行建设工程合同的指导思想。根据《合同法》等相关的规定,在订立和履行建设工程合同时应遵循以下原则:

1. 平等原则

建设工程合同平等原则指的是当事人的民事法律地位平等,包括合同的订立、履行、变更、转让、解除、承担违约责任等各个环节,一方不得将自己的意志强加给另一方。

2. 自愿原则

自愿原则是指当事人依法享有缔结合同、选择交易伙伴、决定合同内容以及在变更和解除合同、选择合同补救方式等方面的自由。建设工程合同的自愿原则,既表现在当事人之间,因一方欺诈、胁迫订立的合同无效或者可撤销,也表现在合同当事人与其他人之间,任何单位和个人不得非法干预。

3. 公平原则

建设工程合同当事人应当遵循公平原则确定各方的权利和义务。公平性既表现在订立合同时,显失公平的合同可以撤销,又可以表现在发生合同纠纷时的公平处理。既要保护守约方的合法利益,也不能使违约方因较小的过失承担过重的责任。还表现在当因客观情况发生异常变化,履行合同使当事人之间的利益产生重大失衡时,公平地调整当事人之间的利益。

4. 诚实信用原则

诚实信用原则指民事主体在从事民事活动时应诚实守信，以善意的方式履行其义务，不得滥用权力，规避法律规定的或合同约定的义务。诚实信用主要包括三方面：一是诚实，表里如一，因欺诈订立的合同，无效或可以撤销；二是守信，言行一致；三是从当事人协商合同条款时起，就处于特殊的合作关系中，当事人应当恪守商业道德，履行相互协助、通知、保密等义务。

以上原则体现了合同的基本原则，充分体现出建设工程合同作为合同的一种类型，在建设工程合同订立和管理过程中，遵循着合同的基本原则。

第三节 建设工程勘察设计合同管理

一、建设工程勘察设计合同的概念

建设工程勘察设计合同是委托方与承包方为完成一定的勘察设计任务，明确相互权利和义务关系的协议。委托方是建设单位或有关单位，承包方是持有勘察设计证书的勘察设计单位。

二、建设工程勘察设计合同的订立

勘察设计包括初步设计和施工设计。勘查设计单位接到发包人的要约、计划任务书和建设地址报告后，经双方协商一致订立合同，通常书面合同经当事人签字或盖章后生效。

具体程序如下：

(1)承包方审查建设工程项目的批准文件；

(2)委托方提出勘察设计的要求，包括期限、精度、质量等；

(3)承包方确定取费标准和进度；

(4)双方当事人协商，就合同的各项条款取得一致意见；

(5)签订勘察设计合同。

勘察设计如由一单位完成，可签订一个勘察设计合同；若由两个不同单位承担，则应分别订立合同。

建设工程的设计由几个设计单位共同进行时，建设单位可与主体工程设计人签订总承包合同，由总承包人与分承包人签订分包合同。总承包人对全部工程设计向发包人负责，分包人就其承包的部分对总承包人负责并对发包人承担连带责任。

三、建设工程勘察设计合同的履行

1. 委托方义务

在勘察工作开展前，委托方应向承包方提交由设计单位提供、经建设单位同意的勘察范围的地形图和建筑平面布置图，提交勘察技术要求及附图。委托方应负责勘察现场的水电供应、道路平整、现场清理等工作，以保证勘察工作的顺利开展。

2. 承包方义务

承包方应按照规定的标准、规范、规程和技术条例进行工程测量、工程地质、水文地质等勘察工作，并按合同规定的进度、质量要求提供勘察成果。

3.违约责任

(1)委托方若不履行合同,无权要求退还定金。若承包方不履行合同,应当双倍返还定金。

(2)如果委托方变更计划,提供不准确的资料,未按合同规定提供勘察设计工作必需的资料和工作条件,或修改设计,造成勘察设计工作的返工、停工、窝工,委托方应按承包方实际消耗的工作量增付费用。因委托方责任而造成重大返工或重新进行勘察设计时,应另增加勘察设计费。

(3)勘察设计的成果按期、按质、按量交付后,委托方要按期、按量支付勘察设计费。若委托方超过合同期限付费,应偿付逾期违约金。

(4)因勘察设计质量低劣引起返工,或未按期提出勘察设计文件,拖延工程工期造成委托方损失,应由承包方继续完善勘察、完成设计,并视造成的损失、浪费的大小,减收或免收勘察设计费。

(5)因勘察设计错误而造成工程重大质量事故,承包方除免收损失部分的勘察设计费外,还应支付与该部分勘察设计费相当的赔偿金。

4.争执的处理

建设工程勘察设计合同在实施中发生争执,双方应及时协商解决;若协商不成,可由上级主管部门调解;调解不成,可按合同申请仲裁,或直接向人民法院起诉。

第四节　建设工程监理合同管理

一、建设工程监理合同的概念

建设工程监理合同是委托人与监理人之间签订的就工程现场管理的合同。目前使用的建设工程监理合同为原建设部和国家工商行政管理局联合制定的《建设工程委托监理合同(示范文本)》(GF—2000—0202)。该合同是根据《建筑法》、《合同法》,通过对1995年原建设部、国家工商行政管理局联合颁布的《建设工程委托监理合同(示范文本)》(GF—95—0202)修订而得到的,其中借鉴了工程监理制度的提出、发展、完善等不同阶段的经验,参考了FIDIC合同条件中关于咨询工程师的规定。

二、建设工程监理合同的特征

建设工程监理合同的委托人必须是具有国家批准的建设项目,落实投资计划的企事业单位、其他社会组织及个人。监理人必须是依法成立的具有法人资格的监理单位,并且所承担的建设工程监理业务应与单位资质相符合。签订建设工程监理合同必须符合工程项目建设程序。

建设单位与监理单位签订的建设工程监理合同,与其在工程建设实施阶段所签订的其他合同的最大区别表现在标的物性质上的差异。勘察合同、设计合同、物资采购合同、施工合同等的标的物是产生新的物质成果或信息成果,而监理合同的标的物是服务,即监理工程师凭借自己的知识、经验、技能,受建设单位委托为其所签订的其他合同的履行实施监督和管理的职责。

监理单位与施工单位之间是监理与被监理的关系,双方没有经济利益间的联系。当施工单位接受了监理工程师的指导而节省成本时,监理单位也不参与其赢利分成。

三、建设工程委托监理合同示范文本

《建设工程委托监理合同(示范文本)》由三部分组成:建设工程委托监理合同、标准条件、专用条件。

建设工程委托监理合同就是监理合同的协议书,共5条,由委托人和监理人双方按照客观情况如实填写和共同签订。它是监理合同的总纲,规定了监理合同的原则、合同的组成文件。

标准条件由11个部分共计49条组成,适用于各种工程项目建设监理的委托,委托人和监理人都应遵守。其主要包括词语定义、适用范围和法规,委托人及监理人的权利、义务和责任,合同的生效、变更与终止,监理报酬,其他,争议的解决等固定条款。

专用条件是根据工程项目的特点和所处的自然和社会环境,由委托人和监理人协商一致后填写的。它与标准条件配套使用,是对标准条件的补充和修订。

四、建设工程监理合同的订立及履行

1.合同的订立

监理单位在获得建设单位的招标文件之后,应对招标文件中的合同文本进行分析、审查,并对工程所需费用进行预算,提出报价。

具体做法:

(1)剖析合同,对合同有一个全面的了解。

(2)检查合同内容的完整性,看有无遗漏问题。

(3)分析评价每一合同条款,在使用示范文本时,特别要分析每一条款执行后的法律后果以及将给监理单位带来的风险。

不论是直接委托还是招标中标,建设单位和监理单位都要对合同的主要条款和应负责任具体谈判,在充分讨论、磋商的基础上,监理单位对建设单位提出的要约作出是否能够全部承诺的明确答复。对重大问题不能迁就和无原则地让步。

经过谈判,建设单位和监理单位双方就建设工程监理合同各项条款达成一致,即可正式签订合同文件。

2.合同的履行

(1)委托人的履行。

①严格按照合同的规定履行应尽义务。建设工程监理合同内规定的应由委托人负责的工作,是使合同目标最终实现的基础。如内外部关系的协调。委托人必须严格按照监理合同的规定履行应尽的义务,才有权要求监理人履行合同义务。

②按照合同的规定行使权利。委托人应按照建设工程监理合同的规定行使权利。

③档案管理。在全部工程项目竣工后,委托人应将全部合同文件按照有关规定建档保管。

(2)监理人的履行。

①确定项目总监理工程师,成立项目监理部。对于每一个拟监理的工程项目,监理人都应根据工程项目规模、性质及委托人对监理的要求,委派称职的人员担任项目的总监理工程师,并成立项目监理组织。总监理工程师代表监理单位全面负责该项目的监理工作,总监理工程师对内向监理单位负责,对外向委托人负责。

②制订工程项目监理规划。工程项目监理规划是开展项目监理活动的纲领性文件,是根

据委托人要求，在详细占有监理项目有关资料的基础上，结合监理的具体条件编制的开展监理工作的指导性文件。其主要内容包括：工程概况；监理范围和目标；监理方法和措施；监理组织；监理工作制度等。

③制订各专业监理工作计划或实施细则。在监理规划的指导下，为具体进行投资控制、质量控制、进度控制工作，监理人还需结合工程项目的实际情况，制订相应的实施性计划或细则。

④根据制订的监理工作计划和工作制度，规范化地开展监理工作。在监理工作中注意工作的顺序性、职责分工的严密性和工作目标的确定性。

⑤监理工作总结。建设监理工作总结应包括向委托人提交的监理工作总结和向监理人提交的监理工作总结两部分内容。

向委托人提交的监理工作总结的内容主要包括：监理委托合同履行情况概述；监理任务或监理目标完成情况评价；由业主提供的供监理活动使用的办公用房、车辆、试验设施等清单；表明监理工作终结的说明等。

向监理人提交的监理工作总结的内容主要包括：监理工作的经验；监理工作中存在的问题及改进的建议，以指导今后的监理工作。

五、建设工程监理合同双方的权利、义务

1.委托人的权利

(1)委托人有选定工程总承包人，以及与其订立合同的权利。

(2)委托人有对工程规模、设计标准、规划设计、生产工艺设计和设计使用功能要求的认定权，以及对工程设计变更的审批权。

(3)监理人调换总监理工程师须事先经委托人同意。

(4)委托人有权要求监理人提交监理工作月报及监理业务范围的专项报告。

(5)当委托人发现监理人员不按监理合同履行监理职责，或与承包人串通给委托人或工程造成损失的，委托人有权要求监理人更换监理人员，直到终止合同并要求监理人承担相应的赔偿责任或连带赔偿责任。

2.监理人的权利

监理人在委托人委托的工程范围内，享有以下权利：

(1)选择工程总承包人的建议权。

(2)选择工程分包人的认可权。

(3)对工程建设有关事项包括工程规模、设计标准、规划设计、生产工艺设计和使用功能要求，向委托人的建议权。

(4)对工程设计中的技术问题，按照安全和优化的原则，向设计人提出建议。如果拟提出的建议可能会提高工程造价，或延长工期，应当事先征得委托人的同意。当发现工程设计不符合国家颁布的建设工程质量标准或设计合同约定的质量标准时，监理人应当书面报告委托人并要求设计人更正。

(5)审批工程施工组织设计和技术方案，按照保质量、保工期和降低成本的原则，向承包人提出建议，并向委托人提出书面报告。

(6)主持工程建设有关协作单位的组织协调，重要协调事项应当事先向委托人报告。

(7)征得委托人同意，监理人有权发布开工令、停工令、复工令，但应当事先向委托人报告。

如在紧急情况下未能事先报告时，则应在24小时内向委托人作出书面报告。

(8)工程上使用的材料和施工质量的检验权。对于不符合设计要求和合同约定及国家质量标准的材料、构配件、设备，有权通知承包人停止使用；对于不符合规范和质量标准的工序、分部分项工程和不安全施工作业，有权通知承包人停工整改、返工。承包人得到监理机构复工令后才能复工。

(9)工程施工进度的检查、监督权，以及工程实际竣工日期提前或超过工程施工合同规定的竣工期限的签认权。

(10)在工程施工合同约定的工程价格范围内，工程款支付的审核和签认权，以及工程结算的复核确认权与否决权。未经总监理工程师签字确认，委托人不支付工程款。

(11)监理人在委托人授权下，可对任何承包人合同规定的义务提出变更。如果由此严重影响了工程费用或质量、或进度，则这种变更须经委托人事先批准。在紧急情况下未能事先报委托人批准时，监理人所做的变更也应尽快通知委托人。在监理过程中如发现工程承包人人员工作不力，监理机构可要求承包人调换有关人员。

(12)在委托的工程范围内，委托人或承包人对对方的任何意见和要求(包括索赔要求)，均必须首先向监理机构提出，由监理机构研究处置意见，再同双方协商确定。当委托人和承包人发生争议时，监理机构应根据自己的职能，以独立的身份判断，公正地进行调解。当双方的争议由政府建设行政主管部门调解或仲裁机构仲裁时，应当提供佐证的事实材料。

3.委托人的义务

(1)委托人在监理人开展监理业务之前应向监理人支付预付款。

(2)委托人应当负责工程建设的所有外部关系的协调，为监理工作提供外部条件。根据需要，如将部分或全部协调工作委托监理人承担，则应在专用条件中明确委托的工作和相应的报酬。

(3)委托人应当在双方约定的时间内免费向监理人提供与工程有关的为监理工作所需要的工程资料。

(4)委托人应当在专用条款约定的时间内就监理人书面提交并要求作出决定的一切事宜作出书面决定。

(5)委托人应当授权一名熟悉工程情况、能在规定时间内作出决定的常驻代表(在专用条款中约定)，负责与监理人联系。更换常驻代表，要提前通知监理人。

(6)委托人应当将授予监理人的监理权利，以及监理人主要成员的职能分工、监理权限及时书面通知已选定的承包合同的承包人，并在与第三人签订的合同中予以明确。

(7)委托人应在不影响监理人开展监理工作的时间内提供如下资料：①与本工程合作的原材料、构配件、设备等生产厂家名录。②与本工程有关的协作单位、配合单位的名录。

(8)委托人应免费向监理人提供办公用房、办公桌椅、电话、监理合同专用条件约定的设施。

(9)根据情况需要，如果双方约定，由委托人免费向监理人提供其他人员，应在监理合同专用条件中予以明确。

4.监理人的义务

(1)监理人按合同约定派出监理工作需要的监理机构及监理人员，向委托人报送委派的总监理工程师及其监理机构主要成员名单、监理规划，完成监理合同专用条件中约定的监理工程范围内的监理业务。在履行合同义务期间，应按合同约定定期向委托人报告监理工作。

(2)监理人在履行本合同的义务期间,应认真、勤奋地工作,为委托人提供与其水平相适应的咨询意见,公正维护各方面的合法权益。

(3)监理人使用委托人提供的设施和物品属委托人的财产。在监理工作完成或中止时,应将其设施和剩余的物品按合同约定的时间和方式移交给委托人。

(4)在合同期内或合同终止后,未征得有关方同意,不得泄露与本工程、本合同业务有关的保密资料。

第五节　建设工程施工合同管理

一、建设工程施工合同概述

(一)建设工程施工合同的概念及特征

1. 概念

工程施工合同是指施工承包人进行工程施工、发包人支付价款的合同。工程施工合同也叫做施工承包合同或者建筑安装工程承包合同。建设工程承包合同主要包括建筑工程施工、管线设备安装两方面。其中,建筑工程施工是指建筑工程,包括土木工程的现场建设行为;管线设备安装是指与工程有关的各类线路、管道、设备等设施的装配。根据工程施工合同,施工承包人应完成合同规定的土木和建筑工程、安装工程施工任务,发包人应提供必要的施工条件并支付工程价款。

2. 特征

工程施工合同是发包人与施工承包人之间签订的合同,是工程建设的核心合同,为工程建设从图纸转化为工程实体的过程提供全方位的管理。工程施工合同虽然仅在发包人和施工承包人之间签订,但是工程施工几乎涉及工程建设的所有参与者,是所有工程合同中最复杂、最重要的合同。

目前,我国运用最广泛的施工合同为《建设工程施工合同(示范文本)》(GF—1999—0201)。该合同借鉴FIDIC《土木工程施工合同条件》的实践经验,规范了我国工程建设的发包人、施工承包人、工程师三者之间的关系。

工程师或者监理工程师为发包人提供工程现场的管理服务。施工承包人的现场质量、安全、进度等工作需要获得工程师的现场认可,然后发包人才能支付工程进度款。发包人对施工承包人的大量指令可以通过工程师签发,可以使发包人摆脱现场管理纷杂的细节工作,同时发包人能够保持对工程现场施工的高度控制。

(二)建设工程施工合同订立的依据和条件

建设工程合同订立,是指业主和承包人之间为了建立承发包合同关系,通过对施工合同具体内容进行协商而形成合意的过程。订立施工合同必须依据《合同法》、《建筑法》、《招标投标法》、《建设工程质量管理条例》等有关法律、法规,按照《建设工程施工合同示范文本》的“合同条件”,明确规定双方的权利、义务,各尽其责,共同保证工程项目按合同规定的工期、质量、造价等要求完成。

订立建设工程施工合同必须具备以下条件:

(1)初步设计和总概算已经批准。

(2)国家投资的工程项目已经列入国家或地方年度建设计划。

(3)有能够满足施工需要的设计文件和有关技术资料。

(4)建设资金和重要建筑材料设备来源已经落实。

(5)建设场地、水源、电源、道路已具备或在开工前完成。

(6)工程发包人和承包人具有签订合同的相应资格。

(7)工程发包人和承包人具有履行合同的能力。

(8)中标通知书已经下达。

二、建设工程施工合同示范文本

《建设工程施工合同(示范文本)》由协议书、通用条款和专用条款三部分组成,并附有三个附件。

1. 协议书

协议书是总纲性文件,反映了标准化的协议书格式,其中空格的内容需要当事人双方结合工程特点协商填写。协议书虽然篇幅小,但是规定了合同当事人双方最主要的权利与义务,规定了组成合同的文件及合同当事人对履行合同义务的承诺,并且合同当事人在这份文件上签字盖章,具有很高的法律效力。

协议书主要是由 10 方面的内容组成:工程概况、工程承包范围、合同工期、质量标准、合同价款、组成合同的文件、词语定义、保修责任、价款支付和合同生效。

2. 通用条款

通用条款中所列的条款内容不区分具体工程的性质、地域、规模等特点,只要属于建筑安装工程均可适用。通用条款是在总结我国工程实施经验教训的基础上,借鉴 FIDIC 在国内的实践,将承发包双方的权利和义务标准化的条款。

通用条款包括:词语定义及合同文件,双方一般权利和义务,施工组织设计和工期,质量与检验,安全施工,合同价款与支付,材料设备供应,工程变更,竣工验收与结算,违约、索赔和争议,其他,共 11 部分,47 条。通用条款在使用时一般不作任何改动,使用者可以直接使用。

3. 专用条款

由于具体工程的工作内容各不相同,施工现场和外部环境不同,发包人和承包人的管理能力、经验也不同,通用条款不能完全适用于各个具体工程。因此,配合专用条款,可以对通用条款进行必要的修改和补充,使通用条款和专用条款成为双方协商一致的意思体现。

专用条款只是针对通用条款的内容进行补充或修正,因此,只需对通用条款部分需要具体化、补充或修改的内容作相应说明,按照通用条款编号顺序商定相应条款。专用条款的条款号与通用条款完全一致,并且主要是空格,由当事人根据工程的具体情况予以说明,或者对通用条款进行修改、补充。

4. 附件

针对我国工程施工常见的管理特色,示范文本提供了三个标准附件,对发包人和承包人的权利和义务进行进一步明确。这三个附件分别为承包人承揽工程项目一览表、发包人供应材料设备一览表和工程质量保修书。如果工程为包工包料承包,则可以不使用发包人供应材料设备一览表。

三、建设工程施工合同管理的内容

(一)建设工程施工合同的订立

《合同法》第 13 条规定:“当事人订立合同,采取要约、承诺方式。”

对于建设工程施工项目采取招投标方式的,必须符合《招标投标法》及相关法律法规。根据《招标投标法》对招标、投标的规定,招标、投标、中标实质上就是要约、承诺的一种具体方式。招标人通过媒体发布招标公告,或向符合条件的投标人发出招标文件,为要约邀请。投标人根据招标文件内容在约定的期限内向招标人提交投标文件,为要约;招标人通过评标确定中标人,发出中标通知书,为承诺。招标人和中标人按照中标通知书、招标文件和中标人的投标文件等订立书面合同时,合同成立并生效。

1. 双方工作

(1)发包人工作。发包人按专用条款约定的内容和时间完成以下工作:

①办理土地征用、拆迁补偿、平整施工场地等工作,使施工场地具备施工条件,在开工后继续负责解决以上事项遗留问题;

②将施工所需水、电、电讯线路从施工场地外部接至专用条款约定地点,保证施工期间的需要;

③开通施工场地与城乡公共道路的通道,以及专用条款约定的施工场地内的主要道路,满足施工运输的需要,保证施工期间的畅通;

④向承包人提供施工场地的工程地质和地下管线资料,对资料的真实准确性负责;

⑤办理施工许可证及其他施工所需证件、批件和临时用地、停水、停电、中断道路交通、爆破作业等的申请批准手续(证明承包人自身资质的证件除外);

⑥确定水准点与坐标控制点,以书面形式交给承包人,进行现场交验;

⑦组织承包人和设计单位进行图纸会审和设计交底;

⑧协调处理施工场地周围地下管线和邻近建筑物、构筑物(包括文物保护建筑)、古树名木的保护工作、承担有关费用;

⑨发包人应做的其他工作,双方在专用条款内约定。

发包人可以将上述部分工作委托承包人办理,双方在专用条款内约定,其费用由发包人承担。发包人未能履行上述各项义务,导致工期延误或给承包人造成损失的,发包人赔偿承包人有关损失,顺延延误的工期。

(2)承包人工作。承包人按专用条款约定的内容和时间完成以下工作:

①根据发包人委托,在其设计资质等级和业务允许的范围内,完成施工图设计或与工程配套的设计,经工程师确认后使用,发包人承担由此发生的费用。

②向工程师提供年、季、月度工程进度计划及相应进度统计报表。

③根据工程需要,提供和维修非夜间施工使用的照明、围栏设施,负责安全保卫。

④按专用条款约定的数量和要求,向发包人提供施工场地办公和生活的房屋及设施,发包人承担由此发生的费用。

⑤遵守政府有关主管部门对施工场地交通、施工噪音以及环境保护和安全生产等的管理规定,按规定办理有关手续,并以书面形式通知发包人,发包人承担由此发生的费用,因承包人责任造成的罚款除外。

⑥已竣工工程未交付发包人之前，承包人按专用条款约定负责已完工程的保护工作，保护期间发生损坏，承包人自费予以修复；发包人要求承包人采取特殊措施保护的工程部位和相应的追加合同价款，双方在专用条款内约定。

⑦按专用条款约定做好施工场地地下管线和邻近建筑物、构筑物（包括文物保护建筑）、古树名木的保护工作。

⑧保证施工场地清洁符合环境卫生管理的有关规定，交工前清理现场达到专用条款约定的要求，承担因自身原因违反有关规定造成的损失和罚款。

⑨承包人应做的其他工作，双方在专用条款内约定。

承包人未能履行上述各项义务，造成发包人损失的，承包人赔偿发包人有关损失。

2.材料设备供应

(1)发包人供应材料设备。实行发包人供应材料设备的，双方应当约定发包人供应材料设备的一览表，作为建设工程施工合同的附件。一览表包括发包人供应材料设备的品种、规格、型号、数量、单价、质量等级、提供时间和地点。发包人按一览表约定的内容提供材料设备，并向承包人提供产品合格证明，对其质量负责。发包人在所供材料设备到货前 24 小时，以书面形式通知承包人，由承包人派人与发包人共同清点。

发包人供应的材料设备，承包人派人参加清点后由承包人妥善保管，发包人支付相应保管费用。因承包人原因发生丢失损坏，由承包人负责赔偿。发包人未通知承包人清点，承包人不负责材料设备的保管，丢失损坏由发包人负责。发包人供应的材料设备与一览表不符时，发包人承担有关责任。发包人应承担责任的具体内容，双方根据下列情况在专用条款内约定：

①材料设备单价与一览表不符，由发包人承担所有价差；

②材料设备的品种、规格、型号、质量等级与一览表不符，承包人可拒绝接收保管，由发包人运出施工场地并重新采购；

③发包人供应的材料规格、型号与一览表不符，经发包人同意，承包人可代为调剂串换，由发包人承担相应费用；

④到货地点与一览表不符，由发包人负责运至一览表指定地点；

⑤供应数量少于一览表约定的数量时，由发包人补齐，多于一览表约定数量时，发包人负责将多出部分运出施工场地；

⑥到货时间早于一览表约定时间，由发包人承担因此发生的保管费用；到货时间迟于一览表约定的供应时间，发包人赔偿由此造成的承包人损失，造成工期延误的，相应顺延工期。

发包人供应的材料设备使用前，由承包人负责检验或试验，不合格的不得使用，检验或试验费用由发包人承担。发包人供应材料设备的结算方法，双方在专用条款内约定。

(2)承包人采购材料设备。承包人负责采购材料设备的，应按照专用条款约定及设计和有关标准要求采购，并提供产品合格证明，对材料设备质量负责。承包人在材料设备到货前 24 小时通知工程师清点。承包人采购的材料设备与设计标准要求不符时，承包人应按工程师要求的时间运出施工场地，重新采购符合要求的产品，承担由此发生的费用，由此延误的工期不予顺延。

承包人采购的材料设备在使用前，承包人应按工程师的要求进行检验或试验，不合格的不得使用，检验或试验费用由承包人承担。工程师发现承包人采购并使用不符合设计和标准要求的材料设备时，应要求承包人负责修复、拆除或重新采购，由承包人承担发生的费用，由此延误的工期不予顺延。承包人需要使用代用材料时,应经工程师认可后才能使用,由此增减的合同价款双方以书面形式议定。由承包人采购的材料设备,发包人不得指定生产厂或供应商。

3.违约、索赔和争议

(1)违约。

①发包人违约。出现下列情况之一,即构成发包人违约:发包人不按时支付工程预付款;发包人不按合同约定支付工程款,导致施工无法进行;发包人无正当理由不支付工程竣工结算价款;发包人不履行合同义务或不按合同约定履行义务的其他情况。出现发包人违约后,发包人承担违约责任,赔偿因其违约给承包人造成的经济损失,顺延延误的工期。双方在专用条款内约定发包人赔偿承包人损失的计算方法或者发包人应当支付违约金的数额或计算方法。

②承包人违约。出现下列情况之一,即构成承包人违约:因承包人原因不能按照协议书约定的竣工日期或工程师同意顺延的工期竣工;因承包人原因工程质量达不到协议书约定的质量标准;承包人不履行合同义务或不按合同约定履行义务的其他情况。出现承包人违约后,承包人承担违约责任,赔偿因其违约给发包人造成的损失。双方在专用条款内约定承包人赔偿发包人损失的计算方法或者承包人应当支付违约金的数额或计算方法。

一方违约后,另一方要求违约方继续履行合同时,违约方承担上述违约责任后仍应继续履行合同。

(2)索赔。当一方向另一方提出索赔时,要有正当索赔理由,且有索赔事件发生时的有效证据。

发包人未能按合同约定履行自己的各项义务或发生错误以及应由发包人承担责任的其他情况,造成工期延误和(或)承包人不能及时得到合同价款及承包人的其他经济损失,承包人可按下列程序以书面形式向发包人索赔:

①索赔事件发生后28天内,向工程师发出索赔意向通知。

②发出索赔意向通知后28天内,向工程师提出延长工期和(或)补偿经济损失的索赔报告及有关资料。

③工程师在收到承包人送交的索赔报告和有关资料后,于28天内给予答复,或要求承包人进一步补充索赔理由和证据。

④工程师在收到承包人送交的索赔报告和有关资料后28天内未予答复或未对承包人作进一步要求,视为该项索赔已经认可。

⑤当该索赔事件持续进行时,承包人应当阶段性向工程师发出索赔意向,在索赔事件终了后28天内,向工程师送交索赔的有关资料和最终索赔报告。索赔答复程序与③、④规定相同。

承包人未能按合同约定履行自己的各项义务或发生错误,给发包人造成经济损失,发包人可在规定的时限向承包人提出索赔。

(3)争议。发包人承包人在履行合同时发生争议,可以和解或者要求有关主管部门调解。当事人不愿和解、调解或者和解、调解不成的,双方可以在专用条款内约定以下一种方式解决争议:第一种解决方式,双方达成仲裁协议,向约定的仲裁委员会申请仲裁;第二种解决方式,向有管辖权的人民法院起诉。

发生争议后,除非出现下列情况的,双方都应继续履行合同,保持施工连续,保护好已完工程:①单方违约导致合同确已无法履行,双方协议停止施工;②调解要求停止施工,且为双方接受;③仲裁机构要求停止施工;④法院要求停止施工。

(二)施工准备阶段的合同管理

1.施工图纸

(1)发包人提供的图纸。

①提供图纸的时间:在合同约定的日期前发放给承包人,以保证承包人及时编制施工进度计划和组织施工。

②提供图纸的方式:施工图纸可以一次提供,也可以在各单位工程开始施工前分阶段提供,只要符合专用条款的约定,不影响承包人按时开工即可。

③图纸的费用承担:发包人应免费按专用条款约定的份数供应承包人图纸。承包人要求增加图纸套数时,发包人应代为复制,但复制费用由承包人承担。

承包人应在施工现场保留一套完整图纸供工程师及有关人员进行工程检查时使用。

(2)承包人负责设计的图纸。有些情况下承包人享有专利权的施工技术,若具有设计资质和能力,可以由其完成部分施工图的设计,或由其委托设计分包人完成。在承包工作范围内,包括部分由承包人负责设计的图纸,则应在合同约定的时间内将按规定的审查程序批准的设计文件提交工程师审核,经过工程师签认后才可以使用。但工程师对承包人设计的认可,不能解除承包人的设计责任。

2.施工进度计划

就合同工程的施工组织而言,招标阶段承包人在投标书内提交的施工方案或施工组织设计的深度相对较浅,签订合同后通过对现场的进一步考察和工程交底,对工程的施工有了更深入的了解,因此,承包人应当在专用条款约定的日期,将施工组织设计和施工进度计划提交工程师。

承包人应当按专用条款约定的日期,将施工组织设计和施工进度计划提交工程师。群体工程中采取分阶段进行施工的单项工程,承包人则应按照发包人提供图纸及有关资料的时间,按单项工程编制进度计划,分别向工程师提交。

工程师接到承包人提交的进度计划后,应当予以确认或者提出修改意见,时间限制则由双方在专用条款中约定;如果工程师逾期不确认也不提出书面意见,则视为已经同意。

3.双方做好施工前的有关准备工作

(1)发包人应按照专用条款的规定使施工现场具备施工条件,开通施工现场公共道路。

(2)承包人应当做好施工人员和设备的调配工作。

(3)工程师特别需要做好水准点与坐标控制点的交验,按时提供标准、规范,还需做好设计单位的协调工作,按照专用条款的约定组织图纸会审和设计交底。

4.开工

(1)承包人要求的延期开工。如果是承包人要求的延期开工,则工程师有权批准是否同意延期开工。承包人不能按时开工,应在不迟于协议书约定的开工日期前7天,以书面形式向工程师提出延期开工的理由和要求。如果承包人未在规定时间内提出延期开工要求,工期也不予顺延。工程师在接到延期开工申请后的48小时内未予答复,视为同意承包人的要求,工期相应顺延。如果工程师不同意延期要求,工期不予顺延。

(2)因发包人原因的延期开工。因发包人的原因施工现场尚不具备施工的条件,影响了承包人不能按照协议书约定的日期开工时,工程师应以书面形式通知承包人推迟开工日期。发包人应当赔偿承包人因此造成的损失,相应顺延工期。

5. 工程的分包

《建设施工合同(示范文本)》的通用条款规定:未经发包人同意,承包人不得将承包工程的任何部分分包;工程分包不能解除承包人任何责任和义务。

发包人控制工程分包的基本原则是,主体工程的施工任务不允许分包,主要工程量必须由承包人完成。经过发包人同意的分包工程,承包人选择的分包人需要提请工程师同意。工程师主要审查分包人是否具备实施分包工程的资质和能力,未经工程师同意的分包人不得进入现场参与施工。

工程分包不能解除承包人对发包人应承担在该工程部位施工的合同义务。同样,为了保证分包合同的顺利履行,发包人未经承包人同意,不得以任何形式向分包人支付各种工程款项。

6. 支付工程预付款

合同约定有工程预付款的,发包人应按规定的时间和数额支付预付款。为了保证承包人如期开始施工前的准备工作和开始施工,预付时间应不迟于约定的开工日期前 7 天。发包人不按约定预付,承包人在约定预付时间 7 天后向发包人发出要求预付的通知。发包人收到通知后仍不能按要求预付,承包人可在发出通知后 7 天停止施工,发包人应从约定应付之日起向承包人支付应付款的贷款利息,并承担违约责任。

(三)施工过程中的合同管理

1. 质量与检验

(1)工程质量。工程质量应当达到协议书约定的质量标准,质量标准的评定以国家或行业的质量检验评定标准为依据。因承包人原因工程质量达不到约定的质量标准,承包人承担违约责任。双方对工程质量有争议,由双方同意的工程质量检测机构鉴定,所需费用及因此造成的损失,由责任方承担。双方均有责任,由双方根据其责任分别承担。

(2)检查和返工。承包人应认真按照标准、规范和设计图纸要求以及工程师依据合同发出的指令施工,随时接受工程师的检查检验,为检查检验提供便利条件。

工程质量达不到约定标准的部分,工程师要求拆除和重新施工,直到符合约定标准。因承包人原因达不到约定标准,由承包人承担拆除和重新施工的费用,工期不予顺延。

工程师的检查检验不应影响施工正常进行,如影响施工正常进行,检查检验不合格时,影响正常施工的费用由承包人承担。除此之外影响正常施工的追加合同价款由发包人承担,相应顺延工期。因工程师指令失误或其他非承包人原因发生的追加合同价款,由发包人承担。

(3)隐蔽工程和中间验收。工程具备隐蔽条件或达到专用条款约定的中间验收部位,承包人进行自检,并在隐蔽或中间验收前 48 小时以书面形式通知工程师验收。通知包括隐蔽和中间验收的内容、验收时间和地点。承包人准备验收记录,验收合格,工程师在验收记录上签字后,承包人可进行隐蔽和继续施工。验收不合格,承包人在工程师限定的时间内修改后重新验收。工程师不能按时进行验收,应在验收前 24 小时以书面形式向承包人提出延期要求,延期不能超过 48 小时。工程师未能按以上时间提出延期要求,不进行验收,承包人可自行组织验收,工程师应承认验收记录。经工程师验收,工程质量符合标准、规范和设计图纸等要求,验收 24 小时后,工程师不在验收记录上签字,视为工程师已经认可验收记录,承包人可进行隐蔽或继续施工。

(4)重新检验。无论工程师是否进行验收,当其要求对已经隐蔽的工程重新检验时,承包人应按要求进行剥离或开孔,并在检验后重新覆盖或修复。检验合格,发包人承担由此发生的全部追加合同价款，赔偿承包人损失，并相应顺延工期。检验不合格，承包人承担发生的全部费用，工期不予顺延。

(5)工程试车。双方约定需要试车的，试车内容应与承包人承包的安装范围相一致。

设备安装工程具备单机无负荷试车条件，承包人组织试车，并在试车前48小时以书面形式通知工程师。通知包括试车内容、时间、地点。承包人准备试车记录，发包人根据承包人要求为试车提供必要条件。试车合格，工程师在试车记录上签字。工程师不能按时参加试车，须在开始试车前24小时以书面形式向承包人提出延期要求，不参加试车，应承认试车记录。

设备安装工程具备无负荷联动试车条件，发包人组织试车，并在试车内容、时间、地点上对承包人作出要求，承包人按要求做好准备工作。试车合格，双方在试车记录上签字。

双方责任如下：

①由于设计原因试车达不到验收要求，发包人应要求设计单位修改设计，承包人按修改后的设计重新安装。发包人承担修改设计、拆除及重新安装的全部费用和追加合同价款，工期相应顺延。

②由于设备制造原因试车达不到验收要求，由该设备采购一方负责重新购置或修理，承包人负责拆除和重新安装。设备由承包人采购的，由承包人承担修理或重新购置、拆除及重新安装的费用，工期不予顺延；设备由发包人采购的，发包人承担上述各项追加合同价款，工期相应顺延。

③由于承包人施工原因试车达不到验收要求，承包人按工程师要求重新安装和试车，并承担重新安装和试车的费用，工期不予顺延。

④试车费用除已包括在合同价款之内或专用条款另有约定外，均由发包人承担。

⑤工程师在试车合格后不在试车记录上签字，试车结束24小时后，视为工程师已经认可试车记录，承包人可继续施工或办理竣工手续。

投料试车应在工程竣工验收后由发包人负责，如发包人要求在工程竣工验收前进行或需要承包人配合时，应征得承包人同意，另行签订补充协议。

2.安全施工

(1)安全施工与检查。承包人应遵守工程建设安全生产有关管理规定，严格按安全标准组织施工，并随时接受行业安全检查人员依法实施的监督检查，采取必要的安全防护措施，消除事故隐患。由于承包人安全措施不力造成事故的责任和因此发生的费用，由承包人承担。

发包人应对其在施工场地的工作人员进行安全教育，并对他们的安全负责。发包人不得要求承包人违反安全管理的规定进行施工。因发包人原因导致的安全事故，由发包人承担相应责任及发生的费用。

(2)安全防护。承包人在动力设备、输电线路、地下管道、密封防震车间、易燃易爆地段以及临街交通要道附近施工时，施工开始前应向工程师提出安全防护措施，经工程师认可后实施，防护措施费用由发包人承担。实施爆破作业，在放射、毒害性环境中施工(含储存、运输、使用)及使用毒害性、腐蚀性物品施工时，承包人应在施工前14天以书面形式通知工程师，并提出相应的安全防护措施，经工程师认可后实施，由发包人承担安全防护措施费用。

(3)事故处理。发生重大伤亡及其他安全事故，承包人应按有关规定立即上报有关部门并通知工程师，同时按政府有关部门要求处理，由事故责任方承担发生的费用。发包人承包人对事故责任有争议时，应按政府有关部门的认定处理。

3. 合同价款支付

(1)工程量的确认。承包人应按专用条款约定的时间,向工程师提交已完工程量的报告。工程师接到报告后7天内按设计图纸核实已完工程量(以下称计量),并在计量前24小时通知承包人,承包人为计量提供便利条件并派人参加。承包人收到通知后不参加计量,计量结果有效,作为工程价款支付的依据。工程师收到承包人报告后7天内未进行计量,从第8天起,承包人报告中开列的工程量即视为被确认,作为工程价款支付的依据。工程师不按约定时间通知承包人,致使承包人未能参加计量,计量结果无效。对承包人超出设计图纸范围和因承包人原因造成返工的工程量,工程师不予计量。

(2)工程款(进度款)支付。在确认计量结果后14天内,发包人应向承包人支付工程款(进度款)。按约定时间发包人应扣回的预付款,与工程款(进度款)同期结算。发包人超过约定的支付时间不支付工程款(进度款),承包人可向发包人发出要求付款的通知,发包人收到承包人通知后仍不能按要求付款,可与承包人协商签订延期付款协议,经承包人同意后可延期支付。协议应明确延期支付的时间和从计量结果确认后第15天起应付款的贷款利息。发包人不按合同约定支付工程款(进度款),双方又未达成延期付款协议,导致施工无法进行,承包人可停止施工,由发包人承担违约责任。

4. 工程变更

(1)工程设计变更。施工中发包人需对原工程设计变更的,应提前14天以书面形式向承包人发出变更通知。变更超过原设计标准或批准的建设规模时,发包人应报规划管理部门和其他有关部门重新审查批准,并由原设计单位提供变更的相应图纸和说明。承包人按照工程师发出的变更通知及有关要求,进行下列需要的变更:①更改工程有关部分的标高、基线、位置和尺寸;②增减合同中约定的工程量;③改变有关工程的施工时间和顺序;④其他有关工程变更需要的附加工作。

因变更导致合同价款的增减及造成的承包人损失,由发包人承担,延误的工期相应顺延。施工中承包人不得对原工程设计进行变更。因承包人擅自变更设计发生的费用和由此导致发包人的直接损失,由承包人承担,延误的工期不予顺延。

承包人在施工中提出的合理化建议涉及对设计图纸或施工组织设计的更改及对材料、设备的换用,须经工程师同意。未经同意擅自更改或换用时,承包人承担由此发生的费用,并赔偿发包人的有关损失,延误的工期不予顺延。

工程师同意采用承包人合理化建议,所发生的费用和获得的收益,发包人承包人另行约定分担或分享。

(2)其他变更。合同履行中发包人要求变更工程质量标准及发生其他实质性变更,由双方协商解决。

(3)确定变更价款。承包人在工程变更确定后14天内,提出变更工程价款的报告,经工程师确认后调整合同价款。变更合同价款按下列方法进行:

①合同中已有适用于变更工程的价格,按合同已有的价格变更合同价款;

②合同中只有类似于变更工程的价格,可以参照类似价格变更合同价款;

③合同中没有适用或类似于变更工程的价格,由承包人提出适当的变更价格,经工程师确认后执行。

承包人在双方确定变更后14天内不向工程师提出变更工程价款报告时,视为该项变更不涉及合同价款的变更。工程师应在收到变更工程价款报告之日起14天内予以确认，工程师无正当理由不确认时，自变更工程价款报告送达之日起14天后视为变更工程价款报告已被确认。工程师不同意承包人提出的变更价款，按本通用条款关于争议的约定处理。工程师确认增加的工程变更价款作为追加合同价款，与工程款同期支付。因承包人自身原因导致的工程变更，承包人无权要求追加合同价款。

(四)竣工阶段的合同管理

1.竣工验收

工程具备竣工验收条件，承包人按国家工程竣工验收有关规定，向发包人提供完整竣工资料及竣工验收报告。双方约定由承包人提供竣工图的，应当在专用条款内约定提供的日期和份数。发包人收到竣工验收报告后28天内组织有关单位验收，并在验收后14天内给予认可或提出修改意见。承包人按要求修改，并承担由自身原因造成修改的费用。发包人收到承包人送交的竣工验收报告后28天内不组织验收，或验收后14天内不提出修改意见，视为竣工验收报告已被认可。工程竣工验收通过，承包人送交竣工验收报告的日期为实际竣工日期。工程按发包人要求修改后通过竣工验收的，实际竣工日期为承包人修改后提请发包人验收的日期。

发包人收到承包人竣工验收报告后28天内不组织验收，从第29天起承担工程保管及一切意外责任。中间交工工程的范围和竣工时间，双方在专用条款内约定。因特殊原因，发包人要求部分单位工程或工程部位甩项竣工的，双方另行签订甩项竣工协议，明确双方责任和工程价款的支付方法。

工程未经竣工验收或竣工验收未通过的，发包人不得使用。发包人强行使用时，由此发生的质量问题及其他问题，由发包人承担责任。

2.竣工结算

工程竣工验收报告经发包人认可后28天内，承包人向发包人递交竣工结算报告及完整的结算资料，双方按照协议书约定的合同价款及专用条款约定的合同价款调整内容，进行工程竣工结算。发包人收到承包人递交的竣工结算报告及结算资料后28天内进行核实，给予确认或者提出修改意见。发包人确认竣工结算报告通知经办银行向承包人支付工程竣工结算价款。承包人收到竣工结算价款后14天内将竣工工程交付发包人。发包人收到竣工结算报告及结算资料后28天内无正当理由不支付工程竣工结算价款，从第29天起按承包人同期向银行贷款利率支付拖欠工程价款的利息，并承担违约责任。

发包人收到竣工结算报告及结算资料后28天内不支付工程竣工结算价款，承包人可以催告发包人支付结算价款。发包人在收到竣工结算报告及结算资料后56天内仍不支付的，承包人可以与发包人协议将该工程折价，也可以由承包人申请人民法院将该工程依法拍卖，承包人就该工程折价或者拍卖的价款优先受偿。工程竣工验收报告经发包人认可后28天内，承包人未能向发包人递交竣工结算报告及完整的结算资料，造成工程竣工结算不能正常进行或工程竣工结算价款不能及时支付，发包人要求交付工程的，承包人应当交付；发包人不要求交付工程的，承包人承担保管责任。

3.质量保修

承包人应按法律、行政法规或国家关于工程质量保修的有关规定，对交付发包人使用的工程在质量保修期内承担质量保修责任。

质量保修工作的实施。承包人应在工程竣工验收之前，与发包人签订质量保修书，作为本合同附件。

质量保修书的主要内容包括:①质量保修项目内容及范围;②质量保修期;③质量保修责任;④质量保修金的支付方法。

第六节 建设工程物资采购合同管理

一、建设工程物资采购合同的概念及分类

建设工程物资采购合同,是指具有平等主体的自然人、法人、其他组织之间为实现工程材料设备买卖,设立、变更、终止权利义务关系的协议。依照此合同,出卖人转移工程材料设备的所有权于买受人,买受人接受该项工程材料设备并支付相应价款。

建设工程物资采购合同包括工程材料采购合同和工程设备采购合同,属于买卖合同。

二、建设工程物资采购合同的特征

建设工程物资采购活动具有一定的特殊性,工程物资采购合同中的标的物数量大,技术性能要求和质量要求复杂,且需要根据工程建设进度计划分期分批均衡履行,同时还涉及售后服务甚至安装等工作,合同履行周期长。因此,建设工程物资合同面临的条件比一般买卖合同复杂。其特点如下:

1.建设工程物资采购合同应依据工程施工合同订立

工程施工合同确定了工程施工建设的进度,而工程物资的供应必须与工程建设进度相协调。不论是发包人供应还是承包人供应,都应依据工程施工合同条款采购物资。例如,根据施工合同的工程量确定工程所需的物资技术性能要求、种类、数量、供货时间、地点等。因此,工程施工合同一般是订立工程物资采购合同的前提。

2.建设工程物资采购合同以转移财物和支付价款为基本内容

工程物资采购合同内容繁多、条款复杂,涉及物资的数量、质量、包装、运输方式、结算方式等条款。工程物资采购合同的根本条款是双方应尽的义务,即卖方按质、按量、按时地将工程物资的所有权转归买方;买方按时、按量地支付货款。这两项主要义务构成了工程物资采购合同最主要的内容。

3.建设工程物资采购合同标的物的品种繁多、供货条件复杂

工程物资采购合同的标的物是工程材料和设备,包括工程所需的钢材、木材、水泥、管线材料、建筑辅助材料以及大型机械和电气成套设备等。这些工程物资的特点在品种、质量、数量和价格上差异较大,因此,在合同中必须对各种所需货物逐一明细,以确保工程施工的需要。

4.建设工程物资采购合同应实际履行

由于工程物资采购合同是依据工程施工合同订立的,工程物资采购合同的履行直接影响施工合同的履行,因此工程物资采购合同一旦订立,卖方义务一般不能解除,不允许卖方以支付违约金和赔偿金的方式代替合同的履行,除非合同的迟延履行对买方成为不必要。

5.建设工程物资采购合同采用书面形式

工程物资采购合同标的物的特殊性和重要性,导致合同履行周期长、可能存在的纠纷多,因此不宜用口头方式。

三、建设工程物资采购合同的订立及履行

(一)材料采购合同的订立及履行

1.材料采购合同的订立

(1)材料采购合同的订立方式可以是:①公开招标;②邀请招标;③询价、报价、签订合同;④直接订购。

公开招标一般适用于大宗材料采购合同。如果采用公开招标,其招标程序是:编制招标文件;发布招标公告;购买标书;投标报价;开标、评标、定标、确定中标单位;签订合同。

如果采用邀请招标,则由招标人事先选择几家厂商投标,从中确定中标人。

(2)材料采购合同。按照《合同法》的分类,材料采购合同属于买卖合同。国内物资购销合同的示范文本规定,材料采购合同条款应包括以下内容:

①产品名称、商标、型号、生产厂家、订购数量、合同金额、供货时间及每次供应数量;

②质量要求的技术标准,供货方对质量负责的条件和期限;

③交(提)货地点、方式;

④运输方式及到站、到港费用的负担;

⑤合理损耗及计算方法;

⑥包装标准、包装物的供应及回收;

⑦验收标准、方法及提出异议的期限;

⑧随机备品、配件工具数量及供应办法;

⑨结算方式及期限;

⑩如需提供担保,另立合同担保书作为合同附件;

⑪违约责任;

⑫解决合同争议的方法等。

2.订购产品的交付

(1)询价、直接约定。询价是指买方向卖方发出询价函,要求卖方在规定时间内报价,从中选择价优物美者为中标人。直接约定是指由买方直接向卖方约定,选择供货方签订供货合同。

(2)产品的交付方式。订购物质或产品的交付方式包括采购方到合同约定地点自提货物和供货方负责将货物送达指定地点两种。而供货方送货又可细分为将货物负责送抵现场和委托运输部门代运两种形式。为明确货物的运输责任,应在相应条款内写明所采用的交(提)货方。

(3)交(提)货期限。货物的交(提)货期限,是指货物交接的具体时间要求。货物的交(提)货期限关系到合同是否按期履行,以及可能出现货物意外灭失或损坏时的责任承担问题。合同内应注明货物的交(提)货期限,应做到尽量具体。如果合同内规定分批交货时,还须注明各批次交货的时间,以便明确责任。

(二)设备采购合同的订立及履行

1.设备采购合同的订立

同材料采购合同订立一样,设备采购合同订立分公开招标,邀请招标,询价、报价、签订合同,直接订购等四种方式。

2.履约保证金

卖方应向买方提交专用条款规定金额的履约保证金。履约保证金应用商议好的货币种类,用下列方式之一提交:

(1)在中华人民共和国注册和营业的银行或买方可以接受的国外的一家信誉好的银行出具的银行保函,或不可撤销的信用证;

(2)银行本票或保付汇票。

除非专用条款另有规定,在卖方完成专用条款规定的质保期后30日内,买方将履约保证金退还卖方。

3.包装

卖方应提供合同设备运至合同规定的目的地所需要的包装,以防止合同设备在转运中损坏或变质,这类包装应足以承受但不限于承受转运过程中的野蛮装卸、暴露于恶劣气温、盐分大和降雨环境,以及露天存放。包装箱的尺寸及重量应考虑货物的最终目的地偏远程度以及在所有转运地点缺乏重型装卸设施的情况。包装、标记和包装箱内外的单据应严格符合合同的特殊要求,包括专用条款规定的要求以及买方后来发出的指示。

4.保证

(1)卖方应保证合同设备是崭新的、未使用过的,是最新的或目前的型号,工艺先进,以优良的材料制造,货物不应有设计上和材料上的缺陷,并完全符合合同规定的质量规格和性能的要求。卖方应保证合同设备不会因设计、材料、工艺的原因而有任何故障和缺陷。

(2)卖方应保证提交的技术文件、图纸的完整、清楚和正确,达到合同设备设计、安装、运行和维护要求。技术文件如有不准确或不完整,卖方应在接到买方通知后15日内进行更改或重新提供。

(3)在合同设备安装、调试、接收试验期间,如发现因卖方原因造成的合同设备的缺陷或损坏,卖方应尽快免费更换和修复并补偿由此而来的买方的一切直接损失。卖方应承担此项更换和修复工作的一切风险和费用。卖方应保证合同设备在接收试验时各项技术参数满足合同要求。

(4)质量保证期(简称质保期)为业主签发接收通知书之日起算12个月。

(5)在质保期间,如果因为卖方原因造成合同设备有缺陷或不能满足合同规定,买方有权提出索赔。在买方提出索赔之后,卖方应尽快对合同设备进行修复并承担全部费用。如果卖方对索赔有异议,应在收到买方索赔要求7日之内提出,双方进行协商。如卖方在此期限之前没有答复则被视为接受索赔要求。卖方应在接到索赔要求后15日内对合同设备进行修复或替换。替换和修复工作的期限,除买方与业主同意的期限外,不得超过2个月。对于小的缺陷,在卖方同意的情况下,可以由业主修复,费用由卖方负担。

(6)如因卖方原因在质保期内工程系统运行不得不因合同设备维修而停止,则相应合同设备质保期应根据系统停运时间延长。对于维修量大或重新更换的合同设备,质保期应重新计算,为业主验收接受维修或更换合同设备后12个月。由买方在质保期内发现的缺陷而提出的索赔要求在质保期后30日内仍然保持有效。

第七节　国际工程合同条件

一、国际工程常用合同

(一)国际工程合同概述

1.国际工程的概念

国际工程通常是指一项允许由外国公司来承包建造的工程项目,即面向国际进行招标的工程。在许多发展中国家,根据项目建设资金的来源(例如外国政府贷款、国际金融机构贷款等)和技术复杂程度,以及本国工程公司的能力局限等情况,允许外国公司承包某些工程。国际工程包含咨询和承包两大行业。

2.国际工程咨询

国际工程咨询包括对工程项目前期的投资机会研究、预可行性研究、可行性研究、项目评估、勘察、设计、招标文件编制、监理、管理、后评价等,其是以高水平的智力劳动为主的行业,一般都是为建设单位(发包人)提供服务的,也可应承包人聘请为其进行施工管理、成本管理等。

3.国际工程承包

国际工程承包包括对工程项目进行投标、施工、设备采购及安装调试、分包、提供劳务等。按照发包人的要求,有时也作施工详图设计和部分永久工程的设计。

4.国际工程承包合同

国际工程承包合同即指国际工程的参与主体之间为了实现特定的目的而签订的明确彼此权利义务关系的协议。

常见的国际工程合同条件有 FIDIC 合同条件、NEC 系列合同条件和 AIA 系列合同条件。

(二)FIDIC 合同条件

1.FIDIC 合同条件概述

FIDIC 即国际咨询工程师联合会(Fédération Internationale Des Ingénieurs - Conseils)的法文缩写。它于 1913 年在欧洲成立。FIDIC 是世界上多数独立的咨询工程师的代表,是最具权威的咨询工程师组织。FIDIC 专业委员会编制了一系列规范性合同条件,构成了 FIDIC 合同条件体系。

目前使用的 FIDIC 合同条件是 1999 年在原合同条件基础上出版的四份新的合同条件,具体如下:

(1)施工合同条件(Condition of Contract for Construction,新红皮书)。新红皮书与原红皮书相对应,但其名称改变后合同的适用范围更大。该合同主要用于由发包人设计的或由咨询工程师设计的房屋建筑工程(building works)和土木工程(engineering works)。施工合同条件的主要特点表现为,以竞争性招标投标方式选择承包商,合同履行过程中采用以工程师为核心的工程项目管理模式。

(2)永久设备和设计—建造合同条件(Conditions of Contract for Plant and Design - Build,新黄皮书)。新黄皮书与原黄皮书相对应,其名称的改变便于与新红皮书相区别。在新黄皮书条件下,承包人的基本义务是完成永久设备的设计、制造和安装。

(3)EPC交钥匙项目合同条件(Conditions of Contract for EPC Turnkey,银皮书)。银皮书又可译为“设计—采购—施工交钥匙项目合同条件”,它与橘皮书(原来的设计—建造和交钥匙(工程)合同条件,Conditions of Contract for Design - Build and Turnkey)相似但不完全相同。它适于工厂建设之类的开发项目,是包含了项目策划、可行性研究、具体设计、采购、建造、安装、试运行等在内的全过程承包方式。承包人“交钥匙”时,提供的是一套配套完整的可以运行的设施。

(4)合同的简短格式(Short Form of Contract,绿皮书)。该合同条件主要适于价值较低的或形式简单、或重复性的、或工期短的房屋建筑和土木工程。

2. FIDIC系列合同条件的特点

FIDIC系列合同条件具有国际性、通用性和权威性。其合同条款公止合理,职责分明,程序严谨,易于操作。考虑到工程项目的一次性、唯一性等特点,FIDIC合同条件分成了“通用条件”(General Conditions)和“专用条件”(Conditions of Particular Application)两部分。

通用条件适于某一类工程。如红皮书适于整个土木工程(包括工业厂房、公路、桥梁、水利、港口、铁路、房屋建筑等)。专用条件则针对一个具体的工程项目,是在考虑项目所在国法律法规不同、项目特点和发包人要求不同的基础上,对通用条件进行的具体化的修改和补充。

FIDIC合同条件的应用方式通常有如下几种:①国际金融组织贷款和一些国际项目直接采用;②合同管理中对比分析使用;③在合同谈判中使用;④部分选择使用。

(三)国际上其他通用的合同条件

1. 英国NEC系列合同条件

NEC合同条件是由英国土木工程师协会编制的工程合同体系。其包括六种主要选项条款(合同形式);九项核心条件;15项次要选项条款;发包人可以从中选择适合自己项目的条款。

(1)NEC合同条件体系概述。发包人可以从六种主要选项条款(合同形式)中选择:①总价合同;②单价合同;③目标总价合同;④目标单价合同;⑤成本加酬金合同;⑥工程管理合同。

NEC的核心条款包括如下九部分:①总则;②承包人的主要职责;③工期;④检验与缺陷;⑤支付;⑥补偿;⑦权利;⑧风险与保险;⑨争端与终止。

关于支付,发包人可根据自己的需求,从上述六种合同形式中选择一种。NEC可以提供总价合同、单价合同、成本加酬金合同、目标成本合同和工程管理合同。因此,NEC不是某种标准的合同条件,而是内涵广泛的系列合同条件。

NEC还含有15项次要选择,包括完工保证、总公司担保、工程预付款、结算币种(多币种结算)、部分完工、设计责任、价格波动、保留(留置)、提前完工奖励、工期延误赔偿、工程质量、法律变更、特殊条件、责任赔偿和附加条款。发包人可根据工程的特点、工程要求和计价方式作出选择。

(2)NEC的主要特征。与现有的其他标准合同条件相比,NEC合同条件具有如下特性:

①适用范围广。NEC合同立足于工程实践,主要条款都用非技术语言编写,避免特殊的专业术语和法律术语;设计责任不是固定地由发包人或者承包人承担,可根据项目的具体情况由发包人或承包人按一定的比例承担责任;六种工程款支付方式和15种次要条款可以根据需要自行选择。在这个意义上讲,NEC的灵活性体现了自助餐式的合同条件,适用范围广泛,并且可以减少争端。

②为项目管理提供动力。随着新的项目采购方式的应用和项目管理模式的发展和变化，现有的合同条件不能为项目的参与各方提供令人满意的内容。NEC强调沟通、合作与协调，通过对合同条款和各种信息清晰的定义，旨在促进对项目目标进行有效的控制。

③简明清晰。NEC的合同语言简明清晰，避免使用法律的和专业的技术语言，合同语句言简意赅。

2.美国AIA系列合同条件

(1)AIA系列合同条件概述。美国建筑师学会(AIA)成立于1857年，100多年来，AIA一直在出版标准的项目设计和施工方面的合约文件，用于机关业务和项目管理。AIA出版的系列合同文件在美国建筑业界及国际工程承包界，特别在美洲地区具有较高的权威性，应用广泛。

AIA文件分为A,B,C,D,F,G系列。其中A系列，是关于发包人与承包人之间的合约文件；B系列，是关于发包人与提供专业服务的建筑师之间的合约文件；C系列，是关于建筑师与提供专业服务的顾问之间的合约文件；D系列，是建筑师行业所用的文件；F系列，是财务管理表格；G系列，是合同和办公管理表格。

A系列文件包括：发包人—承包人合约、该合约的通用条款和附加条款、发包人—设计/建筑商合约、总承包人—分包商合约、投标程序说明、其他文件(如投标和洽商文件、承包人资格预审文件等)。其中，工程承包合同通用条款(AZ01)包括14章的内容，分别是一般条款、发包人、承包人、合同的管理、分包商、发包人或独立承包人负责的施工、工程变更、期限、付款与完工、人员与财产的保护、保险与保函、剥露工程及其返修、混合条款、合同终止或停止。

(2)AIA系列合同的特点。AIA合同条件主要用于私营的房屋建筑工程，并专门编制用于小型项目的合同条件。

AIA系列合同条件的核心是“通用条件”。采用不同的工程项目管理，不同的计价方式时，只需选用不同的“协议书格式”与“通用条件”结合。AIA合同文件的计价方式主要有总价、成本补偿合同及最高限定价格法。

二、FIDIC施工合同条件

(一)FIDIC施工合同条件概述

FIDIC施工合同条件(1999年第1版)由三部分组成：

1.通用条件

通用条件由三部分组成：20条163款、附录(争端裁决协议书通用条件)、附件(程序规则)。其中，通用条件的20条分别为：一般规定；业主；工程师；承包商；指定的分包商；职员和劳工；设备、材料和工艺；开工、误期与停工；竣工检验；业主的接收；缺陷责任；计量与计价；变更与调整；合同价格预付款；业主提出终止；承包商提出停工与终止；风险与责任；保险；不可抗力；索赔、争端与仲裁。

2.专用条件编写指南

专用条件编写指南包括编写招标文件注意事项、专用条件、附件(担保函格式)。其中，专用条件与通用条件对应。编写指南说明如何在专用条件中对通用条件20条款进行修改，以适应具体工程建设的需要。

附件(担保函格式)包括：附件A母公司保函范例格式；附件B投标保函范例格式；附件E

预付款保函范例格式；附件F保留金保函范例格式；附件G业主支付保函范例格式。

3. 投标函、合同协议书和争端裁决协议书格式

投标函、合同协议书和争端裁决协议书格式包括投标函、投标书附录、合同协议书、争端裁决书(用于一人争端裁决委员会)、争端裁决书(用于三人争端裁决委员会的每位成员)。

(二)业主、承包商及工程师的权利、义务

1. 业主的权利与义务

(1)业主的权利。

①业主有权不接受最低标；

②有权指定分包商；

③在一定条件下可直接付款给指定的分包商；

④有权决定工程暂停或复工；

⑤在承包商违约时，业主有权接管工程或没收各种保函或保证金；

⑥有权决定在一定的幅度内增减工程量；

⑦不承担承包商因发生在工程所在国以外的任何地方的不可抗力事件所遭受的损失(因炮弹、导弹等所造成的损失例外)；

⑧有权拒绝承包商分包或转让工程(应有充足理由)。

(2)业主的义务。

①向承包商提供完整、准确、可靠的信息资料和图纸，并对这些资料的准确性负完全的责任；

②承担由业主风险所产生的损失或损坏；

③确保承包商免于承担属于承包商义务以外情况的一切索赔、诉讼，损害赔偿费、诉讼费、指控费及其他费用；

④在多家独立的承包商受雇于同一工程或属于分阶段移交的工程情况下，业主负责办理保险；

⑤按时支付承包商应得的款项，包括预付款；

⑥为承包商办理各种许可，如现场占用许可、道路通行许可、材料设备进口许可、劳务进口许可等；

⑦承担疏浚工程竣工移交后的任何调查费用；

⑧支付超过一定限度的工程变更所导致的费用增加部分；

⑨承担在工程所在国发生的特殊风险以及任何其他地区因炮弹、导弹对承包商造成的损失的赔偿和补偿；

⑩承担因后继法规所导致的工程费用增加额。

2. 承包商的权利和义务

(1)承包商的权利。

①有权得到提前竣工奖金；

②收款权；

③索赔权；

④因工程变更超过合同规定的限值而享有补偿权；

⑤暂停施工或延缓工程进度速度；

⑥停工或终止受雇；

⑦不承担业主的风险；

⑧反对或拒不接受指定的分包商；

⑨特定情况下的合同转让与工程分包；

⑩特定情况下有权要求延长工期；

⑪特定情况下有权要求补偿损失；

⑫有权要求进行合同价格调整；

⑬有权要求工程师书面确认口头指示；

⑭有权反对业主随意更换监理工程师。

(2)承包商的义务。

①遵守合同文件规定，保质保量、按时完成工程任务，并负责保修期内的各种维修；

②提交各种要求的担保；

③遵守各项投标规定；

④提交工程进度计划；

⑤提交现金流量估算；

⑥负责工地的安全和材料的看管；

⑦对其由承包商负责完成的设计图纸中的任何错误和遗漏负责；

⑧遵守有关法规；

⑨为其他承包商提供机会和方便；

⑩保持现场整洁；

⑪保证施工人员的安全和健康；

⑫执行工程师的指令；

⑬向业主偿付应付款项(包括归还预付款)；

⑭承担第三国的风险；

⑮为业主保守机密；

⑯按时缴纳税金；

⑰按时投保各种强制险；

⑱按时参加各种检查和验收。

3. 工程师的权利和义务

(1)工程师的权利。

①有权拒绝承包商的代表；

②有权要求承包商撤走不称职人员；

③有权决定工程量的增减及相关费用；

④有权决定增加工程成本或延长工期，有权确定费率；

⑤有权下达开工令、停工令、复工令(因业主违约而导致承包商停工情况除外)；

⑥有权对工程的各个阶段进行检查，包括已掩埋覆盖的隐蔽工程；

⑦如果发现施工不合格情况，监理工程师有权要求承包商如期修复缺陷或拒绝验收工程；

⑧承包商的设备、材料必须经监理工程师检查，监理工程师有权拒绝接受不符合规定标准的材料和设备；

⑨在紧急情况下,监理工程师有权要求承包商采取紧急措施;

⑩审核批准承包商的工程报表的权力属于监理工程师,付款证书由监理工程师开出;

⑪当业主与承包商发生争端时,监理工程师有权裁决,虽然其决定不是最终的。

(2)工程师的义务。工程师作为业主聘用的工程技术负责人,除了必须履行其与业主签订的服务协议书中规定的义务外,还必须履行其作为承包商的工程监理人而尽的职责,FIDIC条款针对工程师在建筑与安装施工合同中的职责规定了以下义务:

①必须根据服务协议书委托的权力进行工作;

②行为必须公正,处事公平合理,不能偏听偏信;

③应虚心听取业主和承包商两方面的意见,基于事实作出决定;

④发出的指示应该是书面的,特殊情况下来不及发出书面指示时,可以发出口头指示,但随后以书面形式予以确认;

⑤应认真履行职责,根据承包商的要求及时对已完工程进行检查或验收,对承包商的工程报表及时进行审核;

⑥应及时审核承包商在履约期间所做的各种记录,特别是承包商提交的作为索赔依据的各种材料;

⑦应实事求是地确定工程费用的增减与工期的延长或压缩;

⑧如因技术问题需同分包商打交道时,须征得总承包商同意,并将处理结果告之总承包商。

(三)其他主要条款

1.风险责任

(1)业主的风险。

①战争、敌对行动(不论宣战与否)入侵、外敌行动;

②工程所在国国内的叛乱、恐怖活动、革命、暴动、军事政变或篡夺政权,或内战;

③暴乱、骚乱或混乱,完全局限于承包商的人员以及承包商和分包商的其他雇佣人员中间的事件除外;

④工程所在国的军火、爆炸性物质、离子辐射或放射性污染,由于承包商使用此类军火、爆炸性物质、辐射或放射性活动的情况除外;

⑤以音速或超音速飞行的飞机或其他飞行装置产生的压力波;

⑥业主使用或占用永久工程的任何部分,合同中另有规定的除外;

⑦因工程任何部分设计不当而造成的,而此类设计是由业主的人员提供的,或由业主所负责的其他人员提供的;

⑧一个有经验的承包商不可预见且无法合理防范的自然力的作用。

(2)承包商对工程的照管。从工程开工日期起直到颁发接收证书的日期为止,承包商应对工程的照管负全部责任。此后,照管工程的责任移交给业主。如果就工程的某区段或部分颁发了接收证书(或认为已颁发),则该区段或部分工程的照管责任即移交给业主。

在责任相应地移交给业主后,承包商仍有责任照管任何在接收证书上注明的日期内应完成而尚未完成的工作,直至此类扫尾工作已经完成。

在承包商负责照管期间,如果工程、货物或承包商的文件发生的任何损失或损害不是由于业主的风险所致,则承包商应自担风险和费用弥补此类损失或修补损害,以使工程、货物或承包商的文件符合合同的要求。

承包商还应为在接收证书颁发后由于他的任何行为导致的任何损失或损害负责。同时，对于接收证书颁发后出现，并且是由于在此之前承包商的责任而导致的任何损失或损害，承包商也应负有责任。

2.合同的转让和分包

(1)禁止转包。承包商不得将本合同工程转包给其他单位或个人，或者将本合同工程肢解之后以分包的名义分别转包给其他单位或个人，否则将按承包商违约处理。

(2)分包。事先未报经工程师审查并取得业主批准，承包商不得将本合同工程的任何部分分包出去。分包商应具有相应专业承包资质或劳务分包资质；不允许分包商将其承接的工程再次分包。分包工程不准压低单价，分包管理费视工程情况限制在分包合同价的1%以内。分包协议书，包括工程量清单应报工程师核备。

承包商取得批准分包并不解除合同规定的承包商的任何责任或义务，他应对分包商加强监督和管理，并对分包商的工程质量及其职工的行为、违约和疏忽完全负责。分包商就分包项目向业主承担连带责任。

业主对承包商与分包商之间的法律与经济纠纷不承担任何责任和义务。对于承包商提出的劳务分包，分包商应具有相应的劳务分包资质，报经监理工程师审查并报业主核备。劳务人员应加入承包商施工班组，并持项目经理签发的劳务人员证上岗。

若承包商将工程分包给不具备相应资质条件的单位；或合同中未有约定，又未经业主批准，承包商将承包的部分建设工程交由其他单位完成；或承包商将建设工程主体结构或关键性工作的施工分包给其他单位；或分包商将其承包的建设工程再行分包的，按承包商违约处理。

3.工程颁发证书程序

FIDIC合同条款下共有五种证书：中期支付证书、初验证书、终验证书、最终支付证书和合同终止时的评估证书。

(1)中期支付证书。按月向承包商支付已经完成工程量的支付证书，即根据工程师代表和承包商双方同意已经测量的工程量签发支付证书。业主必须在工程师收到承包商的付款请求后的56天内支付承包商。如果支付被延迟，则承包商有权对未支付部分按合同约定的利率计算方式收取利息，若延迟时间超过合同规定的期限，承包商有权提出暂时停工。

(2)初验证书。承包商按合同规定对已完成的工程或合同规定的部分工程提出申请后的28天内，如检验合格，工程师应对申请的整个工程或合同规定的部分工程出具初验证书。

(3)终验证书。工程时应在缺陷责任期过后28天内，在对所有工程进行验收并确认所有缺陷认证书中所列缺陷得到纠正的基础上，向承包商出具终验证书。对承包商而言，只由工程师出具终验证书后才能被认为工程被业主正式接受。

(4)最终支付证书。在出具终验证书后，工程师必须在合同规定的期限内向承包商出具最终支付证书。

(5)合同终止时的评估证书。按合同规定，业主决定终止合同，工程师应在终止日对工程进行评估并出具评估证书。

案例5-1

某工程，建设单位和施工单位按《建设工程施工合同(示范文本)》签订了施工合同，在施工合同履行过程中发生如下事件：

事件1：工程开工前，总监理工程师主持召开了第一次工地会议。会上，总监理工程师宣布了建设单位对其的授权，并对召开工地例会提出了要求。会后，项目监理机构起草了会议纪要，由总监理工程师签字后分发给有关单位。总监理工程师主持编制了监理规划，报送建设单位。

事件2：施工过程中，由于施工单位遗失工程某部位设计图样，施工人员凭经验施工，现场监理员发现时，该部位的施工已经完毕。监理员报告了总监理工程师，总监理工程师到现场以后，指令施工单位暂停施工，并报告建设单位。建设单位要求对该部位结构进行核算。经设计单位核算，该部位结构能够满足安全和使用功能的要求，设计单位电话告知建设单位，可以不作处理。

事件3：由于事件2的发生，项目监理机构认为施工单位未按图施工，该部位工程不予计量；施工单位认为停工造成了工期拖延，向项目监理机构提出了工程延期申请。

事件4：主体结构施工时，由于发生不可抗力事件，造成施工现场用于工程的材料损坏，导致经济损失和工期拖延，施工单位按程序提出了工期和费用索赔。

事件5：施工单位为了确保安装质量，在施工组织设计原定检测计划的基础上，又委托一家检测单位加强安装过程的检测。安装工程结束时，施工单位要求项目监理机构支付其增加的检测费用，但被总监理工程师拒绝。

问题：

1. 指出事件1中的不妥之处，写出正确做法。
2. 指出事件2中的不妥之处，写出正确做法。该部位结构是否可以验收？为什么？
3. 事件3中项目监理机构对该部位工程不予计量是否正确？说明理由。项目监理机构是否应该批准工程延期申请？为什么？
4. 事件4中施工单位提出的工期和费用索赔是否成立？为什么？
5. 事件5中总监理工程师的做法是否正确？为什么？

答案：

1. 不妥之处主要有以下几方面：

(1)总监理工程师主持召开第一次工地会议。正确做法：应由建设单位主持。

(2)总监理工程师宣布授权。正确做法：应由建设单位宣布。

(3)会议纪要直接分发给有关单位。正确做法：各方会签后分发。

(4)会后编制和报送监理规划。正确做法：应在第一次工地会议前编制和报送。

2. 不妥之处主要有以下几方面：

(1)施工人员不按图施工，而是凭经验施工。正确做法：必须按图施工。

(2)监理员向总监理工程师汇报。正确做法：应向专业监理工程师汇报。

(3)设计单位电话告知建设单位。正确做法：应以书面形式告知。

该部位结构可以验收。理由：该部位结构能够满足安全和使用功能的要求，同时需由设计单位书面确认该部位不需处理的书面文件。

3. 事件3中项目监理机构对该部位工程不予计量不正确。理由：设计单位核算后认为结构能够满足安全和使用功能的要求，该部位可以进行验收，给予计量。项目监理机构不应该批准工程延期申请。理由：造成工程停工、工期拖延的主要原因是施工单位自己遗失图纸，属于施工单位的责任。

4. 工期索赔成立。理由:不可抗力导致工期延误可给予延期。

费用索赔成立。理由:不可抗力导致施工现场用于工程的材料损坏所造成的损失由建设单位承担。

5. 事件5中总监理工程师做法正确。理由:施工单位为了确保安装质量采取的技术措施所增加的费用由施工单位承担。

案例 5-2

某施工单位承揽了一项综合办公楼的总承包工程,在施工过程中发生了如下事件:

事件1:施工单位与某材料供应商所签订的材料供应合同中未明确材料的供应时间。急需材料时,施工单位要求材料供应商马上将所需的材料运抵施工现场,遭到材料供应商的拒绝。两天后才将材料运到施工现场。

事件2:某设备供应商由于进行设备调试,超过合同约定的期限交付施工单位订购的设备,恰好此时该设备的价格下降,施工单位按下降后的价格支付给设备供应商,设备供应商要以原价执行,双方产生争执。

事件3:施工单位与某施工机械租赁公司签订合同约定的期限已到,施工单位将租赁的机械交还租赁公司并交付租赁费,此时,双方签订的合同终止。

事件4:该施工单位与某分包单位所签订的合同中明确规定要降低分包工程的质量,从而减少分包单位的合同价款,为施工单位创造更高的利润。

问题:

1. 你认为事件1中材料供应商的做法是否正确?为什么?

2. 你认为事件2中施工单位的做法是否正确,为什么?

3. 事件3中合同终止的原因是什么?除此之外,还有什么情况可以使合同的权利义务终止?

4. 事件4中的合同当事人签订的合同是否有效?

答案:

1. 材料供应商的做法正确。当履行期限不明确的,债务人可以随时履行,债权人也可以随时要求履行,但应当给对方必要的准备时间。

2. 施工单位的做法正确。逾期交付标的物的,遇价格上涨时,按照原价格执行;价格下降时,按照新价格执行。

3. 合同终止的原因是债务已经按照约定履行。可以使合同终止的其他情形是:合同解除;债务相互抵消;债权人依法将标的物提存;债权人免除债务;债权债务同归于一人;法律规定或者当事人约定终止的其他情形。

4. 事件4中合同当事人签订的合同无效。

本章小结

本章介绍了合同、合同法、合同订立、合同履行、权利、义务等基本知识;重点介绍了建设工程合同管理的内容和分类,对勘察设计合同、监理合同、物资采购合同、施工合同分别加以分析,尤其是结合施工合同示范文本对合同管理的具体内容进行了详细的分析;还介绍了常见的国际工程合同条件,重点介绍了FIDIC合同条件。

思考题

1. 什么是建设工程合同？我国的建设工程合同主要有哪些类型？
2. 建设工程监理合同是如何订立的？
3.《建设工程施工合同(示范文本)》中关于发包人和承包人的权利义务是如何定义的？
4. 简述《建设工程施工合同(示范文本)》的主要内容。
5. 建设工程物资采购合同分几种？有何区别？
6. 国际上通用的合同条件有哪些？
7. 简述FIDIC条款的主要内容。

第六章 工程索赔

本章学习要点

1. 了解索赔和索赔管理的基本概念
2. 掌握索赔与索赔管理的索赔程序、索赔原则
3. 熟悉索赔报告的编制和索赔的计算
4. 了解反索赔的基本概念

第一节 工程索赔概述

在市场经济条件下，建筑市场工程索赔是一种正常现象。工程索赔在建筑市场上主要是承包人保护自身正当权益、弥补工程损失、提高经济效益的重要和有效手段。许多国际工程项目，通过成功的索赔能使工程收入得到改善，达到工程造价的10%～20%，有些工程的索赔额甚至超过了工程合同额本身。“中标靠低价，赢利靠索赔”便是许多国际工程承包商的经验总结。在合同实施过程中，由于条件和环境的变化，使承包商的工期延长，实际工程成本增加，承包商为挽回这些损失，只有通过索赔这种合法的手段才能做到。

一、工程索赔的概念

1. 索赔的定义

关于索赔的定义，在《朗曼词典》里的解释是：索赔作为合法的所有者，根据自己的权利提出的有关某一资格、财产、金钱等方面的要求。工程索赔是当事人在工程承包合同履行中，根据法律、合同规定及惯例，对并非由于自己的过错，而是应由合同对方承担责任的情况造成的，且实际发生的损失，向对方提出给予补偿的要求。在实际工作中，“索赔”是双向的，我国《标准施工招标文件》中通用合同条款中的索赔就是双向的，既包括承包人向发包人的索赔，也包括发包人向承包人的索赔。但在工程实践中，发包人索赔数量较小，而且处理方便，可以通过冲账、扣拨工程款、扣保证金等实现对承包人的索赔；而承包人对发包人的索赔则比较困难一些。通常情况下，索赔是指承包人（施工单位）在合同实施过程中，对非自身原因造成的工程延期、费用增加而要求发包人给予补偿损失的一种权利要求。

从索赔的基本定义可以看出，索赔具有以下基本特征：

（1）索赔是双向的，不仅承包人可以向业主索赔，业主同样也可以向承包人索赔。由于工程实践中发包人向承包人索赔发生的频率相对较低，而且在索赔处理中，发包人始终处于主动和有利的地位，他可以直接从应付工程款抵扣或没收履约保函、扣留保留金甚至留置承包人的材料设备作为抵押等来实现自己的索赔要求，不存在“索”，因此在工程中，大量发生的处理比

较困难的是承包人向发包人的索赔，这也是索赔管理的主要对象和重点内容。承包人的索赔范围非常广泛，一般认为，只要因非承包人自身责任造成工程工期延长或成本增加，都有可能向发包人提出索赔。

(2)只有实际发生了经济损失或权利损害，一方才能向对方索赔。经济损失是指发生了合同以外的额外支出，如人工费、材料费、机械费、管理费等额外开支；权利损害是指虽然没有经济上的损失，但造成一方权利上的损害，如由于恶劣气候条件对工程进度的不利影响，承包人有权要求工期延长等。因此，发生了实际的经济损失或权利损害，应是一方提出索赔的一个基本前提条件。

(3)索赔是一种未经对方确认的单方行为。它与通常所说的工程签证不同。在施工过程中签证时承发包双方就额外费用补偿或工期延长等达成一致的书面证明材料和补充协议，可以直接作为工程款结算或最终增减工程造价的依据；而索赔则是单方面行为，对对方尚未形成约束力，这种索赔要求能否得到最终实现，必须要通过协商、谈判、调解、仲裁或诉讼等方式才能实现。

在工程实践中，许多人一听到“索赔”两个字，就很容易联想到争议的仲裁、诉讼或双方激烈的对抗，因此往往会躲避索赔，担心因索赔会影响到双方的合作或感情。实质上，索赔是一种正当的权利或要求，是合情、合理、合法的行为，它是在正确履行合同的基础上争取合理的偿付，不是无中生有、无理争利。索赔同守约、合作并不矛盾、对立。相反，索赔恰恰是在符合有关规定或者有关惯例的基础上而做出的合同行为。索赔的关键在于“索”，你不“索”，对方就没有义务主动来“赔”。同样，“索”得乏力、无力，即索赔依据不充分、证据不足、方式方法不当，也是很难获得“赔”。国际工程承包的实践经验告诉我们，一个不敢、不会索赔的承包人最终必然是要亏损的。

2.索赔与违约责任的区别

(1)索赔事件的发生，不一定在合同文件中有约定；而工程合同的违约责任，则必然是合同所约定的。

(2)索赔事件的发生，可以是一定行为造成(包括作为或不作为)的，也可以是不可抗力事件所发生的；而追究违约责任，必须要有合同不能履行或不能完全履行的违约事实的存在，发生不可抗力可以免除追究当事人的违约责任。

(3)索赔事件的发生，可以是合同当事人一方引起，也可以是任何第三人行为引起；而违反合同则是由于当事人一方或双方的过错造成的。

(4)一定要有造成损失的结果才能提出索赔，因此索赔具有补偿性；而合同违约不一定要造成损失结果，因为违约具有惩罚性。

(5)索赔的损失结果与被索赔人的行为不一定存在法律上的因果关系，如因业主(发包人)指定分包人造成承包人损失的，承包人可以向业主索赔等；而违反合同的行为与违约事实之间存在因果关系。

二、工程索赔产生的原因

1.当事人违约

当事人违约常常表现为没有按照合同约定履行自己的义务。发包人违约常常表现为没有为承包人提供合同约定的施工条件、未按照合同约定的期限和数额付款等。监理人未能按照合同约定完成工作,如未能及时发出图纸、指令等也视为发包人违约。承包人违约的情况则主要是没有按照合同约定的质量、期限完成施工,或者由于不当行为给发包人造成其他损害。

2.不可抗力或不利的物质条件

不可抗力又可以分为自然事件和社会事件。自然事件主要是工程施工过程中不可避免发生并不能克服的自然灾害,包括地震、海啸、瘟疫、水灾等;社会事件则包括国家政策、法律、法令的变更,战争、罢工等。不利的物质条件通常是指承包人在施工现场遇到的不可预见的自然物质条件、非自然的物质障碍和污染物,包括地下和水文条件。

3.合同缺陷

合同缺陷表现为合同文件规定不严谨甚至矛盾、合同中的遗漏或错误。在这种情况下,工程师应当给予解释,如果这种解释将导致成本增加或工期延长,发包人应当给予补偿。

4.合同变更

合同变更表现为设计变更、施工方法变更、追加或者取消某些工作、合同规定的其他变更等。

5.监理人指令

监理人指令有时也会产生索赔,如监理人指令承包人加速施工、进行某项工作、更换某些材料、采取某些措施等,并且这些指令不是由于承包人的原因造成的。

6.其他第三方原因

由于与工程有关的与发包人签订或约定的第三方所发生的问题,造成对工程工期或费用的影响,也可以索赔。这里所指的第三方包括材料供应商、设备供应商、分包商、交通运输部门等。

7.政策、法规的变化

政策、法规的变化主要是指与工程造价有关的政策、法规的变化。因为工程造价具有很强的时间性、地域性,所以国家及各地相关管理部门都会出台相关政策、法规,有些是不强制执行的,而且会随着市场、技术的变化而经常变化,所以会造成工期与费用的变化,成为索赔的重要起因。

三、工程索赔管理的特点和原则

1.工程索赔管理的特点

要健康地开展工程索赔工作,必须全面认识索赔,完整理解索赔,端正索赔动机,这样才能正确对待索赔,规范索赔行为,合理地处理索赔事件。因此,发包人、工程师和承包人要对工程索赔工作的特点有全面的认识和理解。

(1)索赔工作贯穿于工程项目的全过程。合同当事人要做好索赔工作,必须从签订合同起,直至履行合同的全过程中,要注意采取预防保护措施,建立健全索赔业务的各项管理制度。在工程项目的招标、投标和合同签订阶段,作为承包人应仔细研究工程所在国的法律、法规及合同条件,特别是关于合同范围、义务、付款、工程变更、违约及罚款、特殊风险、索赔时限和争议解决等条款,必须在合同中明确规定当事人各方的权利和义务,以便为将来可能的索赔提供合法的依据和基础。在合同执行阶段,合同当事人应密切注视对方的合同履行情况,不断地寻求索赔机会;同时,自身应严格履行合同义务,防止被对方索赔。

一些缺乏工程承包经验的承包人,由于对索赔工作的重要性认识不够,往往在工程开始时并不重视,等到发现不能获得应当得到的偿付时才匆忙研究合同中的索赔条款,汇集所需要的数据和论证材料，但已经陷入被动局面；有时经过旷日持久的争执、交涉乃至诉诸法律程序，仍难以索回应得的补偿或损失，影响了自身的经济效益。

(2)索赔是一门融工程技术和法律于一体的综合学问和艺术。索赔问题涉及的层面相当广泛，既要求索赔人员具备丰富的工程技术知识与实际施工经验，使得索赔问题的提出具有科学性和合理性，符合工程实际情况，又要求索赔人员通晓法律与合同知识，使得提出的索赔具有法律依据和事实证据，并且还要求在索赔文件的准备、编制和谈判等方面具有一定的艺术性，使索赔的最终解决表现出一定程度的伸缩性和灵活性。这就对索赔人员的素质提出了很高的要求，他们的个人品格和才能对索赔成功的影响很大。索赔人员应当是头脑冷静、思维敏捷、处事公正、性格刚毅且有耐心，并具有以上多种才能的高素质人才。

(3)影响索赔成功的相关因素多。索赔能否取得成功，除了以上所述的特点外，还与企业的项目管理基础工作密切相关。如在合同管理方面，要收集、整理施工中所发生事件的一切记录，包括图纸、订货单、会谈纪要、来往信件、变更指令、气象图表、工程图像等，并及时地予以科学归档和管理，形成一个能清晰描述和反映整个工程全过程的数据库，为索赔及时提供全面、正确、合法有效的各种证据。在进度管理方面，通过计划工期与实际进度的比较、研究和分析，找出影响工期的各种因素、分清各方责任，及时地向对方提出延长工期及相关费用的索赔，并为工期索赔值的计算提供依据和各种基础数据。在成本管理方面，主要通过编制成本计划，控制和审核成本支出，进行计划成本与实际成本的动态比较分析等，为费用索赔提供各种费用的计算数据。在信息管理方面，要运用计算机对工程项目施工过程中的各种有关信息进行适时的存储，为索赔文件的提出、准备和编制提供大量工程施工中的各种信息资料。

2. 工程索赔管理的原则

工程索赔应遵循以下原则：

(1)客观性原则。合同当事人提出的任何索赔要求，首先必须是真实的。合同当事人必须认真、及时、全面地收集有关证据，实事求是地提出索赔要求。

(2)合法性原则。当事人的任何索赔要求，都应当限定在法律和合同许可的范围内。没有法律上或合同上的依据不要盲目索赔，或者当事人所提出的索赔要求至少不为法律所禁止。

(3)合理性原则。索赔要求应合情合理，一方面要采取科学合理的计算方法和计算基础，真实反映索赔事件所造成的实际损失；另一方面也要结合工程的实际情况，兼顾对方的利益，不要滥用索赔，多估冒算，漫天要价。

四、工程索赔的分类

工程索赔依据不同的标准可以进行不同的分类。

1. 按索赔的合同依据分类

(1)合同内索赔。此种索赔是以合同条款为依据，在合同中有明文规定的索赔，如工期延误、工程变更、工程师给出错误数据导致放线的差错、业主不按合同规定支付进度款等。这种索赔，由于在合同中明文规定往往容易得到。

(2)合同外索赔。此种索赔一般是难于直接从合同的某条款中找到依据，但可以从对合同条件的合理推断或同其他的有关条款联系起来论证该索赔是属合同规定的索赔。例如，因天气的影响对承包商造成的损失一般应由承包商自己负责，如果承包商能证明是特殊反常的气候条件是有经验的承包商无法预见的，就可利用合同条款中规定的“一个有经验的承包商无法合理预见不利的条件"而得以成功索赔。合同外的索赔需要承包商非常熟悉合同和相关法律，并有比较丰富的索赔经验。

(3)道义索赔。此种索赔是指承包人无法在合同内或合同外都找不到索赔依据，但在履行合同中诚恳可信，与发包人合作良好，而且在施工中确实遭到很大损失，希望向业主寻求优惠性质的额外付款。这种额外付款实际上是一种道义上的救助，只有在遇到通情达理的业主时才有希望成功。

2.按索赔目的分类

按索赔目的可以将工程索赔分为工期索赔和费用索赔。

(1)工期索赔。由于非承包人责任的原因而导致施工进程延误，要求批准顺延合同工期的索赔，称之为工期索赔。工期索赔形式上是对权利的要求，以避免在原定合同竣工日不能完工时，被发包人追究拖期违约责任。一旦获得批准合同工期顺延后，承包人不仅免除了承担拖期违约赔偿费的严重风险，而且可能提前工期得到奖励，最终仍反映在经济收益上。

(2)费用索赔。费用索赔的目的是要求经济补偿。当施工的客观条件改变导致承包人增加开支时，承包人要求对超出计划成本的附加开支给予补偿，以挽回不应由他承担的经济损失。

3.按索赔事件的性质分类

按索赔事件的性质可以将工程索赔分为工程延误索赔、工程变更索赔、合同被迫终止索赔、工程加速索赔、意外风险和不可预见因素索赔及其他索赔。

(1)工程延误索赔。因发包人未按合同要求提供施工条件，如未及时交付设计图纸、施工现场、道路等，或因发包人指令工程暂停或不可抗力事件等原因造成工期拖延的，承包人对此提出索赔。这是工程中常见的一类索赔。

(2)工程变更索赔。由于发包人或监理人指令增加或减少工程量或增加附加工程、修改设计、变更工程顺序等，造成工期延长和费用增加，承包人对此提出索赔。

(3)合同被迫终止的索赔。由于发包人或承包人违约以及不可抗力事件等原因造成合同非正常终止，无责任的受害方因其蒙受经济损失而向对方提出索赔。

(4)工程加速索赔。由于发包人或监理人指令承包人加快施工速度，缩短工期，引起承包人的人、财、物的额外开支而提出的索赔。

(5)意外风险和不可预见因素索赔。在工程实施过程中，因人力不可抗拒的自然灾害、特殊风险以及一个有经验的承包人通常不能合理预见的不利施工条件或外界障碍，如地下水、地质断层、溶洞、地下障碍物等引起的索赔。

(6)其他索赔。如因货币贬值、汇率变化、物价上涨、政策法令变化等原因引起的索赔。

4.按索赔处理方式分类

(1)单项索赔，就是采用一事一索赔的方式，即每一索赔时间发生时或发生后，由合同管理人员立即处理，并在合同规定的索赔有效期内向业主或监理工程师提交索赔要求和报告。单项索赔通常原因单一，责任单一，分析起来相对容易，由于设计金额一般较小，双方容易达成协议，处理也比较简单。因此，合同双方应尽可能地采用此种方式来处理索赔。

单项索赔要求合同管理人员能够迅速识别索赔机会，对索赔事件作出快速反应，根据合同要求，在规定时间内向对方提出索赔要求。

(2)一揽子索赔，又称总索赔。它是指承包商在工程竣工前后，将施工过程中已提出但未解决的索赔汇总一起，向业主提出一份总索赔报告的索赔。这种索赔有的是因合同实施过程中，一些单项索赔问题比较复杂，不能立即解决，经双方协商同意留待以后解决；有的是业主对索赔迟迟不作答复采取拖延的办法，使索赔谈判旷日持久；有的是承包商合同管理水平差，平时没有注意对索赔的管理，当工程快完工时，发现即将亏损才进行索赔。

由于在一揽子索赔中许多干扰时间交织在一起，影响因素比较复杂而且相互交叉，责任分析和索赔值计算都会困难，索赔设计的金额往往较大，双方都不愿或不容易作出让步，使索赔的谈判和处理都很困难，因此，综合索赔的成功率比单项索赔低得多，承包人应尽量避免采用综合索赔。

第二节　工程索赔的依据及证据

一、索赔事件

索赔事件又称干扰事件，是指那些使实际情况与合同约定不符，最终引起工期与费用变化的事件。在工程实践中，承包人可以提出的索赔事件有如下几种：

(1)业主未按合同规定的时间和数量交付设计图纸与资料，未按时交付合格的施工场地及行驶道路，未按时接通水电，造成工期拖延，费用增加。

(2)工程实际地质条件与合同规定不一致。

(3)业主或工程师变更原合同规定的施工顺序和施工步骤，打乱了工程施工计划。

(4)设计变更、设计错误，业主或工程师作出错误的指令，提供错误的数据、资料等造成工程修改、返工、停工、窝工等。

(5)业主或工程师指令增加、减少或删除部分工程，使实际工程量与原定工程量不同。

(6)在合同规定的范围内，业主指令增加附加工程项目，要求承包人提供合同责任以外的服务项目。

(7)业主指令提高设计、施工、材料的质量标准。

(8)业主拖延图纸批准，拖延隐蔽工程验收，拖延对承办商问题的答复，不及时下达指令、决定，造成工程停工。

(9)业主要求加快工程进度，指令承包人采取加速措施。已发生的工期延长责任完全是非承包人引起，业主已认可承包人的工期拖延；实际工期没有拖延，而业主希望工程提前竣工，及早投入使用。

(10)进口材料海运时间过长或在港口停置时间过长，造成工程停工停料。

(11)业主未按合同规定的时间和数量支付工程款。

(12)物价大幅度上涨，造成材料价格、人工工资大幅度上涨。

(13)国家政策、法令的修改，如提高安全措施费率，提高关税，颁布新的外汇管理条例等。

(14)货币贬值，使承包商蒙受较大的汇率损失。

(15)不可抗力因素，如反常的气候条件、洪水、暴乱、内战、政局变化、战争、经济封锁、禁运、罢工，以及一个有经验的承包人无法预见的任何自然力作用等使工程中断或合同终止。

(16)在保修期间，由于业主使用不当或其他非承包人责任者造成损失，业主要求承包人予以修理；业主在验收前或交付前，擅自使用已完或未完工程，造成工程损失。

(17)合同缺陷,如合同条款不全、错误,或合同条件之间相互矛盾,双方就合同理解发生争议。

(18)招标文件不完备,业主提供信息有错误。

上述事件承包人能否作为索赔事件,进行有效索赔,还要看具体的工程项目和合同背景、合同条件,不可一概而论。

二、索赔依据

任何索赔事件的确立,其前提条件是必须有正当的索赔理由。对正当索赔理由的说明必须具有依据,没有依据或依据不足,索赔是难以成功的。索赔的依据主要是合同条件、法律、法规及工程建设惯例,主要是双方签订的工程合同文件。表6-1给出了我国建设工程施工合同示范文本中承包人可引用的索赔条款,以供参考。

表6-1 建设工程施工合同示范文本中承包人可引用的索赔条款

序号	条款序号	主要内容	工期延长(T)	增加费用(C)
1	6.2	工程师指令错误	√	√
2	6.3	工程师未能按合同约定履行义务	√	√
3	7.3	业主原因,承包人采取紧急措施	√	√
4	8.3	业主未履行合同义务(九项工作)	√	√
5	11.2	业主原因延期开工	√	√
6	12	业主原因暂停施工	√	√
7	13	业主原因或不可抗力延误工期(七种情况)	√	√
8	14.3	业主原因要求提前竣工		√
9	15	工程质量因业主原因达不到约定条件	√	√
10	16.3	工程师检查、检验影响正常施工,检验合格	√	√
11	16.4	工程因工程师不正确纠正或其他非承包人原因造成返工、修改	√	√
12	18	工程师重新检验隐蔽工程合格	√	√
13	19.5	设计原因、试车达不到验收要求,业主负责修改设计;设备制造原因,试车达不到验收要求,且设备为业主采购	√	√
14	20.2	业主原因导致的安全事故	√	√
15	21	承包人提出且工程师认可的特殊危险场所安全防护措施	√	√
16	23.3	可调价格合同中约定的价款调整因素(四种情况)	√	√
17	24	业主不按约定支付预付款	√	利息
18	26.3	业主不按约定支付工程款(进度款)	√	利息
19	27.4	业主供应材料、设备延误或不合格	√	√

续表 6-1

序号	条款序号	主要内容	工期延长(T)	增加费用(C)
20	29.1	设计变更	√	√
21	33.3	业主不按约定支付竣工结算价款		利息
22	39.3	不可抗力	√	√
23	43.2	施工中发现文物及地下障物而采取保护措施	√	√
24	44.6	业主原因,解除合同		√

三、索赔证据

索赔证据是当事人用来支持其索赔成立及与索赔有关的证明文件和资料。索赔证据作为索赔文件的组成部分,在很大程度上关系到索赔的成功与否。证据不全、证据不足或没有证据,索赔很难成功。索赔证据必须真实、全面、有法律效力、有当事人认可、有充分说服力,同时也必须是书面材料。

1.索赔证据的要求

(1)真实性。索赔依据必须是在实施合同过程中确定存在和发生的,必须完全反映实际情况,能经得住推敲。

(2)全面性。索赔依据应能说明事件的全过程。索赔报告中涉及的索赔理由、事件过程、影响、索赔数额等都应有相应依据,不能零乱和支离破碎。

(3)关联性。索赔依据应当能够相互说明,相互具有关联性,不能互相矛盾。

(4)及时性。索赔依据的取得及提出应当及时,符合合同约定。

(5)具有法律证明效力。索赔依据必须是书面文件,有关记录、协议、纪要必须是双方签署的;工程中重大事件、特殊情况的记录、统计必须由合同约定的监理人签证认可。

2.索赔依据的种类

在工程项目实施过程中,会产生大量的工程信息和资料,这些信息和资料是开展索赔的重要依据。如果项目资料不完整,索赔就难以顺利进行。因此在施工过程中应始终做好资料积累工作,建立完善的资料记录和科学的管理制度,认真系统地积累和管理合同文件、质量、进度及财务收支等方面的资料。对于可能会发生索赔的工程项目,从开始施工时就要有目的地搜集证据资料,系统地拍摄现场,妥善保管开支收据,有意识地为索赔积累必要的证据材料。常见的索赔资料主要有:

(1)各种工程合同文件。其主要包括工程合同及附件、中标通知书、投标书、标准和技术规范、图纸、工程量清单、工程报价单或预算书、有关技术资料和要求等。如发包人提供的水文地质、地下管网资料、施工所需的证件、批件、临时用地证明手续、坐标控制点资料等。

(2)经工程师批准的各种文件。其主要包括经工程师批准的施工进度计划、施工方案、施工项目管理规划和现场的实施情况记录,以及各种施工报表等。

(3)各种施工记录。其主要包括施工日报及工长工作日志、备忘录。施工中产生的影响工期或工程或工程资金的所有重大事情均应写入备忘录存档,备忘录应按年、月、日顺序编号,以便查阅。

(4)工程形象进度照片。其主要包括工程有关施工部位的照片及录像等。保存完整的工程照片和录像能有效地显示工程进度。因而除了标书上规定需要定期拍摄的工程照片和录像外,承包人自己要经常注意拍摄工程照片和录像,注明日期,作为自己查阅的资料。

(5)工程项目有关各方往来文书。其主要包括工程各项信件、电话记录、指令、信函、通知、答复等。

(6)工程各项会议纪要。其主要包括工程各项会议纪要、协议及其各种签约、定期与业主的谈话资料等。

(7)业主(工程师)发布的各种书面指令书和确认书。其主要包括业主或工程师发布的各种书面指令书和确认书,以及承包人要求、请求、通知书。

(8)工程现场气候记录,如有关天气的温度、风力、雨雪等。

(9)投标前业主提供的参考资料和现场资料。

(10)施工现场记录。其主要包括:工程各项有关的设计交底记录、变更图纸、变更施工指令等,以及这些资料的送到份数和日期记录,工程材料和机械设备的采购、订货、运输、进场、验收、使用等方面的凭据及材料供应清单、合格证书,工程送电、送水、道路开通、封闭的日期及数量记录,工程停电、停水和干扰事件影响的日期及恢复施工的日期记录。

(11)业主或工程师签认的签证。其主要包括工程实施过程中各项经业主或工程师签认的签证,如承包人要求预付通知、工程量核实确认单等。

(12)工程财务资料。其主要包括工程结算资料和有关财务报告,如工程预付款、进度款拨付的数额及日期记录、工程结算书、保修单等。

(13)各种检查验收报告和技术鉴定报告。其主要包括质量验收单、验收记录、验评表、竣工验收资料、竣工图。

(14)各类财务凭证。需要收集和保存的工程基本会计资料包括:工资单、工资报表、工程款账单、各类收付款原始凭证,总分类账、管理费用报表,工程成本报表等。

(15)其他。其主要包括分包合同、官方的物价指数、汇率变化表以及国家、省、市有关影响工程造价、工期的文件、规定等。

第三节　工程索赔的程序

因为索赔中所占比重最大的是承包人向发包人提出的索赔,所以这里主要介绍承包人向发包人提出的索赔执行程序。《建设工程施工合同(示范文本)》的通用条款 36.2 款规定:发包人未能按合同约定履行自己的各项义务或发生错误以及应由发包人承担责任的其他情况,造成工期延误和(或)承包人不能及时得到合同价款及承包人的其他经济损失,承包人可按下列程序以书面形式向发包人索赔:

(1)索赔事件发生后 28 天内,向工程师发出索赔意向通知;

(2)发出索赔意向通知后 28 天内,向工程师提出延长工期和(或)补偿经济损失的赔偿报告及有关资料;

(3)工程师在收到承包人送交的索赔报告和有关资料后,于 28 天内给予答复,或要求承包人进一步补充索赔理由和证据;

(4)工程师在收到承包人送交的索赔报告和有关资料后 28 天内未予答复或未对承包人作

进一步要求,视为该项索赔已经认可;

(5)当该索赔事件持续进行时,承包人应当阶段性向工程师发出索赔意向,在索赔事件终了后 28 天内,向工程师送交索赔的有关资料和最终索赔报告。

索赔答复程序与(3)、(4)规定相同。

一、发出索赔意向通知

索赔事件发生后,承包人应在索赔事件发生后的 28 天内向工程师递交索赔意向通知,声明将对此事件提出索赔。该意向通知是承包人就具体的索赔事件向工程师和发包人表示的索赔愿望和要求。超过这个期限,工程师和发包人有权拒绝承包人的索赔要求。索赔事件发生后,承包人有义务做好现场施工的同期记录,工程师有权随时检查和调阅,以判断索赔事件所造成的实际损害。

索赔意向通知一般可考虑下列内容:①索赔事件发生的时间、地点、工程部位;②索赔事件发生的有关人员;③索赔事件发生的原因、性质;④承包人对索赔事件发生后的态度、采取的行动;⑤索赔事件发生后对承包人的不利影响;⑥提出索赔意向,并注明合同条款依据。

二、递交索赔报告

索赔意向通知提交后的 28 天内,承包人应递送正式索赔报告。索赔报告是索赔文件的正文,是索赔过程中的重要文件,对索赔的解决有重大的影响,承包人应慎重对待,务求翔实、准确。如果索赔时间的影响持续存在,28 天内还不能算出索赔额和工期展延天数,承包人应按工程师合理要求的时间间隔(一般为 28 天),定期陆续报出每个时间段内的索赔证据资料和索赔要求。在该索赔事件的影响结束后的 28 天内,报出最终详细报告,提出索赔论证资料和累计索赔额。

索赔报告的具体内容,随该索赔事件的性质和特点而有所不同。一般来说,完整的索赔报告应包括以下四个部分:

1. 总论部分

总论部分一般包括以下内容:序言;索赔事项概述;具体索赔要求;索赔报告编写及审核人员名单。

文中首先应概要地论述索赔事件的发生日期与过程、施工单位为该索赔事件所付出的努力和附加开支、施工单位的具体索赔要求。在总论部分最后,附上索赔报告编写组主要人员及审核人员的名单,注明有关人员的职称、职务及施工经验,以表示该索赔报告的严肃性和权威性。总论部分的阐述要简明扼要,清晰地说明问题。

2. 合同引证部分

此部分是索赔报告关键部分,其目的是承包人论述自己具有索赔权,这是索赔成立的基础。合同引证的主要内容是该工程项目的合同条件以及有关的法律规定,说明自己理应得到工期延长和费用补偿。这部分一般包括以下内容:①概述索赔事项的处理过程;②发出索赔通知书的时间;③引证索赔要求的合同条款;④指明索赔的证据资料。

3. 索赔论证部分

承包人在施工索赔报告中进行索赔论证的目的是为了获得工期延长和费用补偿。对于工期索赔部分,首先,为了获得施工工期的延长,以免承担误期损害赔偿费的经济损失。其次,可能在此基础上，探索获得费用补偿的可能性。承包人在工期索赔报告中，应该对工期延长、实际工期和理论工期等工期的长短进行详细的论述，说明自己要求工期延长的根据，并对其进行明确的划分。对于费用索赔部分，承包人要首先论证遇到了合同规定以外的额外任务或不利的合同实施条件，为了完成合同，承包人承担了额外的经济损失，并且这些经济损失应该由业主承担。最后，在论证费用索赔成立的前提下，承包人应根据合同执行的实际情况，选择适当的费用计算方式，计算承包人额外开支的人工费、材料费、机械费、管理费和损失利润，提出承包人对可索赔事件的费用索赔的数额。

4. 证据部分

证据部分包括该索赔事件所涉及的一切证据资料，以及对这些证据的说明。证据是索赔报告的重要组成部分，没有翔实可靠的证据，索赔是不能成功的。在引用证据时，要注意该证据的效力或可信程度。为此，对重要的证据资料最好附以文字证明或确认件。例如，对一个重要的电话内容，仅附上自己的记录本是不够的，最好附上经过双方签字确认的电话记录；或附上发给对方要求确认该电话记录的函件，即使对方未给复函，亦可说明责任在对方，因为对方未复函确认或修改，按惯例应理解为已默认。

三、工程师审核索赔报告

接到承包人的索赔意向通知后，工程师应建立自己的索赔档案，密切关注事件的影响。在接到正式索赔报告后，工程师应认真研究承包人报送的索赔资料。首先，工程师应客观分析事件发生的原因，研究承包人的索赔证据，检查他的同期记录。其次，对比合同的有关条款，划清责任界限，必要时还可以要求承包人进一步提供补充资料。最后，审查承包人提出的索赔补偿要求，剔除其中的不合理部分，拟定自己计算的合理索赔款额和工期顺延天数。

一般对索赔报告的审查内容如下：

(1)索赔事件发生的时间、持续时间、结束的时间。

(2)损害事件原因分析，包括直接原因和间接原因。即分析索赔事件是出于何种原因引起，进行责任分解，划分责任范围，按责任大小承担损失。

(3)分析索赔理由。主要依据合同文件判明是否在合同规定的赔偿范围之内。只有符合合同规定的索赔要求才有合法性、才能成立。例如，某合同规定，在工程总价5%范围内的工程变更属于承包人承担的风险，若发包人指令增加工程量在这个范围内，承包人不能提出索赔。

(4)实际损失分析。即分析索赔事件的影响，主要表现为工期的延长和费用的增加。对于工期的延长主要审查延误的工作是否位于网络计划的关键线路上，延误的时间是否超过该工作的总时差。对费用的增加主要审查分担比例是否合理，计算费用的原始数据来源是否正确，计算过程是否合理、准确。

四、施工索赔的解决

施工索赔的解决是多途径的。工程师核查后初步确定应予以补偿的额度有时与承包人没有分歧，但多数时候与承包人的索赔报告中要求的额度不一致，甚至差额较大。其主要原因大多为对事件损害责任的界限划分不一致，索赔证据不充分、索赔计算的依据和方法分歧较大等，因此双方应就索赔的处理进行协商。在经过认真分析研究，与承包人、发包人广泛讨论后，工程师应该向发包人和承包人提出自己的“索赔处理决定”。当工程师确定的索赔额超过其权限范围时，必须报请发包人批准。工程师在“工期延误审批表”和“费用索赔审批表”中应该简明地叙述索赔事项、理由、建议给予补偿的金额及延长的工期，论述承包人索赔合理方面及不合理方面。工程师收到承包人递交的索赔报告和有关资料后，如果在28天内既未予答复，也未对承包人作进一步要求，则视为承包人提出的该项索赔要求已经被认可。

索赔事件的解决通过协商未能达成共识时，承发包双方可以请有关部门调解，双方按调解方案履行。如果调解也不能解决，双方可按施工合同的专用条款的规定通过仲裁或诉讼来解决。

第四节　工程索赔成功的关键与技巧

工程索赔是一项综合性强的边缘学科，它不仅是一门科学，也是一门艺术，要想获得好的索赔成果，除了要掌握相关的技术、经济、法律知识，还要有正确的索赔战略和机动灵活的索赔技巧，这也是取得索赔成功的关键。

一、认真履行合同，遵守诚信原则

承包人认真履行合同，遵守诚信原则。这不仅反映了企业的管理水平，形成良好的信誉，而且是索赔的前提。这样能够获得发包人的信任，与发包人建立良好的合作关系，从而为将来的索赔打下基础。具体表现在：

(1)严格按合同约定施工，做到工程师在场与不在场一个样；

(2)主动配合发包人和工程师审查施工图，发现错误和遗漏及时提出修改和补充；

(3)当对工程有损害的事件发生后，无论是否为自己的责任，都应积极采取措施，控制事态发展，降低工程损失，切不可任其发展，甚至幸灾乐祸，希望从中渔利；

(4)对于工程师和发包人的一些没有造成实际危害的违约行为，承包人一般应采取容忍、谅解的态度；

(5)处理问题实事求是，考虑双方利益，找出双方都能认可的公平合理的解决方案，使双方继续顺利合作下去。

二、组建强有力的、稳定的索赔班子

索赔是一项复杂细致而艰巨的工作，组建一个知识全面、有丰富索赔经验、稳定的索赔小组从事索赔工作，是索赔成功的重要条件，一般根据工程的规模及复杂程度、工期长短、技术难度、合同的严密性、发包方的管理能力等因素配备索赔小组。对于大型工程，索赔小组应由项目经理、合同法律专家、工程经济专家、技术专家、施工工程师等组成。工程规模较小、工期较短、技术难度不大、合同较严密的工程，可以由有经验的造价工程师或合同管理人员承担索赔任务。

索赔小组的人员一定要稳定，不仅各负其责，而且每个成员要积极配合，齐心协力，内部讨论的战略和对策要保守秘密。

三、着眼于重大、实际的损失

承包商的索赔目标是指承包商对索赔的基本要求，可对要达到的目标分难易程度进行排队，并大致分析它们实现的可能性，从而确定最低、最高目标。要集中精力抓对工程影响大、索

赔额高的索赔,相对较小的索赔可灵活处理。有时可将小项作为谈判中的让步余地,以获得重大索赔的成功。

索赔时要实事求是,过高的要求会使对方感到被愚弄,认为承包人不诚实,结果不仅不能多获益,反而弄巧成拙,使索赔不能在友好的气氛下妥善处理,有时会使索赔报告束之高阁,长期得不到解决。另外还有可能让业主形成周密的反索赔计价,以高额的反索赔对付高额的索赔,使索赔工作更加复杂化,而且可能给以后的索赔带来不良影响。当然,索赔额的计算也不宜过于谨慎,该争的不争,会影响项目的正当利益。

四、注意索赔证据资料的收集

在索赔过程中,当工程师或发包人提出质疑时,必须要有充分的证据证明索赔的合理性,如果证据不完备,索赔很可能失败。因此,收集完整、详细的索赔证据资料是非常重要的工作。

索赔证据资料的收集贯穿于工程施工的整个过程及各个方面,工作量很大。为了做好索赔资料的收集工作,必须建立健全文档资料管理制度,建立一个专人管理、责任分工的组织体系。也就是说任何人都应具备索赔意识,都有责任收集相关证据,而专职管理人员应对所有资料及时整理、归档、保存,同时督促有关人员收集资料。对重大索赔事件要重点分析,相关资料要有意识地重点收集。

五、索赔的技巧

除了以上应注意的问题,成功的索赔少不了灵活机动的技巧。索赔技巧应因人、因客观环境条件而异,现提出以下几项供参考:

1. 在投标报价时就考虑索赔的可能

一个有经验的承包商,在投标报价时就应考虑将来可能要发生索赔的问题,要仔细研究招标文件中的合同条款和规范。仔细查勘施工现场,探索可能索赔的机会,在报价时要考虑索赔的需要,利用不平衡报价法,将未来可能会发生索赔的工作单价报高。还可在进行单价分析时列入生产效率,把工程成本与投入资源的效率结合起来。这样,在施工过程中讨论索赔时可引用效率降低来讨论索赔的根据。

2. 商签好合同协议

在商签合同过程中,特别要对业主推脱责任、转嫁风险的条款特别注意,如:合同中不列索赔条款;拖期付款无时限、无利息;没有调价公式;发包人认为对某部分工程不够满意,即有权决定扣减工程款;发包人对不可预见的工程施工条件不承担责任等。如果这些问题在签订合同协议时不谈判清楚,承包人就很难有机会索赔成功。

3. 对口头变更指令要有书面确认

监理工程师常常乐于用口头指令变更,但是一切口头承诺或口头协议都没有法律效力,只有书面文件才能作为索赔的证据。如果承包商不对口头指令予以书面确认,有的监理工程师可能会因为时间长、事情多而遗忘,有的甚至为了自身利益而故意否认当时的指令。没有证据造成承包人索赔失败、有苦难言。所以对口头变更一定要有书面确认。

4. 力争单项索赔,避免一揽子索赔

单项索赔事件简单,容易解决,而且能及时得到支付。一揽子索赔数额大,不易解决,往往到工程结束后还得不到付款。对于不能及时解决的一揽子索赔,要注意资料的积累和保存。

5.余额追索

在索赔支付过程中,承包商和监理师对确定新单价和工程量方面经常存在不同意见。按合同规定,工程师有决定单价的权利,如果承包商认为工程师的决定不尽合理,而坚持自己的要求时,可先接受工程师决定的“临时价格”,确保拿到一部分索赔款,对其余不足部分,则应书面通知工程师和业主,作为索赔款的余额,保留自己的索赔权利。

6.力争友好解决,防止对立情绪

索赔争端是难免的,如果遇到争端不能理智协商讨论问题,会使一些本来可以解决的问题因双方的对立情绪长期僵持,甚至激怒工程师使其故意刁难承包人。承包人在发生争端时要头脑冷静,可以以换位思考的方法来进行索赔谈判,以双方都能接受的方式来解决问题。承包人一方面要据理力争,一方面要把握好分寸,适当让步、机动灵活,切不可对工程师个人恶言相向,力争友好解决索赔争端。

7.搞好公共关系

成功的索赔和良好的公共关系是分不开的。首先要和工程师及发包人建立友好合作的关系,便于工作的开展。除此之外还要同监理工程师、设计单位、发包人的上级主管部门搞好关系,取得他们的同情和支持,在索赔遇到难以克服的阻力时,可以利用他们同工程师和发包人的微妙关系斡旋调停,对其施加影响,这往往比同业主直接谈判有效,能使索赔达到十分理想的效果。

第五节 工程索赔的计算

一、工程索赔的处理原则

工程索赔原则通常包括成本费用原则、风险共担原则和初始延误原则。这些基本原则是工程合同履行过程中,承发包双方及中介咨询机构处理工程索赔的共同准则。

1.成本费用原则

一般索赔事件中,工程延误通常带来人员窝工和机械闲置。因此,在进行费用索赔时应计算出窝工人工费和机械闲置台班费。由于工程的延误并不会影响这部分工程的管理费及利润损失,索赔计算中一般只补偿直接费损失,而不计取管理费及利润,即按照成本费用原则处理合同内工程的窝工闲置。

2.风险共担原则

风险共担原则主要是针对不可抗力而言的。当不可抗力发生后,必然给双方造成经济损失和人员伤亡。根据合同的一般原则,合同的缔约和履行过程中,应合理分摊从而转移风险。风险事件发生后,对于无法通过保险等手段转移的风险,双方应共同承担,这就是风险共担原则的基本内涵。

按照风险共担原则,不可抗力事件导致的费用增加及工期延误通常按下列方法分别承担:

(1)工程本身的损害,当工程损害导致第三方人员伤亡和财产损失及用于施工的材料和待安装设备的损害,由业主承担;

(2)业主和承包商双方的人员伤亡由各方自己负责并承担相应费用;

(3)工程所需修复及现场清理费用由业主承担;

(4)停工期间,承包商应监理工程师要求留在施工现场的必需的管理人员及保卫人员费用由业主承担;

(5)承包商机械设备损害及停工损失由承包商承担;

(6)延误的工期相应顺延。

3. 初始延误原则

施工索赔过程中,在同一个时间段可能发生两个或两个以上索赔事件,这些索赔事件的责任人可能是业主、承包商,也可能是承包合同之外的第三方或不可抗力。如何处理多起索赔事件共同作用下的索赔计算,是工程索赔事件中经常遇见的一类问题。初始延误原则是解决此类索赔问题的基本准则。

所谓初始延误原则,就是索赔事件发生在先者承担索赔责任的原则。如果业主是初始延误者,则在共同延误时间内,业主应承担工程延误责任,此时,承包商既可得到工期补偿,又可得到经济补偿。如果不可抗力是初始延误者,则在共同延误时间内,承包人只能得到工期补偿,而无法得到经济补偿。

二、索赔的计算

工程索赔报告最主要的两部分是:合同论证部分和索赔计算部分,合同论证部分的任务是解决索赔权是否成立的问题,而索赔计算部分则确定应得到多少索赔款额或工期补偿,前者是定性的,后者是定量的。索赔的计算是索赔管理的一个重要组成部分。

(一)工期索赔

1. 工期延误的含义

工期延误是指工程实施过程中任何一项或多项工作实际完成日期迟于计划规定的完成日期,从而可能导致整个合同工期的延长。工程工期是施工合同中的重要条款之一,涉及业主和承包人多方面的权利和义务关系。工期延误对合同双方一般都会造成损失。业主因工期延误不能及时交付使用、投入生产,就不能按计划实现投资效果,失去赢利机会,损失市场利润;承包人因工期延误会增加工程成本,生产效率降低,企业信誉受到影响,最终还可能导致合同规定的误期损害赔偿费处罚。因此,工期延误的后果是形式上的时间损失,实质上的经济损失,无论是业主还是承包人,都不愿无缘无故地承担由工期延误给自己造成的经济损失。

2. 工期索赔的原因

在施工过程中,由于各种因素的影响,使承包商不能在合同规定的工期内完成工程,造成工程拖期。造成拖期的一般原因如下:

(1)非承包商的原因。由于下列非承包商原因造成的工程拖期,承包商有权获得工期延长:

①合同文件含义模糊或有歧义;

②工程师未在合同规定的时间内颁发图纸和指示;

③承包商遇到一个有经验的承包商无法合理预见到的障碍或条件;

④处理现场发掘出的具有地质或考古价值的遗迹或物品;

⑤工程师指示进行未规定的检验;

⑥工程师指示暂时停工;

⑦业主未能按合同规定的时间提供施工所需的现场和道路;

⑧业主违约;

⑨工程变更；

⑩异常恶劣的气候条件。

上述的原因可归结为以下三大类：第一类是业主的原因，如未按规定时间提供现场和道路占有权，增加额外工程等；第二类是工程师的原因，如设计变更、未及时提供施工图纸等；第三类是不可抗力，如地震、洪水等。

（2）承包商原因。承包商在施工过程中可能由于下列原因，造成工程延误：①对施工条件估计不充分，制订的进度计划过于乐观；②施工组织不当；③承包商自身的其他原因。

3. 工程拖期的种类及处理措施

工程拖期可分为如下两种情况：

（1）由于承包商的原因造成的工程拖期，称为工程延误，承包商必须向业主支付误期损害赔偿费。工程延误也称为不可原谅的工程拖期。如承包商内部施工组织不好，设备材料供应不及时等。这种情况下，承包商无权获得工期延长。

（2）由于非承包商原因造成的工程拖期，称为工程延期，承包商有权要求业主给予工期延长。工程延期也称为可原谅的工程拖期。它是由于业主、监理工程师或其他客观因素造成的，承包商有权获得工期延长，但是否能获得经济补偿要视具体情况而定。

因此，可原谅的工程拖期又可分为：①可原谅并给予补偿的拖期，是承包商有权同时要求延长工期和经济补偿的延误，拖期的责任者是业主或工程师。②可原谅但不给予补偿的拖期，是指可给予工期延长，但不能对相应经济损失给予补偿的可原谅延误。这往往是由于客观因素造成的拖延。

上述两种情况下的工期索赔可按表 6－2 处理。

表 6－2　工期索赔处理原则

<table>
<tr><th>索赔原因</th><th>是否可原谅</th><th>拖期原因</th><th>责任者</th><th>处理原则</th><th>索赔结果</th></tr>
<tr><td rowspan="3">工程进度拖延</td><td rowspan="2">可原谅拖期</td><td>修改设计
施工条件变化
业主原因拖期
工程师原因拖期</td><td>业主</td><td>可给予工期延长，可补偿经济损失</td><td>工期＋经济补偿</td></tr>
<tr><td>异常恶劣气候
工人罢工
天灾</td><td>客观原因</td><td>可给予工期延长，不给予经济补偿</td><td>工期</td></tr>
<tr><td>不可原谅拖期</td><td>工效不高
施工组织不好
设备材料供应不及时</td><td>承包商</td><td>不延长工期，不补偿损失，向业主支付误期损害赔偿费</td><td>索赔失败；无权索赔</td></tr>
</table>

4. 共同延误下工期索赔的处理方法

承包商、工程师或业主，或某些客观因素均可造成工程拖期。但在实际施工过程中，工程拖期经常是由上述两种以上的原因共同作用产生的，在这种情况下，称为共同延误。其主要有两种情况：在同一项工作上同时发生两项或两项以上延误；在不同的工作上同时发生两项或两项以上延误。

第一种情况比较简单。共同延误主要有以下几种基本组合：

(1)可补偿延误与不可原谅延误同时存在。在这种情况下，承包商不能要求工期延长及经济补偿，因为即便是没有可补偿延误，不可原谅延误也已经造成工程延误。

(2)不可补偿延误与不可原谅延误同时存在。在这种情况下，承包商无权要求延长工期，因为即便是没有不可补偿延误，不可原谅延误也已经导致施工延误。

(3)不可补偿延误与可补偿延误同时存在。在这种情况下，承包商可以获得工期延长，但不能得到经济补偿，因为即便是没有可补偿延误，不可补偿延误也已经造成工程施工延误。

(4)两项可补偿延误同时存在。在这种情况下，承包商只能得到一项工期延长或经济补偿。

第二种情况比较复杂。由于各项工作在工程总进度表中所处的地位和重要性不同，同等时间的相应延误对工程进度所产生的影响也就不同。所以对这种共同延误的分析就不像第一种情况那样简单。比如，业主延误(可补偿延误)和承包商延误(不可原谅延误)同时存在，承包商能否获得工期延长及经济补偿？对此应通过具体分析才能回答。

关于业主延误与承包商延误同时存在的共同延误，一般认为应该用一定的方法按双方过错的大小及所造成影响的大小按比例分担。如果该延误无法分解开，不允许承包商获得经济补偿。

5.工期补偿量的计算

(1)有关工期的概念。

①计划工期，就是承包商在投标报价文件中申明的施工期，即从正式开工日起至建成工程所需的施工天数。一般即为业主在招标文件中所提出的施工期。

②实际工期，就是在项目施工过程中，由于多方面干扰或工程变更，建成该项工程上所花费的施工天数。如果实际工期比计划工期长的原因不属于承包商的责任，则承包商有权获得相应的工期延长，即工期延长量＝实际工期－计划工期。

③理论工期，是指较原计划拖延了的工期。如果在施工过程中受到工效降低和工程量增加等诸多因素的影响，仍按照原定的工作效率施工，而且未采取加速施工措施时，该工程项目的施工期可能拖延甚久，这个被拖延了的工期，被称为“理论工期”，即在工程量变化、施工受干扰的条件下，仍按原定效率施工、而不采取加速施工措施时，在理论上所需要的总施工时间。在这种情况下，理论工期即是实际工期。

各工期之间的关系如图 6－1 所示。(2)工期补偿量的计算方法。

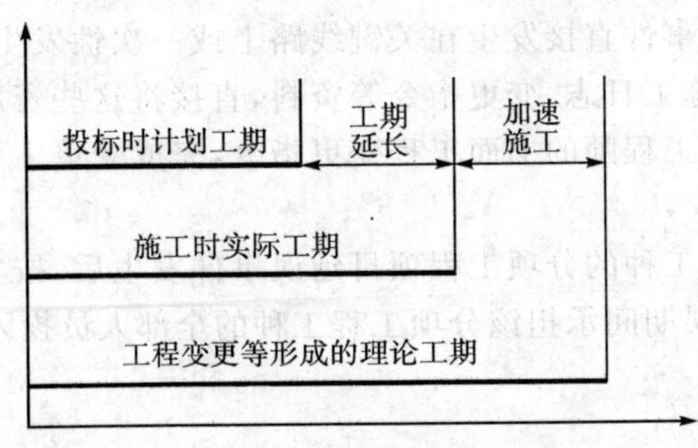

图 6－1　各工期之间的关系

①网络图分析法。网络分析法是利用进度计划的网络图,分析其关键线路。如果延误的工作为关键工作,则总延误的时间为批准顺延的工期;如果延误的工作为非关键工作,当该工作由于延误超过时差限制而成为关键工作时,可以批准延误时间与时差的差值;若该工作延误后仍为非关键工作,则不存在工期索赔问题。

②比例类推法。前述的网络分析法是最科学的,也是最合理的。但它需要的前提是,对于较大的工程,它必须有计算机的网络分析程序,否则分析极为困难,甚至也不可能。

在实际工程中,干扰时间按常常只影响某些单项工程、单位工程或分部分项工程的工期,要分析它们对总工期的影响,可采用较简单的比例类推法。

比例类推法可分为两种情况:

A. 按工程量进行比例类推。计算出某一分部分项工程的工期延长后,还要把局部工期转变为整体工期,这可以用局部工程的工程量占整个工程工程量的比例来折算。

[例 6-1] 某工程基础施工中,出现了不利的地质障碍,业主指令承包人进行地基处理,土方工程量有原来的 2 760 m^3 增至 3 280 m^3,原定工期 50 天。因此承包人可提出工期索赔值为:

工期索赔值=原工期×额外或新增加工程量/原工程量

=50×(3 280-2 760)/2 760=9.5(天)

若本例中合同规定 10%范围内的工程量增加为承包人所承担的风险,则工期索赔值为:

工期索赔值=原工期×额外或新增加工程量/原工程量

=50×(3 280-2 760×110%)/2 760=4.5(天)

分析 以工程量进行比例类推来推算工期拖延的计算法,一般仅适用于工程内容单一的情况,若不顾适用条件去套用,将会出现不尽科学、合理的现象,甚至有时还会发生不符合工程实际的情况。

B. 按工程造价进行比例类推。若施工中出现了许多大小不等的工期索赔事由,较难准确地单独计算且又麻烦时,可经双方友好协商,采取工程造价比较法确定工期补偿天数。

[例 6-2] 某工程合同总价 380 万元,总工期 15 个月。现业主指令增加附加工程的价格为 76 万元,则承包商提出总工期索赔为:

工期索赔值=原合同工期×附加工程量或新增工程量价格/原合同价格

=15×76/380=3(月)

分析 当业主指令工程变更,使得因此而造成的工期索赔的详细计划变得不可能或没有必要时,采用按造价进行比例类推法计算不失为一个合适的方法。

③直接法。有时干扰事件直接发生在关键线路上或一次性发生在一个项目上,造成总工期的延误,这时可以查看施工日志、变更指令等资料,直接将这些资料中记载的延误时间作为工期索赔值。如承包人按工程师的书面工程变更指令,完成变更工程所用的实际工时即为工期索赔值。

④工时分析法。某一工种的分项工程项目延误事件发生后,按实际施工的程序统计出所用的工时总量,然后按延误期间承担该分项工程工种的全部人员投入来计算要延长的工期。

(二)费用索赔

1. 费用索赔的含义

费用索赔是指承包人在非自身因素影响下而遭受经济损失时向业主提出补偿其额外费用

损失的要求。因此费用索赔应是承包人根据合同条款的有关规定,向业主索取合同价款以外的费用。

索赔费用不应被视为承包人的意外收入,也不应被视为业主的不必要开支。实际上,索赔费用的存在是由于签订合同时还无法确定的某些应由业主承担的风险因素导致的结果。承包人的投标报价中一般不考虑应由业主承担的风险对报价的影响,因此一旦这类风险发生并影响承包人的工程成本时,承包人提出费用索赔是一种正常现象和合情合理的行为。

2. 费用索赔的种类

(1)工期拖延的费用索赔。对由于业主责任造成的工期拖延,承包商在提出工期索赔的同时,还可以提出与工期有关的费用索赔。它包括人工费的损失(如现场工人的停工、窝工、低生产效率的损失)、材料费(如承包商订购的材料推迟交货,材料价格上涨)、机械费(台班费和租金)、工地管理费、由于物价上涨引起的费用调整索赔、总部管理费的索赔,以及非关键线路活动拖延的费用索赔。

(2)工程变更的费用索赔。它包括工程量变更、附加工程、工程质量的变化、工程变更超过限额的处理。在索赔事件中,工程变更的比例很大,而且变更的形式较多。工程变更的费用索赔常常不仅仅涉及变更本身,而且还要考虑由于变更产生的影响,例如,所涉及的工期的顺延,由于变更所引起的停工、窝工、低效率损失等。

(3)加速施工的费用索赔。可索赔的费用包括人工费、材料费、机械费、管理费等。

(4)其他情况的费用索赔。如:工程中断、合同终止、特殊服务、材料和劳务价格上涨的索赔,拖延工程款索赔,分包商索赔,由于设计变更及设计错误造成返工,工程未经验收,业主提前使用或擅自动用未经验收的工程等。

3. 费用索赔的原因

引起费用索赔的原因是由于合同环境发生变化使承包商遭受了额外的经济损失。归纳起来,费用索赔常常由以下原因引起:①业主违约。②工程变更。③业主拖延支付工程款或预付款。④工程加速。⑤业主或工程师原因造成的可索赔费用的延误。⑥非承包人原因的工程中断或终止。⑦工程量增加(不含业主失误)。⑧其他原因。如业主指定分包商违约、合同缺陷、国家政策及法律、法令变更等。

4. 索赔款的计价方法

根据合同条件的规定有权利要求索赔时,采用正确的计价方法论证应获得的索赔款数额,对顺利地解决索赔要求有着决定性的意义。实践证明,如果采用不合理的计价方法,没有事实根据地扩大索赔款额,漫天要价,往往使本来可以顺利解决的索赔要求搁浅,甚至失败。因此,客观地分析索赔款的组成部分,并采取合理的计价方法,是取得索赔成功的重要环节。

在工程索赔中,索赔款额的计价方法甚多。每个工程项目的索赔款计价方法,也往往因索赔事项的不同而相异。

(1)实际费用法。实际费用法亦称为实际成本法,是工程索赔计价时最常用的计价方法,它实质上就是额外费用法(或称额外成本法)。

实际费用法计算的原则是,以承包商为某项索赔工作所支付的实际开支为根据,向业主要求经济补偿。每一项工程索赔的费用,仅限于由于索赔事项引起的、超过原计划的费用,即额外费用,也就是在该项工程施工中所发生的额外人工费、材料费和设备费,以及相应的管理费。这些费用即是施工索赔所要求补偿的经济部分。

用实际费用法计价时,在直接费(人工费、材料费、设备费等)的额外费用部分的基础上,再加上应得的间接费和利润,即是承包商应得的索赔金额。因此,实际费用法(即额外费用法)客观地反映了承包商的额外开支或损失,为经济索赔提供了精确而合理的证据。

由于实际费用法所依据的是实际发生的成本记录或单据,所以,在施工过程中系统而准确地积累记录资料,是非常重要的。这些记录资料不仅是施工索赔所必不可少的,亦是工程项目施工总结的基础依据。

(2)总费用法。总费用法即总成本法,就是当发生多次索赔事项以后,重新计算出该工程项目的实际总费用,再从这个实际总费用中减去投标报价时的估算总费用,即为要求补偿的索赔总款额,即:

索赔款额＝实际总费用－投标报价估算费用

采用总成本法时,一般要符合以下的条件:

①由于该项索赔在施工时的特殊性质,难于或不可能精准地计算出承包商损失的款额,即额外费用。

②承包商对工程项目的报价(即投标时的估算总费用)是比较合理的。

③已开支的实际总费用经过逐项审核,认为是比较合理的。

④承包商对已发生的费用增加没有责任。

⑤承包商有较丰富的工程施工管理经验和能力。

在施工索赔工作中,不少人对采用总费用法持批评态度。因为实际发生的总费用中,可能包括了由于承包商的原因(如施工组织不善,工效太低,浪费材料等)而增加了的费用;同时,投标报价时的估算费用却因想竞争中标而过低。因此,这种方法只有在实际费用难以计算时才使用。

(3)修正的总费用法。修正的总费用法是对总费用法的改进,即在总费用计算的原则上,对总费用法进行相应的修改和调整,去掉一些比较不确切的可能因素,使其更合理。

用修正的总费用法进行的修改和调整内容主要如下:

①将计算索赔款的时段仅局限于受到外界影响的时间(如雨季),而不是整个施工期。

②只计算受影响时段内的某项工作所受影响的损失,而不是计算该时段内所有施工工作所受的损失。

③在受影响时段内受影响的某项工程施工中,使用的人工、设备、材料等资源均有可靠的记录资料,如工程师的施工日志、现场施工记录等。

④与该项工作无关的费用,不列入总费用中。

⑤对投标报价时的估算费用重新进行核算。按受影响时段内该项工作的实际单价进行计算,乘以实际完成的该项工作的工程量,得出调整后的报价费用。

经过上述各项调整修正后的总费用,已相当准确地反映出实际增加的费用,作为给承包商补偿的款额。

据此,按修正后的总费用法支付索赔款的公式是:

索赔款额＝某项工作调整后的实际总费用－该项工作的报价费用

修正的总费用法,同未经修正的总费用法相比较,有了实质性的改进,使它的准确程度接近于"实际费用法",容易被业主及工程师所接受。因为修正的总费用法仅考虑实际上已受到索赔事项影响的那一部分工作的实际费用,再从这一实际费用中减去投标报价书中的相应部分的估算费用。如果投标报价的费用是准确而合理的,则采用此修正的总费用法计算出来的索赔款额,很可能同采用实际费用法计算出来的索赔款额十分贴近。

(4)分项法。分项法是按每个索赔事件所引起损失的费用项目分别分析计算索赔值的一种方法。在实际中,绝大多数工程的索赔都采用分项法计算。

分项法计算法通常分三步:

①分析每个或每类索赔事件所影响的费用项目,不得有遗漏。这些费用项目通常应与合同报价中的费用项目一致。

②计算每个费用项目受索赔事件影响后的数值,通过与合同价中的费用值进行比较即可得到该项费用的索赔值。

③将各费用项目的索赔值汇总,得到总费用索赔值。分项法中索赔费用主要包括该项工程施工过程中所发生的额外人工费、材料费、施工机械使用费、相应的管理费以及应得的间接费和利润等。由于分项法所依据的是实际发生的成本记录或单据,所以,施工过程中,对第一手资料的收集整理就显得非常重要了。

5.索赔费用的计算方法

工程索赔时可索赔费用的组成部分,同工程承包合同价所包含的组成部分一样,包括直接费、间接费、利润和其他应补偿的费用。其组成项目如下:

(1)直接费。

①人工费,包括人员闲置费、加班工作费、额外工作所需人工费用、劳动效率降低和人工费的价格上涨等费用。

其计算方法为:

$$C(L) = CL_1 + CL_2 + CL_3$$

式中:$C(L)$为索赔的人工费;CL_1 为人工单价上涨引起的增加费用;CL_2 为人工工时增加引起的费用;CL_3 为劳动生产率降低引起的人工损失费用。

可以提出人工费索赔的主要情况有:一是因业主增加额外工程,或因业主或工程师原因造成工程延误,导致承包商人工单价的上涨和工作时间的延长。二是工程所在国法律、法规、政策等变化而导致承包商的人工费的额外增加,如提高当地工人的工资标准、福利待遇或增加保险费用等。三是由于业主或工程师原因造成的延误或对工程不合理干预打乱了承包人的施工计划,致使承包商劳动生产率降低,导致人工工时增加的损失,承包人有权向业主提出生产率降低损失的赔偿。

②材料费,包括额外材料使用费、增加的材料运杂费、增加的材料采购及保管费用和材料价格上涨费用等。

其计算方法为:

$$C(M) = CM_1 + CM_2$$

式中:$C(M)$为可索赔的材料费;CM_1 为材料用量增加费;CM_2 为材料单价上涨导致的材料费增加。

可以提出材料费索赔的情况有:一是由于业主或工程师要求追加额外工作、变更工作性质、改变施工方法等,造成承包人的材料耗用量增加,包括使用数量的增加或材料品种或种类的改变。二是在工程变更或业主延误时,可能会造成承包人库存时间延长、材料采购滞后或采用现代材料等,从而引起材料单位成本的增加。三是由于客观原因造成材料价格大幅度上涨

(在可调价格合同下)。

③施工机械使用费,包括承包人在施工过程中使用自有施工机械所发生的机械使用费,使用外单位施工机械的租赁费,以及按照规定支付的施工机械进出场费用等。

索赔施工机械使用费的计算方法为:

$$C(E) = CE_1 + CE_2 + CE_3 + CE_4$$

式中:$C(E)$为可索赔的施工机械使用费;CE_1 为承包人自有机械工作时间额外增加费用;CE_2 为自有施工机械台班费率上涨率;CE_3 为外来施工机械租赁费(包括必要的施工机械进场费);CE_4 为施工机械设备闲置损失费用(一般为折旧费)。

可以提出施工机械使用费索赔的情况有:一是由于完成工程师指令的,超出合同范围的工作所增加的施工机械使用费。二是非承包人的责任导致的施工效率降低增加的施工机械使用费。三是由于业主或工程师原因导致的机械停工的窝工费。

(2)间接费。

①现场管理费,包括工期延长期间增加的现场管理费如管理人员工资及各项开支、交通设施费以及其他费用等。

现场管理费的索赔计算方法一般有两种情况:

A. 直接成本的现场管理索赔。对于发生直接成本的索赔时间,其现场管理费索赔额一般可按下式计算:

现场管理费索赔额=索赔事件直接费×现场管理费费率

现场管理费费率=合同工程现场管理费总额/合同工程直接成本总额×100%

B. 工程延期的现场管理费索赔。如果某些工程延误索赔不涉及直接费的增加,或由于工期延误时间较长,按直接成本的现场管理费索赔方法计算的金额不足以补偿工期延误所造成的实际现场管理费支出,则可按 Hudson 公式计算,即:

现场管理费索赔额=单位时间现场管理费费率×索赔的延期时间

单位时间现场管理费费率=实际(或合同)现场管理费率/实际(或合同)工期×100%

对于在可索赔延误时间内发生的变更令或其他索赔中已支付的现场管理费,应从中扣除。

②总部管理费。总部管理费是企业总部发生的,为整个企业的运营运作提供支持和服务所发生的管理费用,一般包括总部管理费用、企业经营活动费用、差旅交通费、办公费、固定资产折旧、修理费、职工教育培训费、保险费、税金等。一般约占企业总经营额的3%～10%。对于索赔事件来讲,总部管理费金额较大,常常会引起双方的争议,因此总部管理费索赔的方法主要通过分摊方法。分摊方法主要有两种:

A. 总直接工程费(人工、材料、机械费)分摊法。总部管理费一般首先在企业的所有合同工程之间分摊,然后再在每一个合同工程的各个具体项目之间分摊,即可以将总部管理费总额除以企业全部工程的直接成本(或合同价)之和,据此比例即可确定每项直接工程费索赔中应包括的总部管理费。

总直接工程费分摊法是将直接工程费(人工、材料、机械费)作为比较基础来分摊总部管理费。它简单易行,说服力强,运用广泛。其计算公式为:

$$单位直接工程费的总部管理费率=\frac{总部管理费总额}{合同期承包人完成的总直接工程费}\times 100\%$$

总部管理费索赔额=单位直接工程费的总部管理费率×争议合同直接工程费

[例 6-3] 某工程争议合同的实际直接工程费为 40 万元，在争议合同执行期间，承包人同时完成的其他合同的直接工程费为 160 万元，该阶段承包人总部管理费总额为 20 万元，则

单位工程直接工程费的总部管理费率＝20/(40＋160)×100％＝10％

总部管理费索赔额＝10％×40＝4(万元)

B. 日费率分摊法。日费率分摊法又称恩特勒(Eichleay)公式法，其基本思路是按合同额分配总部管理费，再用日费率计算应分摊的总部管理费索赔值。其计算公式为：

日总部管理费率＝争议合同应分摊的总部管理费/合同履行天数

总部管理费索赔额＝日总部管理费率×合同延误天数

[例 6-4] 某承包人承包某工程，合同价为 1 000 万，合同履行天数为 720 天，该合同实施过程中因业主原因拖延了 90 天，在这 720 天中，承包人承包其他工程的合同总额为 3 000 万，总部管理费总额为 270 万。则

争议合同应分摊的总部管理费＝1 500/(1 500＋3 000)×270＝90(万元)

日总部管理费索赔额＝90/720＝0.125(万元/天)

总部管理费索赔额＝0.125×90＝11.25(万元)

(3)利润。索赔利润的款额计算通常是与原报价单中的利润百分率保持一致，即在索赔直接费的基础上，乘以原报价单中的利润率，即作为该项索赔款中的利润额。

可以提出利润索赔的情况有：一是因设计变更引起的工程量增加；二是施工条件变化导致的索赔；三是施工范围变更导致的索赔；四是合同延期导致机会利润损失；五是合同终止带来的预期利润损失等。

(4)分包费。业主或工程师原因造成分包人的额外损失，分包人首先应向承包人提出索赔要求和索赔报告，然后以承包人的名义向业主提出分包工程增加费及相应管理费用索赔。

分包索赔的计算公式为：

$$C(SC) = CS_1 + CS_2$$

式中：$C(SC)$为索赔的分包费；CS_1 为分包工程增加费用；CS_2 为分包工程增加费用的相应管理费(有时包括相应利润)。

(5)利息。利息，又称为融资成本或资金资本，是企业取得和使用资金所付出的代价。融资成本有两种：一是额外贷款的利息支出；二是使用自有资金引起的机会损失。只要因业主违约或其他合法索赔事项直接引起了额外贷款，承包人有权向业主就相关的利息支出提出索赔。利息索赔额的计算方法可按复利计算，利率可采用不同标准，主要有以下情况：按承包人在正常情况下的当时银行贷款利率；按当时的银行透支利率或按合同双方协议的利率。

(6)其他应予以补偿的费用。其主要包括保险费用和各种担保费等。

第六节 反索赔

业主反索赔是指业主向承包商提出的索赔，由于承包商不履行或不完全履行合同约定的义务，或是由于承包商的行为使业主受到损失时，业主为了维护自己的利益，向承包商提出的索赔。业主对承包商的反索赔还包括对承包商提出的索赔要求进行分析、评审和修正，否定其不合理的要求，接受其合理的要求。

索赔管理的任务包括追索损失和防止损失。追索损失主要通过索赔手段进行，而防止损

失主要靠反索赔进行。合同实施过程中,合同双方针对合同条款约定,寻找索赔机会,一旦干扰事件发生,都在企图推卸自己的合同责任,都在企图进行索赔。不能进行有效的反索赔,同样要蒙受损失,所以反索赔与索赔同样具有重要的地位。

广义上讲索赔是追回己方损失的手段,反索赔是防止和减少对方向自己索赔的手段。国际工程中通常把承包人对发包人的索赔叫做“索赔”,发包人对承包人的索赔叫做“反索赔”。其实在业主向承包商索赔时,承包人对其索赔的反击,也是反索赔。下面分两方面来介绍。

一、发包人的索赔

习惯上,我们常常把发包人提出的索赔称为反索赔。这种反索赔指由于承包商的行为使业主受到损失时,业主为了维护自己的利益,向承包商提出的索赔。它一般包括两个方面的含义:其一是业主对承包人提出的索赔要求进行分析和评审,否定其不合理的要求,即反驳对方不合理的索赔要求;其二是对承包人在履约中的缺陷责任,如工期拖延、施工质量达不到要求等提出损失补偿,即向对方提出索赔。

在工程建设过程中,由于承包人和发包人的出发点及根本利益不同,存在逆向选择和道德风险,其中不健康的索赔会使发包人的利益受到重大损失,发包人应该提高防范意识,利用可能的反索赔机会,更好地保证目标的实现。

(一)反索赔的原因

1.对承包商履约中的违约责任进行索赔

因承包商原因不能按照协议书约定的竣工日期或工程师同意顺延的工期竣工,这会影响到发包人对该工程的利用,承包商应赔偿发包人的赢利损失和因工期延误而导致的各种费用增加,但累计赔偿额一般不超过合同总额的10%。

因承包方原因工程质量达不到协议书约定的质量标准,以及未完成应该负责修补的工程时,发包人有权向承包人追究责任。承包人在工程保修期内不履行维修义务,发包人也有权索赔。或因承包商不履行合同义务或不按合同约定履行义务的其他情况,承包方均应承担违约责任,赔偿因其违约给发包方造成的损失。

2.对超额利润的索赔

如果工程量增加很多(超过有效合同价的15%)使承包商预期的收入大增,因工程量增加承包商并不增加固定成本,合同价应由双方协商调整,收回部分超额利润。或者法规的变化导致承包商在工程实施中降低了成本,产生超额利润,应重新调整合同价格,收回部分超额利润。

3.由于承包人责任造成的其他损失

工伤事故给发包人和第三方人员造成的人身或财产损失的索赔,或者由于承包人方法不当造成的对公共设施的损坏引起的索赔,如桥梁、公路、地下管线的损坏。

4.承包人索赔的不合理要求

因承包人原因导致的工程延期、返工或不可抗力导致的承包商人员、设备损失等索赔事件,承包商为此提出费用索赔的不合理索赔要求。

(二)反索赔的措施

发包人向承包人的索赔,目的主要是按时获得自己满意的工程,不仅仅是为了索取费用。所以其处理方法不同于承包人的索赔。

1.强化管理,管帮结合

(1)加强合同管理。业主应认真研究合同条款的内涵,签订内容全面、切实可行的合同,要充分考虑到工程在未来建设和计算中的各种可能的风险,把工程建设管理紧扣在合同之内。对索赔费用的结算原则作明确的规定,以保证索赔部分的利润水平与投标价相当。

(2)加强监理管理。明确监理的职责范围,对工程材料质量、施工质量、工期进行全面的监督。对施工过程中的签证材料进行严格的审查,分清责任,对于承包商自己责任造成的一切损失、无法核实的、超过时限的,一律不予签证。但在承包人遇到困难时,应积极采取措施,在技术、管理费方面进行指导与帮助。

(3)加强前期管理。从设计、监理和施工全过程招投标,杜绝边施工边设计,不给承包商因为工程变更而获得大量的索赔机会。通过制定招标文件和对承包人进行资格审查,把不合适的承包商和项目经理挡在投标的门外。

2.坚持扣款、留置材料设备

发包人为维护自身利益,可以利用合同的约束力,从工程款中扣除一定的款项,或留置材料设备,确保能追回自己的损失。

3.不可滥用职权

发包人在索赔处理中占有利地位,索赔容易成功。但不可滥用扣款、留置材料设备的权力,这样做只会适得其反,使工程不能在保证质量的情况下顺利按时完工,最后是两败俱伤。扣款、留置材料设备的权力只有在承包人确实严重违约,造成重大损失,而且双方已无协商解决可能的情况下使用。

二、反索赔报告

发包人的反索赔与索赔是不可分离的,索赔管理人员应具备这两方面的能力,才能在工作中掌握主动权。成功的反索赔能减少或防止经济损失。成功的反索赔可有效促进有效索赔。在工程施工中干扰事件原因复杂,往往双方都有责任,都有损失,所以索赔同时有反索赔,反索赔同时有索赔,索赔与反索赔相互依存,做好反索赔必然会促进成功的索赔。而且成功的反索赔可增长乙方人员的士气,促进工作的开展。

发包人的反索赔涉及两方面内容,一是防止对方提出索赔,二是反击对方的索赔。要防止对方索赔,就必须严格执行合同,避免己方违约;要反击对方索赔,就是要反驳对方的索赔报告,找出理由和证据,证明对方的索赔不符合事实或合同条款,索赔值计算不准确,减轻乙方的赔偿责任。

发包人的反索赔报告的主要内容如下:

(1)概括叙述对对方索赔报告的评价;

(2)针对索赔内容根据合同进行总体分析,重点应强调对方的责任;

(3)逐条反驳对方的索赔要求;

(4)在对方的索赔报告中发现新的索赔机会,趁机提出索赔,或仅提出意向,另外出具新的索赔报告;

(5)结论;

(6)附各种证据资料。

案例 6-1

某房屋建筑工程项目，建设单位与施工单位按照《建筑工程施工合同（示范文本）》签订了施工承包合同。施工合同中规定：

(1)设备由建设单位采购，施工单位安装；

(2)建设单位原因导致的施工单位人员窝工，按 18 元/工日补偿，建设单位原因导致的施工单位设备闲置，按表 6－3 中所列标准补偿；

表 6－3 设备闲置补偿标准表

机械名称	台班单价（元/台班）	补偿标准
大型起重机	1 060	台班单价的 60%
自卸汽车(5t)	318	台班单价的 40%
自卸汽车(8t)	458	台班单价的 50%

3. 施工过程中发生的设计变更，其价款按规定以工料单价计价程序（直接费为计算基础），间接费费率为 10%，利润率为 5%，税率为 3.41%。

该工程在施工过程中发生以下事件：

事件 1：施工单位在土方工程填筑时，发现取土区的土壤含水量过大，必须经过晾晒后才能填筑，增加费用 30 000 元，工期延误 10 天。

事件 2：基坑开挖深度为 3 m，施工组织设计中考虑的放坡系数为 0.3（已经监理工程师批准）。施工单位为避免坑壁塌方，开挖时加大了放坡系数，使土方开挖量增加，导致费用超支 10 000 元，工期延误 3 天。

事件 3：施工单位在主体钢结构吊装安装阶段发现钢筋混凝土结构上缺少相应的预埋件，经查实是由于土建施工图纸中该预埋件的错误所致。返工处理后，增加费用 20 000 元，工期延误 8 天。

事件 4：建设单位采购的设备没有按计划时间到场，施工受到影响，施工单位一台大型起重机、两台自卸汽车（载重 5t、8t 各一台）闲置 5 天，工人窝工共计 86 工日，工期延误 5 天。

事件 5：某分项工程由于建设单位提出工程使用功能的调整，须进行设计变更。设计变更后，经确认直接工程费增加 18 000 元，措施费增加 2 000 元。

上述事件发生后，施工单位及时向建设单位造价工程师提出索赔要求。

问题：

1. 分析以上各事件中造价工程师是否应该批准施工单位的索赔要求？为什么？

2. 造价工程师应批准的索赔金额是多少元？工程延误是多少天？

答案：

问题 1

事件 1：不应该批准。这是施工单位应该预料到的（属施工单位的责任）。

事件 2：不应该批准。施工单位为确定安全，自行调整施工方案（属施工单位的责任）。

事件 3：应该批准。这是由于土建施工图纸中的错误造成的（属建设单位的责任）。

事件 4：应该批准。这是由建设单位采购的设备没按计划时间到场造成的（属建设单位的责任）。

事件5:应该批准。这是由于建设单位设计变更造成的(属建设单位的责任)。

问题2

(1)造价工程师应批准的索赔金额为:

事件3:返工费用:20 000元

事件4:机械台班费:(1 060×60%+318×40%+458×50%)×5=4 961(元)

人工费:86×18=1 548(元)

事件5:应给施工单位补偿:

直接费:18 000+2 000=20 000(元)

间接费:20 000×10%=2 000(元)

利润:(20 000+2 000)×5%=1100(元)

(注意工程量增加要增加利润)

税金:(20 000+2 000+1 100)×3.41%=787.71(元)

应补偿:20 000+2 000+1 100+787.71=23 887.71(元)

或:(18 000+2 000)×(1+10%)×(1+5%)×(1+3.41%)=23 887.71(元)

合计:20 000+4 961+1 548+23 887.71=50 396.71(元)

(2)造价工程师应批准的工程延期为:事件3为8天,事件4为5天,合计为13天。

案例6-2

某承包商通过竞争性投标中标承建一个宾馆工程,该工程由三个部分组成:两座结构形式相同的大楼,坐落在宾馆花园的东西两侧,中部是庭园工程,包括花园、亭阁和游泳池。东西大楼的投标价各为1 580 000美元,庭园工程的中标价为524 000美元,共计合同价3 684 000美元。在工程实施过程中,出现了不少的工程变更与施工难题,主要是:

(1)西大楼最先动工,在施工中因地基出现问题而被迫修改设计,从而导致了多项工程变更,因此使工程实际成本超过计划(即标价)甚多。万幸的是,东大楼的施工没有受干扰。

(2)在庭院工程施工中,由于遇到了连绵阴雨,被迫停工多日。又因为游泳池施工和安装时,专用设备交货期延误,几度处于停工待料状态,因而使工程费增多,给承包商带来亏损。

这三部分工程的费用开支情况见表6-4。

表6-4 工程的费用开支情况表 单位:万美元

工程部分	合同价	实际费用	盈亏状况
西大楼	158	183.5	−25.5
西大楼变更	15.5	15.5	
东大楼	158	145	13
庭园工程	52.4	75.5	−23.1
合计	383.9	419.5	−35.6

点评

从表 6-4 中可以看出：

(1)承包商在西大楼工程和庭园工程中均有亏损。唯在东大楼施工中有赢利，盈亏相抵，总亏损为 356 000 美元。

(2)在西大楼施工中，由于发生工程变更，承包商的额外开支补偿款 15.5 万美元。

在这一合同项目施工费用实际盈亏状况下，如果采取不同的赔款计价方法，其结果也不同。

(1)如果按总费用法结算，就要考虑工程项目所有的三个部分工程的总费用。则其合同总价为 3 684 000 美元，但实际开支的总费用为 4 040 000 美元。按照总费用的理论承包商有权得到的经济补偿为 356 000 美元。但是，在采用总费用法时，业主肯定要提出许多的质疑，认为承包商亦应对其亏损承担责任，不能把全部的费用超支 356 000 美元都要求业主补偿；况且，为了弥补承包商在西大楼施工中遇到的干扰所造成的损失，业主和工程师已经以工程变更的方式向承包商补偿了 15.5 万美元。

因此，承包商还要提出许多的证据和说明，来证明他要求的款额是合理的。

(2)如果按照修正的总费用法来计算索赔款，则不考虑三个部分工程的总费用，而仅考虑东、西两大楼工程的综合盈亏状况来索赔。因为这两座楼的结构形式相同，工程量相同；西大楼发生工程变更，东大楼没有受到干扰影响，因而是可比的。这样，其索赔款额应是 328.5－316＝12.5(万美元)。

这样的计价，由于可比性强，且款额较小，最容易为业主所接受。

根据以上的两种计价的比较，采用修正的总费用法计算出来的索赔款额，仅占总成本法计算成果的 35%，自然容易被业主接受。但是，对承包商来说，他所得到的索赔仅仅是西大楼的，而没有包括庭园工程施工中的费用亏损[75.5－52.4＝23.1(万美元)]。对于庭园工程施工所受的亏损 23.1 万美元，承包商仍有权进行索赔，只要他的计价法合理，证据齐全可靠，仍然可以获得庭园工程的索赔款。

案例 6-3

在某桥梁工程中，承包商按业主提供的地质勘察报告做了施工方案，并投标报价。开标后业主向承包商发出了中标函。

由于该承包商以前曾在本地区进行过桥梁工程的施工，按照以前的经验，他觉得业主提供的地质报告不准确，实际地质条件可能复杂得多。所以在中标后做详细的施工组织设计时，他修改了挖掘方案，为此增加了不少设备和材料费用。

结果现场开挖完全证实了承包商的判断，承包商向业主提出了两种方案费用差别的索赔。但被业主否决，业主的理由是：按合同规定，施工方案是承包商应负的责任，他应保证施工方案的可用性、安全、稳定和效率。承包商变换施工方案是从他自己的责任角度出发的，不能给予赔偿。

实质上，承包商的这种预见性为业主节约了大量的工期和费用。如果承包商不采取变更措施，施工中出现新的与招标文件不一样的地质条件，此时再变更方案，业主要承担工期延误及与其相关的费用赔偿、原方案费用和新方案的费用、低效率损失等。理由是“地质条件是一个有经验的承包商无法预见的”。

但由于承包商行为不当，使自己处于一个非常不利的地位。如果要取得本索赔的成功，承包商在变更施工方案前到现场挖一下，做一个简单的勘察，拿出地质条件复杂的证据，向业主提交报告，并建议作为不可预见的地质情况变更施工方案，则业主必须谨慎地考虑这个问题，并作出答复。无论业主同意或不同意变更方案，承包商的索赔地位都十分有利。

案例 6-4

某国际承包工程是由一条公路和跨越公路的人行天桥构成，合同总价为 400 万美元，合同工期为 20 个月。施工过程中由于图纸出现错误，工程师指示一部分工程暂停 1.5 个月，承包人只能等待图纸修改后再继续施工。后来又由于原有的高压线需等待电力部门迁移后才能施工，造成工程延误 2 个月。另外又因增加额外工程 12 万美元(已支付)，经工程师批准延期 1.5 个月。承包人对此三项延误除要求延期外，还提出了费用索赔。

承包人的费用索赔计算如下：

(1)因图纸错误的延误，造成三台设备停工损失 1.5 个月。

汽车吊:45 美元/台班×2 台班/日×37 工作日＝3 330 美元

空压机:30 美元/台班×2 台班/日×37 工作日＝2 220 美元

其他辅助设备:10 美元/台班×2 台班/日×37 工作日＝740 美元

小计:6 290 美元

现场管理费(12%):754.8 美元

公司管理费分摊(7%):440.3 美元

利润(5%):314.5 美元

合计 7 799.6 美元

(2)高压线迁移损失 2 个月的管理费和利润

每月管理费＝(400×12%)÷20＝2.4(万美元/月)

现场管理费增加:24 000×2 月＝48 000(美元)

公司管理费和利润:48 000×(7%＋5%)＝5 760(美元)

合计:53 760 美元

(3)新增额外工程使工期延长 1.5 个月，要求补偿现场管理费。

现场管理费增加:24 000 美元×1.5 月＝36 000 美元

承包人的费用索赔总额为 97 559.6 美元

经过工程师和计量人员的检查和核实，工程师原则同意该三项费用索赔成立，但承包人的费用计算有分歧。工程师的计算和分析如下：

(1)图纸错误造成工程延误，但工程师暂停施工的指令，承包人仅计算受到影响的设备停工损失(而非全部设备)是正确的，但工程师认为不能按台班费计算，而应按租赁费或折旧率计算，故该项费用核减为 5 200 美元(具体计算过程省略)。

(2)因高压线迁移而导致的延误损失中，工程师认为每月管理费的计算是错误的，不能按总标价计算，应按直接成本计算，即：

扣除利润后总价：4 000 000÷(1+5%)=3 809 524(美元)

扣除公司管理费后的总成本：3 809 524÷(1+7%)=3 560 303(美元)

扣除现场管理费后的直接成本：3 560 303÷(1+12%)=3 178 842(美元)

2 个月延误损失现场管理费：19 073 美元×2=38 146(美元)

工程师认为，尽管由于业主或其他方面的原因，造成了工程延误，但承包人采取了有力措施使工程仍在原定的工期内完成。因此承包人仍有权获得现场管理费的补偿，但不能获得利润和公司管理费的补偿。因此，工程师同意补偿现场管理费损失 38 146 美元。

(3)对于新增额外工程，工程师认为虽然是在批准延期的，1.5 月内完成的，但新增工程量与原合同中相应工程量和工期相比应为 0.6 个月。(12 万/400 万)×20 月=0.6 月，也就是说新增额外工程与原合同相比应在 0.6 个月即可完成。而新增工程量已按工程量表中的单价付款，按标书的计算方法，这个单价中已包含了现场管理费、公司管理费和利润，亦即 0.6 个月中的上述三项费用已经支付给承包人。承包人只能获得其余 0.9 个月的附加费用。即：

每月现场管理费：19 073 美元/月

现场管理费补偿：0.9 ×19 073=17 165.7(美元)

公司管理费补偿 17 165.7 ×7%=1 201.6(美元)

利润：(17 165.7+1 201.6)×5%=918.4(美元)

合计：19 285.7 美元

因此，工程师审核后一共付给承包人 62 631.7(美元)。

本章小结

本章阐述了索赔、反索赔的概念，从不同角度将索赔分类，根据《建设工程施工合同(示范文本)》说明了索赔的程序；重点介绍了索赔的关键与技巧。本章的核心是索赔费用的计算，索赔费用的计算分为总费用法与实际费用法，从费用与工期两方面计算索赔值。并且提供了索赔案例以供参考。

思考题

1.什么是索赔与反索赔？

2.简述索赔的程序。

3.介绍几种索赔技巧。

4.某项施工合同在履行过程中，承包人因下述三项原因提出工期索赔 20 天：①由于设计变更，承包人等待图纸全部停工 7 天；②在同一范围内承包人的工人在两个高程上同时作业，工程师考虑施工安全而下令暂停上部工程施工而延误工期 5 天；③因雨影响填筑工程质量，工程师下令工程全部停工 8 天，等填筑材料含水量降到符合要求后再进行作业。问工程师应批准承包人展延工期多少天？

答案：①由于设计变更，承包人等待图纸的 7 天停工不属于承包人的责任，应给予工期补偿。②考虑现场施工人员安全而下达的暂时停工令，责任在承包人施工组织不合理，不应批准工期延展。③因雨影响填筑工程的施工质量，要根据当时的降雨记录来划分责任归属。如果雨量和持续时间超过构成异常恶劣的气候影响或不可抗力标准，则应按有经验的承包人不可能合理预见到的异常恶劣自然条件的条款，批准展延8天工期。如果没有超过合同内约定的标准，尽管工程师下达了暂停施工令，但责任原因属于承包人应承担的风险，即承包人报送工程师批准的施工进度计划中，他不是按一年365天组织施工，而是除了节假日外还应充分估计到不利于施工的天数而进行施工组织。因此在这种情况下，不应批准该部分的展延工期要求。

附录

中华人民共和国招标投标法

（1999年8月30日第九届全国人民代表大会常务委员会第十一次会议通过）

目录

第一章　总则

第一条　为了规范招标投标活动，保护国家利益、社会公共利益和招标投标活动当事人的合法权益，提高经济效益，保证项目质量，制定本法。

第二条　在中华人民共和国境内进行招标投标活动，适用本法。

第三条　在中华人民共和国境内进行下列工程建设项目包括项目的勘察、设计、施工、监理以及与工程建设有关的重要设备、材料等的采购，必须进行招标：

（一）大型基础设施、公用事业等关系社会公共利益、公众安全的项目；

（二）全部或者部分使用国有资金投资或者国家融资的项目；

（三）使用国际组织或者外国政府贷款、援助资金的项目。

前款所列项目的具体范围和规模标准，由国务院发展计划部门会同国务院有关部门制订，报国务院批准。

法律或者国务院对必须进行招标的其他项目的范围有规定的，依照其规定。

第四条　任何单位和个人不得将依法必须进行招标的项目化整为零或者以其他任何方式规避招标。

第五条　招标投标活动应当遵循公开、公平、公正和诚实信用的原则。

第六条　依法必须进行招标的项目，其招标投标活动不受地区或者部门的限制。任何单位和个人不得违法限制或者排斥本地区、本系统以外的法人或者其他组织参加投标，不得以任何方式非法干涉招标投标活动。

第七条　招标投标活动及其当事人应当接受依法实施的监督。

有关行政监督部门依法对招标投标活动实施监督，依法查处招标投标活动中的违法行为。

对招标投标活动的行政监督及有关部门的具体职权划分，由国务院规定。

第二章 招标

第八条 招标人是依照本法规定提出招标项目、进行招标的法人或者其他组织。

第九条 招标项目按照国家有关规定需要履行项目审批手续的,应当先履行审批手续,取得批准。

招标人应当有进行招标项目的相应资金或者资金来源已经落实,并应当在招标文件中如实载明。

第十条 招标分为公开招标和邀请招标。

公开招标,是指招标人以招标公告的方式邀请不特定的法人或者其他组织投标。

邀请招标,是指招标人以投标邀请书的方式邀请特定的法人或者其他组织投标。

第十一条 国务院发展计划部门确定的国家重点项目和省、自治区、直辖市人民政府确定的地方重点项目不适宜公开招标的,经国务院发展计划部门或者省、自治区、直辖市人民政府批准,可以进行邀请招标。

第十二条 招标人有权自行选择招标代理机构,委托其办理招标事宜。任何单位和个人不得以任何方式为招标人指定招标代理机构。

招标人具有编制招标文件和组织评标能力的,可以自行办理招标事宜。任何单位和个人不得强制其委托招标代理机构办理招标事宜。

依法必须进行招标的项目,招标人自行办理招标事宜的,应当向有关行政监督部门备案。

第十三条 招标代理机构是依法设立、从事招标代理业务并提供相关服务的社会中介组织。

招标代理机构应当具备下列条件:

(一)有从事招标代理业务的营业场所和相应资金;

(二)有能够编制招标文件和组织评标的相应专业力量;

(三)有符合本法第三十七条第三款规定条件、可以作为评标委员会成员人选的技术、经济等方面的专家库。

第十四条 从事工程建设项目招标代理业务的招标代理机构,其资格由国务院或者省、自治区、直辖市人民政府的建设行政主管部门认定。具体办法由国务院建设行政主管部门会同国务院有关部门制定。从事其他招标代理业务的招标代理机构,其资格认定的主管部门由国务院规定。

招标代理机构与行政机关和其他国家机关不得存在隶属关系或者其他利益关系。

第十五条 招标代理机构应当在招标人委托的范围内办理招标事宜,并遵守本法关于招标人的规定。

第十六条 招标人采用公开招标方式的,应当发布招标公告。依法必须进行招标的项目的招标公告,应当通过国家指定的报刊、信息网络或者其他媒介发布。

招标公告应当载明招标人的名称和地址、招标项目的性质、数量、实施地点和时间以及获取招标文件的办法等事项。

第十七条 招标人采用邀请招标方式的,应当向三个以上具备承担招标项目的能力、资信良好的特定的法人或者其他组织发出投标邀请书。

投标邀请书应当载明本法第十六条第二款规定的事项。

第十八条 招标人可以根据招标项目本身的要求,在招标公告或者投标邀请书中,要求潜在投标人提供有关资质证明文件和业绩情况,并对潜在投标人进行资格审查;国家对投标人的资格条件有规定的，依照其规定。

招标人不得以不合理的条件限制或者排斥潜在投标人，不得对潜在投标人实行歧视待遇。

第十九条　招标人应当根据招标项目的特点和需要编制招标文件。招标文件应当包括招标项目的技术要求、对投标人资格审查的标准、投标报价要求和评标标准等所有实质性要求和条件以及拟签订合同的主要条款。

国家对招标项目的技术、标准有规定的，招标人应当按照其规定在招标文件中提出相应要求。

招标项目需要划分标段、确定工期的，招标人应当合理划分标段、确定工期，并在招标文件中载明。

第二十条　招标文件不得要求或者标明特定的生产供应者以及含有倾向或者排斥潜在投标人的其他内容。

第二十一条　招标人根据招标项目的具体情况，可以组织潜在投标人踏勘项目现场。

第二十二条　招标人不得向他人透露已获取招标文件的潜在投标人的名称、数量以及可能影响公平竞争的有关招标投标的其他情况。

招标人设有标底的，标底必须保密。

第二十三条　招标人对已发出的招标文件进行必要的澄清或者修改的，应当在招标文件要求提交投标文件截止时间至少十五日前，以书面形式通知所有招标文件收受人。该澄清或者修改的内容为招标文件的组成部分。

第二十四条　招标人应当确定投标人编制投标文件所需要的合理时间；但是，依法必须进行招标的项目，自招标文件开始发出之日起至投标人提交投标文件截止之日止，最短不得少于二十日。

第三章　投标

第二十五条　投标人是响应招标、参加投标竞争的法人或者其他组织。

依法招标的科研项目允许个人参加投标的，投标的个人适用本法有关投标人的规定。

第二十六条　投标人应当具备承担招标项目的能力；国家有关规定对投标人资格条件或者招标文件对投标人资格条件有规定的，投标人应当具备规定的资格条件。

第二十七条　投标人应当按照招标文件的要求编制投标文件。投标文件应当对招标文件提出的实质性要求和条件作出响应。

招标项目属于建设施工的，投标文件的内容应当包括拟派出的项目负责人与主要技术人员的简历、业绩和拟用于完成招标项目的机械设备等。

第二十八条　投标人应当在招标文件要求提交投标文件的截止时间前，将投标文件送达投标地点。招标人收到投标文件后，应当签收保存，不得开启。投标人少于三个的，招标人应当依照本法重新招标。

在招标文件要求提交投标文件的截止时间后送达的投标文件，招标人应当拒收。

第二十九条　投标人在招标文件要求提交投标文件的截止时间前，可以补充、修改或者撤回已提交的投标文件，并书面通知招标人。补充、修改的内容为投标文件的组成部分。

第三十条　投标人根据招标文件载明的项目实际情况，拟在中标后将中标项目的部分非主体、非关键性工作进行分包的，应当在投标文件中载明。

第三十一条　两个以上法人或者其他组织可以组成一个联合体，以一个投标人的身份共同投标。

联合体各方均应当具备承担招标项目的相应能力；国家有关规定或者招标文件对投标人资格条件有规定的，联合体各方均应当具备规定的相应资格条件。由同一专业的单位组成的联合体，按照资质等级较低的单位确定资质等级。

联合体各方应当签订共同投标协议，明确约定各方拟承担的工作和责任，并将共同投标协议连同投标文件一并提交招标人。联合体中标的，联合体各方应当共同与招标人签订合同，就中标项目向招标人承担连带责任。

招标人不得强制投标人组成联合体共同投标，不得限制投标人之间的竞争。

第三十二条　投标人不得相互串通投标报价，不得排挤其他投标人的公平竞争，损害招标人或者其他投标人的合法权益。

投标人不得与招标人串通投标，损害国家利益、社会公共利益或者他人的合法权益。

禁止投标人以向招标人或者评标委员会成员行贿的手段谋取中标。

第三十三条　投标人不得以低于成本的报价竞标，也不得以他人名义投标或者以其他方式弄虚作假，骗取中标。

第四章　开标、评标和中标

第三十四条　开标应当在招标文件确定的提交投标文件截止时间的同一时间公开进行；开标地点应当为招标文件中预先确定的地点。

第三十五条　开标由招标人主持，邀请所有投标人参加。

第三十六条　开标时，由投标人或者其推选的代表检查投标文件的密封情况，也可以由招标人委托的公证机构检查并公证；经确认无误后，由工作人员当众拆封，宣读投标人名称、投标价格和投标文件的其他主要内容。

招标人在招标文件要求提交投标文件的截止时间前收到的所有投标文件，开标时都应当当众予以拆封、宣读。

开标过程应当记录，并存档备查。

第三十七条　评标由招标人依法组建的评标委员会负责。

依法必须进行招标的项目，其评标委员会由招标人的代表和有关技术、经济等方面的专家组成，成员人数为五人以上单数，其中技术、经济等方面的专家不得少于成员总数的三分之二。

前款专家应当从事相关领域工作满八年并具有高级职称或者具有同等专业水平，由招标人从国务院有关部门或者省、自治区、直辖市人民政府有关部门提供的专家名册或者招标代理机构的专家库内的相关专业的专家名单中确定；一般招标项目可以采取随机抽取方式，特殊招标项目可以由招标人直接确定。

与投标人有利害关系的人不得进入相关项目的评标委员会；已经进入的应当更换。

评标委员会成员的名单在中标结果确定前应当保密。

第三十八条　招标人应当采取必要的措施，保证评标在严格保密的情况下进行。

任何单位和个人不得非法干预、影响评标的过程和结果。

第三十九条　评标委员会可以要求投标人对投标文件中含义不明确的内容作必要的澄清或者说明，但是澄清或者说明不得超出投标文件的范围或者改变投标文件的实质性内容。

第四十条　评标委员会应当按照招标文件确定的评标标准和方法，对投标文件进行评审和比较；设有标底的，应当参考标底。评标委员会完成评标后，应当向招标人提出书面评标报告，并推荐合格的中标候选人。

招标人根据评标委员会提出的书面评标报告和推荐的中标候选人确定中标人。招标人也可以授权评标委员会直接确定中标人。

国务院对特定招标项目的评标有特别规定的，从其规定。

第四十一条　中标人的投标应当符合下列条件之一：

（一）能够最大限度地满足招标文件中规定的各项综合评价标准；

（二）能够满足招标文件的实质性要求，并且经评审的投标价格最低；但是投标价格低于成本的除外。

第四十二条　评标委员会经评审，认为所有投标都不符合招标文件要求的，可以否决所有投标。

依法必须进行招标的项目的所有投标被否决的，招标人应当依照本法重新招标。

第四十三条　在确定中标人前，招标人不得与投标人就投标价格、投标方案等实质性内容进行谈判。

第四十四条　评标委员会成员应当客观、公正地履行职务，遵守职业道德，对所提出的评审意见承担个人责任。

评标委员会成员不得私下接触投标人，不得收受投标人的财物或者其他好处。

评标委员会成员和参与评标的有关工作人员不得透露对投标文件的评审和比较、中标候选人的推荐情况以及与评标有关的其他情况。

第四十五条　中标人确定后，招标人应当向中标人发出中标通知书，并同时将中标结果通知所有未中标的投标人。

中标通知书对招标人和中标人具有法律效力。中标通知书发出后，招标人改变中标结果的，或者中标人放弃中标项目的，应当依法承担法律责任。

第四十六条　招标人和中标人应当自中标通知书发出之日起三十日内，按照招标文件和中标人的投标文件订立书面合同。招标人和中标人不得再行订立背离合同实质性内容的其他协议。

招标文件要求中标人提交履约保证金的，中标人应当提交。

第四十七条　依法必须进行招标的项目，招标人应当自确定中标人之日起十五日内，向有关行政监督部门提交招标投标情况的书面报告。

第四十八条　中标人应当按照合同约定履行义务，完成中标项目。中标人不得向他人转让中标项目，也不得将中标项目肢解后分别向他人转让。

中标人按照合同约定或者经招标人同意，可以将中标项目的部分非主体、非关键性工作分包给他人完成。接受分包的人应当具备相应的资格条件，并不得再次分包。

中标人应当就分包项目向招标人负责，接受分包的人就分包项目承担连带责任。

第五章　法律责任

第四十九条　违反本法规定，必须进行招标的项目而不招标的，将必须进行招标的项目化整为零或者以其他任何方式规避招标的，责令限期改正，可以处项目合同金额千分之五以上千分之十以下的罚款；对全部或者部分使用国有资金的项目，可以暂停项目执行或者暂停资金拨付；对单位直接负责的主管人员和其他直接责任人员依法给予处分。

第五十条 招标代理机构违反本法规定，泄露应当保密的与招标投标活动有关的情况和资料的，或者与招标人、投标人串通损害国家利益、社会公共利益或者他人合法权益的，处五万元以上二十五万元以下的罚款，对单位直接负责的主管人员和其他直接责任人员处单位罚款数额百分之五以上百分之十以下的罚款；有违法所得的，并处没收违法所得；情节严重的，暂停直至取消招标代理资格；构成犯罪的，依法追究刑事责任。给他人造成损失的，依法承担赔偿责任。

前款所列行为影响中标结果的，中标无效。

第五十一条 招标人以不合理的条件限制或者排斥潜在投标人的，对潜在投标人实行歧视待遇的，强制要求投标人组成联合体共同投标的，或者限制投标人之间竞争的，责令改正，可以处一万元以上五万元以下的罚款。

第五十二条 依法必须进行招标的项目的招标人向他人透露已获取招标文件的潜在投标人的名称、数量或者可能影响公平竞争的有关招标投标的其他情况的，或者泄露标底的，给予警告，可以并处一万元以上十万元以下的罚款；对单位直接负责的主管人员和其他直接责任人员依法给予处分；构成犯罪的，依法追究刑事责任。

前款所列行为影响中标结果的，中标无效。

第五十三条 投标人相互串通投标或者与招标人串通投标的，投标人以向招标人或者评标委员会成员行贿的手段谋取中标的，中标无效，处中标项目金额千分之五以上千分之十以下的罚款，对单位直接负责的主管人员和其他直接责任人员处单位罚款数额百分之五以上百分之十以下的罚款；有违法所得的，并处没收违法所得；情节严重的，取消其一年至二年内参加依法必须进行招标的项目的投标资格并予以公告，直至由工商行政管理机关吊销营业执照；构成犯罪的，依法追究刑事责任。给他人造成损失的，依法承担赔偿责任。

第五十四条 投标人以他人名义投标或者以其他方式弄虚作假，骗取中标的，中标无效，给招标人造成损失的，依法承担赔偿责任；构成犯罪的，依法追究刑事责任。

依法必须进行招标的项目的投标人有前款所列行为尚未构成犯罪的，处中标项目金额千分之五以上千分之十以下的罚款，对单位直接负责的主管人员和其他直接责任人员处单位罚款数额百分之五以上百分之十以下的罚款；有违法所得的，并处没收违法所得；情节严重的，取消其一年至三年内参加依法必须进行招标的项目的投标资格并予以公告，直至由工商行政管理机关吊销营业执照。

第五十五条 依法必须进行招标的项目，招标人违反本法规定，与投标人就投标价格、投标方案等实质性内容进行谈判的，给予警告，对单位直接负责的主管人员和其他直接责任人员依法给予处分。

前款所列行为影响中标结果的，中标无效。

第五十六条 评标委员会成员收受投标人的财物或者其他好处的，评标委员会成员或者参加评标的有关工作人员向他人透露对投标文件的评审和比较、中标候选人的推荐以及与评标有关的其他情况的，给予警告，没收收受的财物，可以并处三千元以上五万元以下的罚款，对有所列违法行为的评标委员会成员取消担任评标委员会成员的资格，不得再参加任何依法必须进行招标的项目的评标；构成犯罪的，依法追究刑事责任。

第五十七条　招标人在评标委员会依法推荐的中标候选人以外确定中标人的，依法必须进行招标的项目在所有投标被评标委员会否决后自行确定中标人的，中标无效。

责令改正，可以处中标项目金额千分之五以上千分之十以下的罚款；对单位直接负责的主管人员和其他直接责任人员依法给予处分。

第五十八条　中标人将中标项目转让给他人的，将中标项目肢解后分别转让给他人的，违反本法规定将中标项目的部分主体、关键性工作分包给他人的，或者分包人再次分包的，转让、分包无效，处转让、分包项目金额千分之五以上千分之十以下的罚款；有违法所得的，并处没收违法所得；可以责令停业整顿；情节严重的，由工商行政管理机关吊销营业执照。

第五十九条　招标人与中标人不按照招标文件和中标人的投标文件订立合同的，或者招标人、中标人订立背离合同实质性内容的协议的，责令改正；可以处中标项目金额千分之五以上千分之十以下的罚款。

第六十条　中标人不履行与招标人订立的合同的，履约保证金不予退还，给招标人造成的损失超过履约保证金数额的，还应当对超过部分予以赔偿；没有提交履约保证金的，应当对招标人的损失承担赔偿责任。

中标人不按照与招标人订立的合同履行义务，情节严重的，取消其二年至五年内参加依法必须进行招标的项目的投标资格并予以公告，直至由工商行政管理机关吊销营业执照。

因不可抗力不能履行合同的，不适用前两款规定。

第六十一条　本章规定的行政处罚，由国务院规定的有关行政监督部门决定。本法已对实施行政处罚的机关作出规定的除外。

第六十二条　任何单位违反本法规定，限制或者排斥本地区、本系统以外的法人或者其他组织参加投标的，为招标人指定招标代理机构的，强制招标人委托招标代理机构办理招标事宜的，或者以其他方式干涉招标投标活动的，责令改正；对单位直接负责的主管人员和其他直接责任人员依法给予警告、记过、记大过的处分，情节较重的，依法给予降级、撤职、开除的处分。

个人利用职权进行前款违法行为的，依照前款规定追究责任。

第六十三条　对招标投标活动依法负有行政监督职责的国家机关工作人员徇私舞弊、滥用职权或者玩忽职守，构成犯罪的，依法追究刑事责任；不构成犯罪的，依法给予行政处分。

第六十四条　依法必须进行招标的项目违反本法规定，中标无效的，应当依照本法规定的中标条件从其余投标人中重新确定中标人或者依照本法重新进行招标。

第六章　附则

第六十五条　投标人和其他利害关系人认为招标投标活动不符合本法有关规定的，有权向招标人提出异议或者依法向有关行政监督部门投诉。

第六十六条　涉及国家安全、国家秘密、抢险救灾或者属于利用扶贫资金实行以工代赈、需要使用农民工等特殊情况，不适宜进行招标的项目，按照国家有关规定可以不进行招标。

第六十七条　使用国际组织或者外国政府贷款、援助资金的项目进行招标，贷款方、资金提供方对招标投标的具体条件和程序有不同规定的，可以适用其规定，但违背中华人民共和国的社会公共利益的除外。

第六十八条　本法自2000年1月1日起施行。

参考文献

[1] 高群,张素菲.建设工程招投标与合同管理实务[M].北京:机械工业出版社,2010.
[2] 张志勇.工程招投标与合同管理[M].北京:高等教育出版社,2009.
[3] 刘钦.工程招投标与合同管理[M].北京:高等教育出版社,2009.
[4] 李媛.工程招投标与合同管理[M].北京:清华大学出版社,2009.
[5] 田恒久.工程招投标与合同管理[M].北京:中国电力出版社,2009.
[6] 刘伊生.建设工程招投标与合同管理[M].北京:机械工业出版社,2008.
[7] 王艳玉,王霞.工程招投标与合同管理[M].北京:中国计量出版社,2010.
[8] 李惠强.国际工程承包管理[M].上海:复旦大学出版社,2008.
[9] 林密.工程项目招投标与合同管理[M].2版.北京:中国建筑工业出版社,2007.
[10] 朱永祥,陈茂明.工程招投标与合同管理[M].武汉:武汉理工大学出版社,2005.
[11] 陈俊,常保光.建筑工程项目管理[M].北京:北京理工大学出版社,2009.
[12] 刘匀,金瑞珺.工程概预算与招投标[M].上海:同济大学出版社,2007.
[13] 赫杰忠.建筑工程施工项目招投标与合同管理[M].2版.北京:机械工业出版社,2007.
[14] 杨平.工程合同管理[M].北京:人民交通出版社,2007.
[15] 朱晓轩,张植莉.建筑工程招投标与施工组织合同管理[M].北京:电子工业出版社,2009.
[16] 余群舟.工程合同管理[M].北京:化学工业出版社,2008.
[17] 本书编委会.建设工程监理案例分析[M].北京:机械工业出版社,2009.
[18] 梁鉴,潘文,丁本信.建设工程合同管理与案例分析[M].北京:中国建筑工业出版社,2004.
[19] 李洪军,源军.工程项目招投标与合同管理[M].北京:北京大学出版社,2009.
[20] 雷胜强.简明建设工程招标投标工作手册[M].北京:中国建筑工业出版社,2005.

图书在版编目(CIP)数据

建设工程招投标与合同管理/杨平主编. —西安：西安交通大学出版社，2011.6(2015.1 重印)
ISBN 978-7-5605-3877-8

Ⅰ.①建… Ⅱ.①杨… Ⅲ.①建筑工程-招标②建筑工程-投标③建筑工程-合同-管理 Ⅳ.①TU723

中国版本图书馆 CIP 数据核字(2011)第 047714 号

书　　名　建设工程招投标与合同管理
主　　编　杨　平
责任编辑　葛　欢

出版发行　西安交通大学出版社
　　　　　(西安市兴庆南路 10 号　邮政编码 710049)
网　　址　http://www.xjtupress.com
电　　话　(029)82668357　82667874(发行中心)
　　　　　(029)82668315　82669096(总编办)
传　　真　(029)82668280
印　　刷　陕西宝石兰印务有限责任公司

开　　本　787mm×1092mm　1/16　　印张 15.125　　字数 367 千字
版次印次　2011 年 6 月第 1 版　　2015 年 1 月第 3 次印刷
书　　号　ISBN 978-7-5605-3877-8/TU·45
定　　价　29.80 元

读者购书、书店添货，如发现印装质量问题，请与本社发行中心联系、调换。
订购热线：(029)82665248　(029)82665249
投稿热线：(029)82668133
读者信箱：xj_rwjg@126.com